U0142192

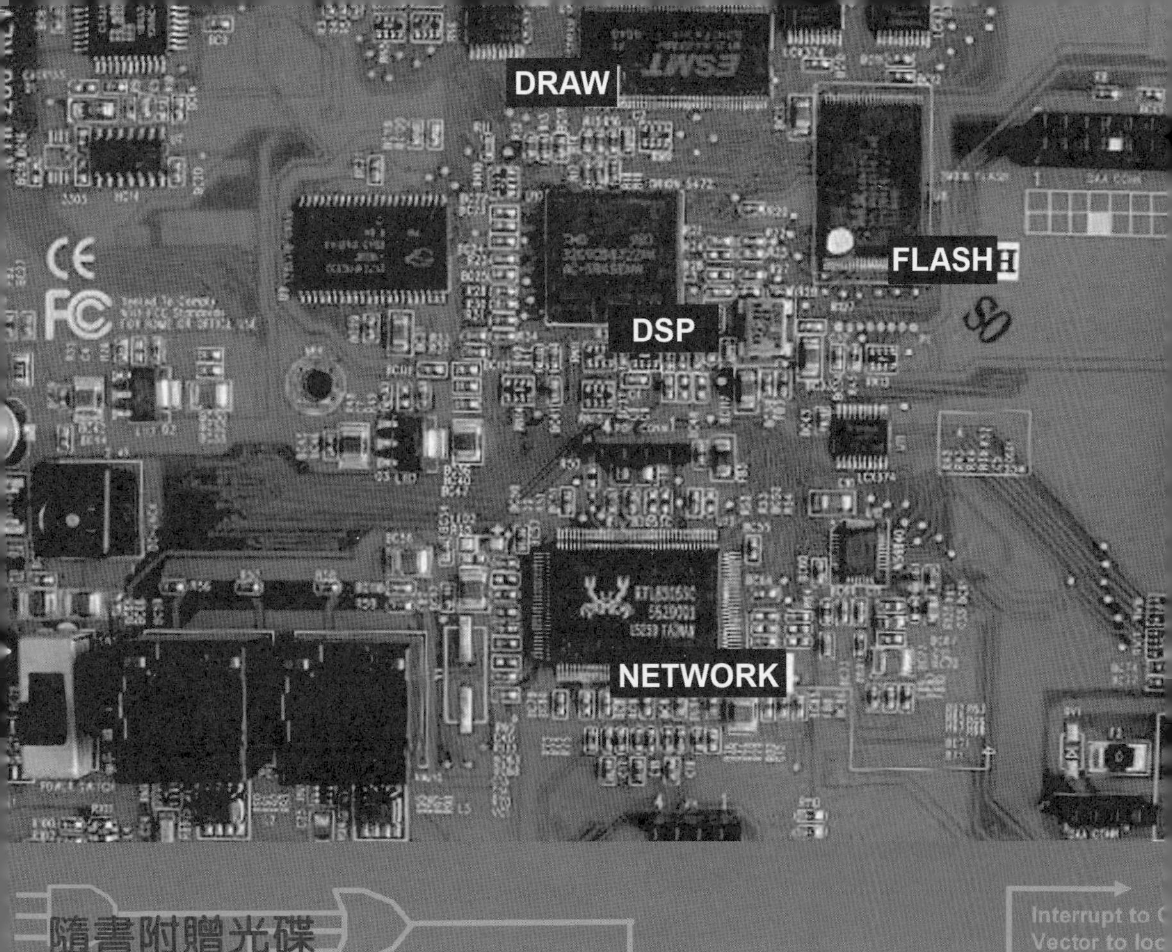

隨書附贈光碟

單晶片數位訊號處理平台之開發速成寶典

Digital Signal Processors Tutorial for Beginners and Practitioners

蔡偉和 盧怡仁 著

五南圖書出版公司 印行

序

您是否正在煩惱該選用何種單晶片平台呢？您是否曾購買一本介紹單晶片平台的書，但卻看了等於沒看、愈看愈迷糊呢？現在，解決您煩惱的救星來了。這本「單晶片數位訊號處理平台之開發速成寶典」將可讓您快速了解各種單晶片平台的差別，並掌握平台選擇的要領。若您已選好使用單晶片DSP，則本書將透過各種實作範例，一步步地帶領您學會使用DSP平台。您將會發現，再多再複雜的data sheets、user guides、與application notes等，都難不倒您；並且，原來學習DSP平台可以這麼快又有效呦！

目錄

1

為何要數位信號處理器？

身處在數位化的洪流中，如何將數位信號處理這門學科實現在各類系統中？本章將帶您一窺數位信號處理系統的全貌。

學習重點

- 數位信號處理器用在哪裡？
- PC也能處理數位信號嗎？
- 專職信號處理的晶片
- 如何選個適合的DSP平台？

1.1 「數位信號處理器」用在哪裡？

二十一世紀可說是數位化的世紀，而推動這股數位洪流的的主力當屬『數位信號處理』（DSP–Digital Signal Processing）這門學科。自從90年代半導體的製程技術飛快地發展，使得DSP學科迅速地從研究開發的階段拓展到我們生活週遭的各種應用。

在學校，數位信號處理課程多著重於傅立葉轉換、Z-轉換、取樣原理、濾波器設計原理等理論介紹，配合電腦的模擬練習，使學生了解訊號處理後的結果。若是進階的課程，例如：語音編解碼、影像編解碼、控制訊號等，則利用電腦執行，了解演算法運作。然而，這樣的學習過程，往往與實際的應用或設計開發有著極大的落差。其中一項主因是「數位信號處理」理論課中並沒有明確地讓學生體會到眞實應用中無法提供像電腦上的巨大儲存空間與超高執行效能，同時也可能存在各種使用限制，例如耗電限制、成本考量等，學生們大都欠缺了從理論到實務之間的那段重要訓練。今日，拜半導體技術進步之賜，我們已能利用數位信號處理晶片開發出過去只能在電腦模擬的技術，讓理論技術與實際應用環境互相結合。

在90年代的後期，數位信號處理晶片已經逐漸使用在通訊、醫學工程、控制、消費性電子等高科技設備中。舉凡目前經常使用的機電馬達、手機、通訊系統、VoIP、網路多媒體…等應用，DSP晶片或核心模組已經成爲系統整合廠商開發產品最有用的利器。舉例來說，手機或網路電話裡就內建DSP處理的模組，專門處理語音編碼。數位相機也有專門處理影像的核心，電信基地台的設備更是由高階運算的DSP模組所集成。

目前，功能強且運算快的DSP晶片已逐步內建到嵌入式系統（Embedded System），這種趨勢只會越來越明顯。數位信號處理的系統不只需要IC設計的人才，還得結合電子、資工、電信、醫工、軟體工程…等各種不同領域的專業技術，才有辦法設計出一套完整的數位信號處理系統。因此，建議在學的學子盡量學習不同領域的知識，在產品設計開發的過程將會運用到。

1.1.1 數位信號處理系統

「數位信號處理」這門學科在大多數電子、電機、資工系所中都有開設，課程內容主要是從類比訊號的取樣出發，進入訊號的各種處理。但對於需要實作者而言，這種課程內容並無法讓人了解數位信號處理系統的全貌，所以學生經常學了不少數學推導，卻不知道數位信號處理系統如何應用，或者應用在哪些產品上。因此，我們改從應用整體面來了解甚麼是數位信號處理系統，再逐步說明其細部牽涉的理論，這樣對於初學者學習數位信號處理會更加有心得。

▩ 處理器

在任何系統中，一定少不了核心處理器。但「處理器」一詞，可不是英特爾晶片的專有名詞，只不過它的x86 CPU常出現在我們的周遭，容易誤以為處理器指的都是x86架構的處理器。實際上，x86算是通用型的處理器（General Purpose Processor），市面上還有各類處理器呢！像是微處理器（μP）、數位信號處理器（DSP）、微控制器（μC）、圖形處理器（GPU）、網路處理器等等都屬於處理器的家族。但為什麼要區分這麼多種類的處理器？主要就是為了實現某項特殊處理和提高工作效率。比如說，GPU就是為了專門處理圖形運算而設計的處理器，DSP則是為了處理數位信號運算而設計的處理器。

難道x86 CPU做不到嗎？它是通用型處理器，當然可以做到任何運算處理，不過效能比不上專職的處理器。舉微處理器來說，市面上的微處理器系統時脈大約落在100 MHz以下，以同等級的x86 CPU來相比，差不多是Pentium等級。還記得嗎，這CPU可得要加風扇來散熱唷，但是微處理器完全不需要任何散熱元件。再者，舉DSP處理器來說，其系統時脈大約落在300 MHz~1 GHz之間，對應到x86 CPU的Pentium III等級，大家可以想像如果Pentium III不加風扇散熱的話，其表面溫度已經高到可以把蛋給煎熟了，但是同等級的DSP處理器卻完全不需要任何散熱元件。

因此，這裡要向讀者釐清一個觀念，就是x86 CPU也可以做到數位信號處理，但是把這項運算處理的工作交由專業的處理器來做，整體的效能會更好。不過，有些情況下還是採用x86架構來實現，那通常是因爲成本的考量，所以這裡我們無法告訴讀者哪種系統一定要用x86，或哪種系統一定要用DSP處理器。筆者想介紹的是一個通盤的系統概念，舉的例子也是市面上可見的，同時希望帶領讀者學習如何使用DSP處理器。

▩ 數位信號處理系統

本章節從系統的運作面介紹信號處理的全貌，由巨觀面看DSP，逐步演進到信號處理的微觀面。圖1-1所示是以一套通訊系統的應用爲例，DSP系統的運作可分成伺服器（server）與終端（client）兩部份。在DSP系統中，終端的應用相當多，像：行動電話、網路電話、影像攝影機、監視器…等都屬於終端的應用產品。在這些應用中，DSP多半扮演的角色是語音或聲音方面的處理、影像處理、以及多媒體的處理。舉例來說，終端設備將語音或影像編碼後，傳回伺服器進行轉發、儲存、或者做其他運算處理。伺服器爲整個系統的運算中心，終端設備可視爲系統的輸入輸出（I/O）。

同樣地，終端設備其實可視爲另一個信號處理的子系統。設備的核心可能是一顆DSP晶片，或者具備信號處理核心的晶片。而設備的I/O就是類比的聲音或影像，將這些類比信號轉成數位信號後，再由DSP晶片處理。所以說，我們隨處都可看到各式各樣的信號處理系統。

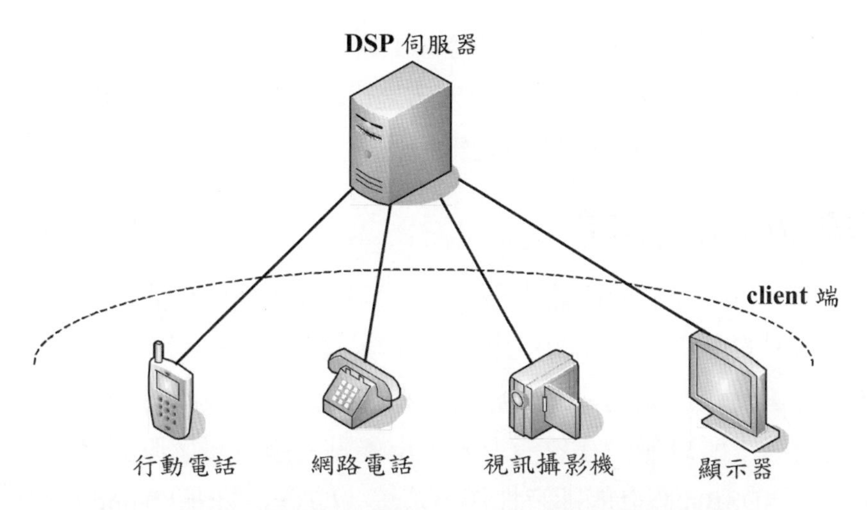

圖1-1　DSP系統的全貌圖，以通訊系統的應用為例

以上述的系統而言，DSP伺服器的主要工作除了處理來自各方client端的處理之外，還需要執行很多應用程式，並提供各種e化的服務。因此，伺服器必須著重在提供高效能的服務，同時也得避免伺服器負載過重。以行動電話（client端）為例，基地台上的DSP伺服器必須提供用戶各項功能，如：語音信箱的留言、三方通話等等。如果伺服器沒有高效能的信號處理能力，如何提供手機用戶清楚又及時的語音功能呢？

另外，在視訊監控的應用中，攝影機做為client端，而DSP伺服器必須具備影像編解碼的能力，以及負責影像儲存的工作，高階的伺服器甚至要具有影像辨識的能力，提供警報功能。

1.1.2　伺服器的設計概念

DSP伺服器中負載最重的工作除了數位信號的運算處理之外，其實還有許多應用程式必須要執行，以便提供終端設備各項e化的服務。基本上，一台伺服器的硬體設備有CPU、記憶體RAM、周邊介面等等。以硬體廠商來分類，則有Intel或AMD的x86平台、昇陽的Solaris、IBM伺服器，這些常見的伺服器都可以作爲DSP系統的硬體平台。有了硬體平台，伺服器還需要軟體建構起服務的平台，常用的軟體環境則有Microsoft或Linux作業系統，可提供應用程式一個穩定開發的環境。

▩ 要即時處理，不失眞

其實，在這樣的軟硬體平台上面，要直接處理數位的信號並不合適。原因是CPU的內部架構以CISC複雜指令集爲主，這類指令比較適合執行在資料轉送與資料運算處理，屬於通用型的運算，並沒有特別強化數位信號方面的運算，所以無法在效能上表現出優點。還有另個原因是微軟作業系統不是專爲DSP而設計的即時性作業系統（RTOS – Real Time OS），所以容易出現處理延遲的現象。不過，隨著CPU運算的能力越來越快，效能越來越高，Intel也試著讓自家的CPU處理即時性的數位信號，稍後的章節會說明。另外，在伺服器上並沒有很多適合數位信號的I/O（或者說通訊介面），所以周邊資源擴充有限。

然而，在CPU效能有限以及周邊資源不足的條件下，想要在DSP伺服器上面處理數位信號的話，通常我們會設計具有數位運算功能的加速卡，以便協助CPU完成數位信號處理的工作，我們稱之爲『DSP加速卡』。每片DSP加速卡上面都內嵌著DSP晶片，而晶片的數目可以一顆，也可以由多顆DSP晶片所集成。DSP加速卡在整體規劃與程式開發方面有兩項要點：

- 處理信號不能失真，特別像語音或影像的信號更是不能嚴重失真。
- 處理信號要即時，像電信、網通的系統，則要求做到即時性的處理。

▩ 運算的極限

因此，每片DSP加速卡有多少能力處理的數位信號是有個極限的，不是想處理越多信號都可以的。一旦超過處理的極限，最容易遇到的現象就是失眞或是延遲。一般來說，評估極限的標準就是MIPS（Million Instructions Per Second），翻成中文是每秒能處理的百萬指令集。比如說每片DSP

加速卡最高處理的能力為200 MIPS，那我們必須保證處理數位信號的運算必須在這個數字以內。萬一不行，我們是不是須考慮多顆DSP晶片來合力完成呢？或者採用更高階的晶片。此外，當欲處理的數位信號量很多時，我們可增加DSP加速卡的數量以分擔整個數位信號系統的負載，這種以DSP晶片做為信號處理的加速器之設計常見於目前的DSP伺服器。

具體來說，假設有一段1 sec長度的語音或影像準備進行編碼，那我們所設計出的程式指令總數必須少於200個百萬指令數，因為上述最高極限為200 MIPS。同理可推，對於10 msec長度的語音資料，運算處理過程必須在2百萬指令數以內完成，也就是說我們設計的程式碼只能容許200萬個指令的大小。一旦超過這個極限值，肯定做不到即時性，而產生失真現象。在第三章的實驗將學習怎麼估算出DSP執行所消耗的MIPS。

當我們遇到失真現象，大致上從兩個方向來解決。一是改善運算的演算法，將自己的演算法進行最佳化，比如說找出運算的瓶頸、演算架構上的調整、優化程式寫法等等，這是比較好的方式。二是尋求更高階的晶片，找顆運算極限更高的晶片，但可能荷包要失血唷！

▩ 舉電信加速卡為例

圖1-2，是一張用於電信系統的DSP加速卡[1]，它透過PCI介面與伺服器的CPU溝通，就像以前的網路卡或顯示卡一樣。這塊卡的主要功能在處理電信T1線路上的語音編解碼，一條T1線路上可承載24路語音通道，其中每路通道的語音以μ-law編碼成8-bit的長度。這張加速卡上面最重要的核心就是德州儀器的DSP晶片，位在圖中右邊所標示。一顆德州儀器的DSP晶片做為中央處理中心，再搭配旁邊的DRAM組成一套小型DSP系統，有時我們也稱之為嵌入式系統。

[1] 奧迪堅通訊公司所設計

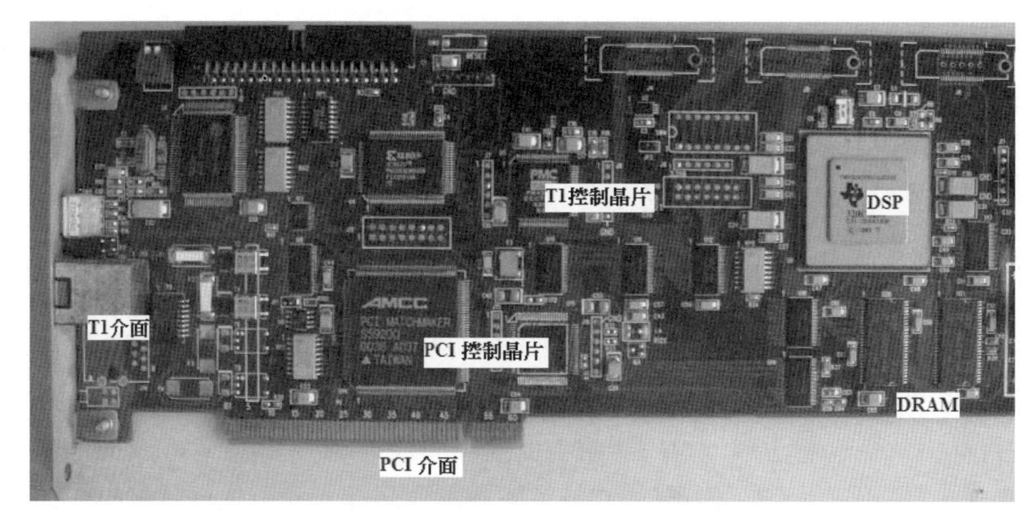

圖1-2 DSP加速卡（以PCI介面為例）

此外，這張加速卡爲了處理T1介面的訊號轉換（A/D和D/A）、擷取voice channels、以及T1通信間的signaling執行與回應，所以在加速卡上面導入一顆T1晶片，負責完成實體層的信號同步、控制、編碼…等工作，通常我們稱之爲T1 PHY晶片。然而，DSP晶片做爲整張加速卡的控制中樞，也負責控制T1 PHY的所有行爲模式，也就是要開發T1晶片的驅動程式。如此一來，DSP晶片才能夠擷取T1線路上的voice channels，進而做到voice process（如：語音編碼、語音合成、語音辨識…）。

DSP加速卡嵌入伺服器裡面，加速卡與伺服器之間必須透過標準介面互相溝通。一般而言，伺服器上只有標準化的週邊介面，除非是自訂的伺服器，否則很少具有客製化的介面。早期伺服器上有ISA介面，後來提升到PCI介面、Compact PCI、以及PCI-Express…等各種標準的通訊介面，這些都是DSP加速卡常用於與伺服器通訊的介面。在圖1-2中採用的是PCI介面，由於DSP晶片內部並沒有內建PCI介面可以直接連到PCI上，所以需要外接一顆PCI控制晶片當做溝通的橋樑。當然，如果選用一顆已內建PCI介面的DSP晶片，板卡上面的PCI控制晶片便可被取代掉，如此一來，更可以降低整張加速卡的成本。

在開發系統之前，如何選用一顆適合的晶片也是很重要的一件事，這將攸關效能能否達到與系統成本的高低。稍後的章節將更深入的說明。

▩ 主機媒體處理

前面幾段除了詳細說明以DSP晶片做為加速器之外，我們也可考慮用電腦來處理數位信號。因為現今的電腦運算計算已經突飛猛進，從早期的單核心進展到雙核心，更可做到多核心架構。語音或影像的處理相對於電腦運算速度，簡直可比擬走路相對於開車。

在圖1-3中，還有另一種伺服器上的數位信號處理方法稱為主機媒體處理（Host Media Processing，HMP）模式正在逐漸發展中。過去，伺服器上的CPU因為效能與散熱等因素，不適合利用CPU來處理數位信號，所以以DSP晶片為基礎的加速卡才逐漸崛起。然而，隨著伺服器上的CPU運算速度越來越快，而且採用多核心的CPU越來越多。在價格上，更比DSP晶片便宜許多，因此在DSP伺服器的設計上採用CPU當作數位信號運算的核心，這種設計方式稱為HMP，取代過去以DSP晶片作為加速器的設計方法。

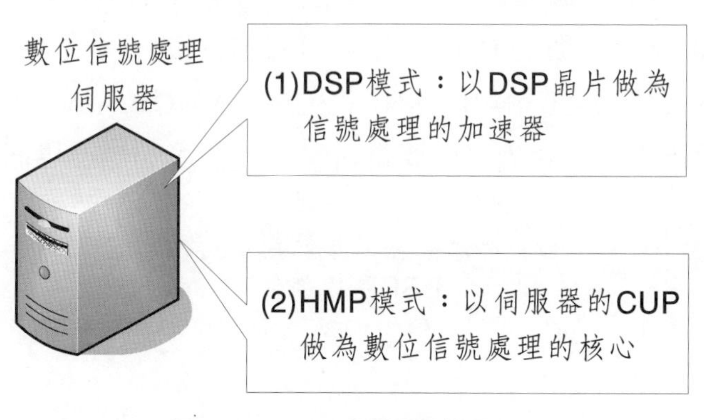

圖1-3　DSP伺服器的設計

這種以HMP為主的模式常見於VoIP（Voice Over IP）或者Video over IP的設備，主因是英特爾和AMD超微的x86 CPU已具備快速的運算能力，足以應付語音或影像訊號的處理，並且不需要額外DSP晶片的協助了。稍後的章節將教我們如何下載一套英特爾公司的多媒體函式庫，以及在電腦上執行多媒體的運算。

1.1.3 終端的設計概念

不同於伺服器的設計概念，終端設備呈現多樣性的特點，如圖1-4所描述的，各類與DSP系統相關的終端設備。這些設備最大的共同特性就是需要大量處理信號的運算，因此設計時便會導入DSP晶片到系統中。另外，終端設備通常也需具有輕、薄、短小、低功耗等特性，所以不適合用伺服器或PC來實現，反而適合採用高效能或低功耗的DSP晶片。

從信號源的角度來看，有哪些信號需要運算處理的？一般而言，有語音、音訊、影像、類比訊號…需要輸入到DSP晶片內做運算。這些信號來源都是類比的，必須先經過取樣程序，轉換成數位信號（稱爲A to D轉換），才能讓晶片做運算處理。所以在DSP晶片與數位信號源之間需要有一個通訊介面，讓數位信號輸入到晶片內。目前，所謂『通訊介面』早已經被定義成好幾種介面型態，有的須滿足工業用的介面，有的滿足影像介面，有的則語音方面的介面。常見的如串列或序列通訊，或是標準化的SPI、I2C、I2S、PCI、MII、SNI、PCIe、AMC（Advanced Mezzanine Card）等等通訊協定，我們可根據資料量搭配合適的標準界面。

圖1-4　DSP終端的設計

▩ 舉網路電話為例

圖1-5，是一台網路電話[2]的電路板照片。在圖上面最重要的核心就是德州儀器的DSP晶片，位在圖中央所標示。一顆德州儀器的DSP晶片做為中央處理中心，再搭配旁邊的記憶體DRAM和快閃記憶體Flash組成一套小型DSP系統，稱之為嵌入式系統。記憶體DRAM的角色就像電腦裡一條一條的記憶體模組，負責暫存資料和程式碼。快閃記憶體Flash的角色就像電腦裡的硬碟，負責儲存開機時的資料、作業系統和程式執行碼。

其實，由DSP晶片、DRAM和Flash這三個組成的電路已經是信號處理的基本架構了，但是基本架構還是少了信號的輸入與輸出介面，好比電腦少了鍵盤滑鼠就少了靈魂。由於這個設備的主要應用是網路電話，所以網路模組肯定是必要的，在圖中的下方標示了網路晶片。這個網路晶片與周邊的網路電路，我們統稱網路模組。另外，整體系統還需要與話筒連接的類比電路，這一部分有專門處理A/D D/A的編碼晶片來負責，統稱Codec。

圖1-5　DSP終端設備（以網路電話為例）

2　奧迪堅通訊公司設計，BCM製造

周邊之中最重要的是網路，DSP晶片與網路晶片之間必須有『通訊介面』將兩者連起來，一般網路與其他晶片常用的通訊介面是MII（Media Independent Interface），在這個設計中也是靠MII相連接的。因此，DSP才能接收到來自網路封包的語音資料，同時也能從網路模組發送出壓縮後的語音編碼。

另外，周邊之中的語音模組Codec，負責將話筒的類比聲音轉成數位語音，以及把數位語音轉成類比音源。這裡採用德州儀器的TLV320AIC系列晶片，內建取樣和A/D與D/A的轉換可將聲音數位化，有興趣可以上該公司的網路，然後搜尋「Audio Codec」。當然，DSP晶片與Audio Codec之間也需要『通訊介面』將兩者連起來，這裡採用SPI（Serial Peripheral Interface）介面傳送數位語音資料。

綜合上面的說明，是不是對於DSP系統比較有概念呢？這樣看起來，DSP系統也不致於讓人心生畏懼吧！同樣的概念也可以套用到其他應用的DSP系統。總之，先要有個系統的運算核心，搭配記憶體與儲存媒體，接著再思考週邊的通訊介面，以及相連接的周邊晶片模組。

1.2 PC也能處理數位信號？

過去因為CPU的效能與資源有限，但是隨著伺服器上的CPU運算速度越來越快，CPU的核心不斷增加。雖然前面提到CPU的晶片溫度可以煎蛋（散熱是個大問題），但是從價格來看，比起DSP晶片的價格已經便宜許多了。因此，在DSP伺服器的設計上，採用CPU當作數位信號運算的核心，這種設計方式稱為HMP（Host Media Processing），取代過去以DSP晶片作為加速器的設計方法。這種以HMP為主的模式比較常見於VoIP（Voice Over IP）或者Video over IP的設備，主因是Intel英特爾和AMD超微的x86 CPU具備快速的運算能力，也足以應付語音或影像訊號的處理，並且不需要額外DSP晶片的協助了。

1.2.1 甚麼是HMP？

以VoIP或Video over IP系統爲例，採用HMP模式的設計，再搭配一些通訊協定的軟體，通常這些通訊協定的來源多數取自於開放的原始碼（open source）[3]，因此設備廠商可以很快地實現出VoIP或Video over IP系統。目前像是Dialogic或NMS電信設備公司已經提供HMP爲基礎的通訊系統，甚至以這種HMP的設計模式，有助於一些通訊設備的小廠只需雇用數十位軟體工程師便能設計出多媒體通訊系統，像：SS7、SIP、H.323、H.248、和H.264…等大容量的電信設備。對於這些設備小廠降低設計的成本有很大的幫助。雖然上面說明了HMP設計概念的優點，不過也有其缺點，說明如下。

▩ 晶片市場的競爭

過去十多年來，CPU製造大廠–英特爾–努力打造一個「沒有DSP的世界」，其中HMP設計概念只是英特爾最新的命名而已，其實最早概念來自於90年代中期的NSP（Native Signal Processing）雛型。儘管英特爾有此雄心壯志，但是在90年代中期DSP晶片製造商與FPGA廠商如雨後春筍般的崛起，像：德州儀器（Texas Instruments）、飛思卡爾（Freescale）、Mindspeed、智霖（Xilinx）、Altera…等科技公司，在DSP晶片銷售方面比過去幾年更好。因爲這些DSP晶片製造商利用x86架構在運算效率不彰的缺點大肆擴大市佔率，不過同時英特爾也致力於改善x86架構的效率問題。

前述的競爭都是從每顆晶片核心能處理多少MIPS的角度做比較，對於英特爾而言，這僅是從晶片等級的角度切入DSP市場。然而，爲了更準

---

[3] 底下提供幾個開放源碼的連結：

Asterisk（http://www.asterisk.org/）提供開放源碼的PBX電信引擎

YATE（http://yate.null.ro/pmwiki/）提供通信協定的引擎

FreeSWITCH（http://www.freeswitch.org/）

確地評估晶片價格所能帶來的效能，必須在價格與效能之間取得一個平衡點。因此，從整個系統運行的角度來看DSP市場更是必然的趨勢。舉例來說，以一般CPU的效能而言，在Intel雙核心伺服器上可以處理250個G.729語音通道，但是考慮到整個系統，如：消耗的功率、產生的熱氣、I/O的限制、需要安裝多少記憶體…等全方面的問題，加上風扇排熱之後整個系統體積將變大，是否要使用CPU來處理數位信號呢？在講求環保和節能減碳的現在，值得我們從系統的角度重新思考。

同樣地，若採用德州儀器的DSP晶片，以12張DSP加速板卡，每張卡具備6個DSP核心爲例（總共72個運算核心），再加上Gigabit的網路處理器，這樣設備並不需要風扇排熱，卻可以處理1150個G.729語音通道。此外，利用高速網路介面作爲資料匯流，也無需考慮因爲作業系統所造成的I/O限制（作業系統不支援多數的電信介面）。想想看，假設架設五部Intel雙核心伺服器，我們能在相同的系統體積和相同的功耗情況下，做到上述DSP晶片的功效嗎？因此，在設計之前我們就必須先思考系統容量，再計算系統成本後，才能決定採用HMP設計概念或者DSP晶片來完成。

▩ HMP主機對上DSP晶片

以HMP爲基礎的設計概念來看，其優點在於便利的開發環境、快速實現DSP系統、價格比DSP晶片低廉，但是其缺點是無法有效地運作於高容量的DSP系統。因此，在低容量的系統，HMP的架構是很有競爭力的。不過，當系統的通道數目增加時，爲了改善系統效能，有時我們需要考慮加上一個DSP晶片當作加速器（DSP accelerator），這個外加的硬體卻會增加了每個通道的成本。HMP架構在不使用DSP加速器的情況下，每個通道的成本隨著通道數目的增加而下降，但是當通道數增加到需要DSP加速器的協助時，每個通道成本就不再下降了。在設計HMP系統時有幾項指標需要留意：

- 系統的通道數目。
- 平均花費在每個通道的費用。

- 演算法的智慧財產權。
- 系統所消耗的功率。

系統的通道數在何種情況下採用DSP加速器較為適合呢？我們可從通道數和codec的複雜度來觀察，圖1-4說明HMP與DSP加速器之間的關係（以3 GHz雙核心的Xeon伺服器為例）。當中的x軸表示系統的通道數目，y軸表示codec的複雜度，包括：G.711、G.729、GSM-AMR和EVRC語音編碼。這裡以G.711為例，當通道數目低於1000個的時候，採用HMP的架構較為合適，當通道數高於1000個時，最好是HMP架構加上DSP晶片加速器。就G.729而言，通道數120就是個門檻，隨著處理的複雜度增高，HMP架構便無法滿足太多的通道同時進行運算。所以通道數與複雜度是以HMP為基礎的伺服器需要考量的設計參數之一。

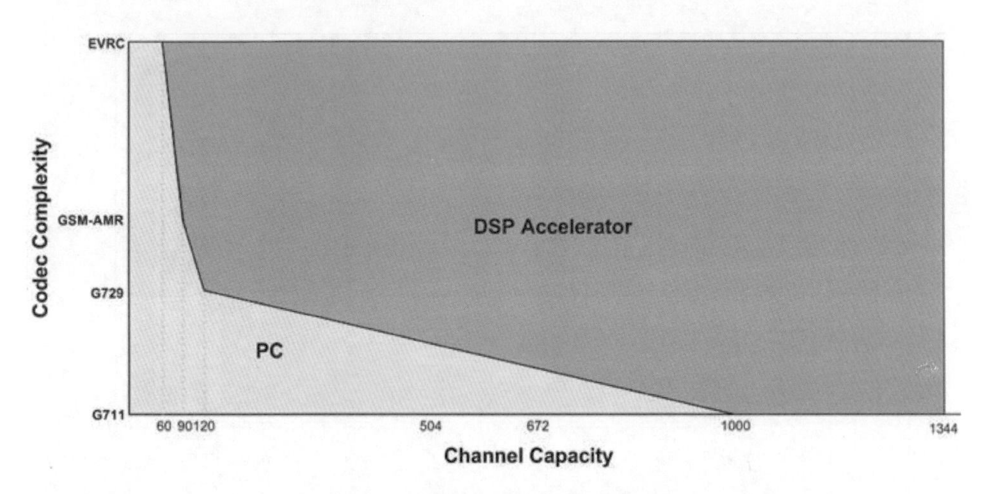

圖1-4　複雜度與容量的比較[4]

在低容量的系統，HMP架構在價格性能比方面遠高於DSP，價格性能比主要針對每個通道所花費的成本。對於G.711 VoIP的系統而言，DSP加速器根本不需要，只需要HMP架構就能達成，除非系統的通道數達到500以

4　擷自http://www.signalogic.com/

上。圖1-5說明平均每個通道所花的費用與系統容量的關係，x軸表示系統的通道數目，y軸表示平均每個通道的花費，圖中的曲線代表多了DSP加速器之後平均的費用。

以G.711語音編碼爲例，當系統通道數超過500以上，若採用DSP晶片協助HMP架構的話，平均每個通道的價格會下降；當系統通道數低於500個，通道所花費的價格就是整個HMP系統的價格。其他的codec處理也呈現相同的價格趨勢：通道數越多採用DSP加速器越顯經濟效益。如果沒有外加使用DSP加速器的話，整個HMP系統將會因爲通道數目增加而消耗功率也增加，CPU熱能增加，這時候反而要添加散熱的硬體設備，還要擔心系統的功耗過大而造成的不穩定，這些反而增加了通道的平均花費。

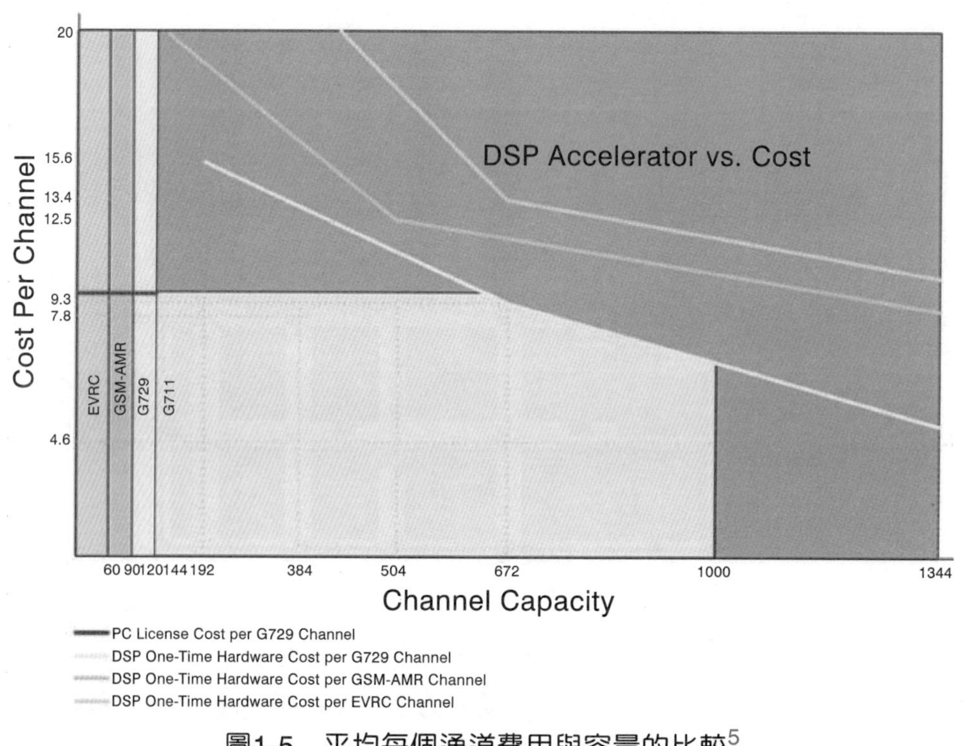

圖1-5 平均每個通道費用與容量的比較[5]

5 擷取自http://www.signalogic.com/

另外，設計HMP系統時所要考慮的問題還有智慧財產權的費用，以及系統功率的消耗。例如：在HMP平台中，當一個VoIP的系統中需要超過100個G.729通道時，誰要付每個系統中G.729的權利金呢？通常DSP晶片製造商已經將這部份的權利金分攤到每顆晶片上了，像德州儀器因為手中握有一些關鍵專利，所以權利金的談判中可以取得較優惠的價格，但是英特爾擁有很多像德州儀器在語音和影像方面的專利嗎？

如果不使用DSP加速器，但是增加HMP伺服器的個數，從系統功率消耗的角度來看其實並不經濟。因為每部伺服器都需要人力的維護，而且越多伺服器組成的群組更需要額外的硬體設備來維護與連結，像：排線、風扇、電源線…等。因此，當設計DSP系統時，以上的說明提供我們很多設計的概念，採用HMP的架構或DSP晶片加速器，以及兩者的優缺點。可預測的未來中，DSP晶片製造商或FPGA廠商還是持續改善數位信號處理的效能上，DSP加速器在HMP平台上還是佔有一席之地。

▩ HMP平台的實例

目前市面上已經出現一些HMP平台，主要偏重在網路通信的應用，例如：IP-PBX、Call Center…等。圖1-6說明HMP平台（圖的右下角）在通信網路的應用中所扮演的角色，圖中PBX（Private Branch eXchange）為傳統式的電信換機系統，TDM（Time Division Multiplexing）為傳統的訊號傳輸方式。隨著電信應用的快速發展，電信公司必須提供更多樣的服務來吸引客戶，像是IVR（Interactive Voice Response）、音樂式的來電答鈴、IP Video…等應用，這些信號處理都可以委由HMP模組來完成，而不需要外加DSP加速卡，如圖中所示僅需要將HMP軟體安裝於application server。

圖1-6 (b)則因應網路快速的發展將『路由』（Router）的功能轉為網路路由器（IP Gateway），取代過去的TDM線路連結方式（傳統的circuit switch），這樣進化的設計方便通訊系統的擴充與維護。上述說明了電信的演變，以前的電信線路走的是circuit switch，現在電信局端之間的線路可能走網路系統（現今的packet switch），也就是說你我在講電話時可能有

些線路走VoIP的方式。從成本角度來看，circuit switch的線路成本比packet switch成本高多了，因爲circuit switch在通話時必須建立一個實體通道，即使雙方處在靜音的情況下，這個實體通道無法釋放給其他人使用。相較於packet switch，在通話時建立一個虛擬通道，所有人共享網路頻寬。靜音情況下，則不需要送出語音封包，以節省頻寬使用率。

另外，HMP也被獨立出來變成一部HMP伺服器，透過網路路由器和PBX聯通，任何PBX所需要的服務都可以在HMP伺服器上實現。底下提供目前HMP平台供應商與電信服務公司在HMP方面的實際應用。

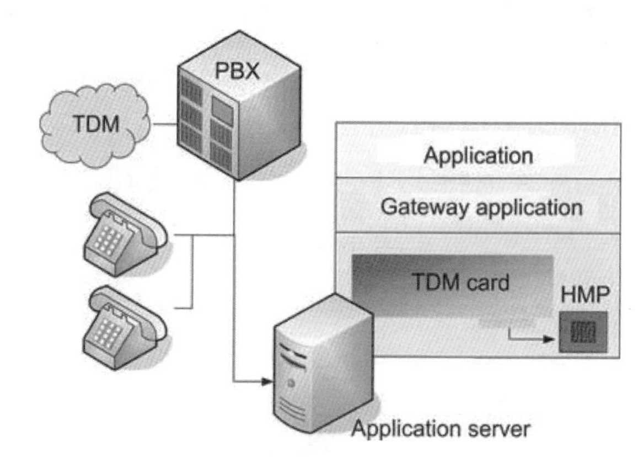

圖1-6 (a)　HMP應用的案例–傳統設計

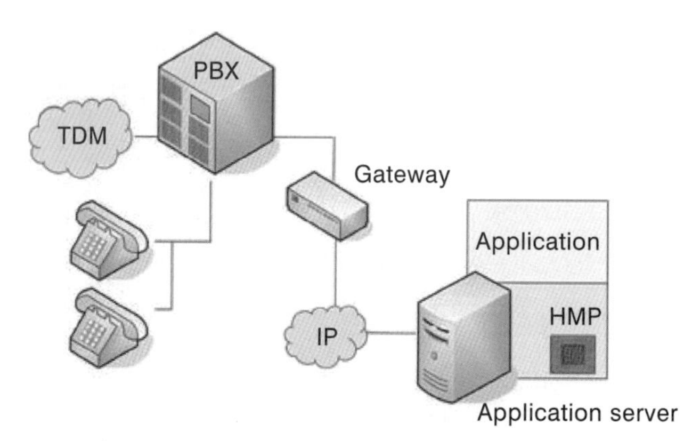

圖1-6 (b)　HMP應用的案例–進階設計

為了了解HMP設計概念使用的情況，筆者列出現階段已經採用以HMP架構為基礎，而且提供相關產品的公司，如下：

- Dialogic（http://www.dialogic.com）–提供HMP軟硬體平台的公司。
- NMS Communications（http://www.nmscommunications.com）–提供HMP軟體平台的公司，目前已被Dialogic併購了。
- Syntellect（http://www.syntellect.com）–提供HMP軟體平台的公司，以及提供電信呼叫中心的服務。
- Vocalcom Worldwide（http://www.vocalcom.com）為該公司的系統架構圖。

除了知道一些通訊公司採用HMP平台之外，我們還要進一步瞭解HMP平台可以提供的實際應用。常見的應用如下：

- IVR、呼叫中心。
- FAX over IP。
- 電信客服中心。

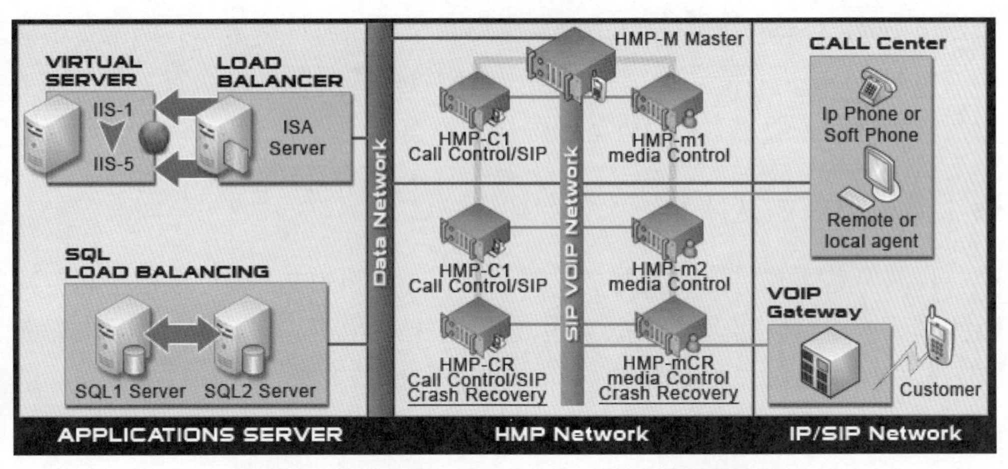

圖1-7　HMP平台在Vocalcom公司的應用

1.2.2 高性能多媒體函式庫

前一章節介紹了很多HMP的概念與實際案例，為了在電腦上實現HMP的功能，美商英特爾–Intel提供了一套「Intel Integrated Performance Primitives」（簡稱：Intel IPP）函式庫，這套軟體是跨平臺的軟體元件庫。函式庫裡面提供了廣泛的多媒體功能，包括音頻解碼器（例如：H.263、MPEG-4）、圖像處理（JPEG）、信號處理、語音壓縮（例如：G.723、GSM、AMR）和加密機制。Intel IPP包含各種的函數，用於進行向量與圖像處理、顏色轉換、過濾、分屏（Split-Screen）、設置閾值、變換，以及算術、統計、幾何與形態運算。對於每個函數，Intel IPP均支持多種資料類型和佈局，同時保持了資料結構的最小化，它提供了豐富的選項供用戶在設計與最佳化應用程式時選用，不必再去編寫特定程式碼。

此外，Intel IPP針對多數的Intel Microprocessor（微處理器）進行最佳化，其中包括：Intel Pentium 4處理器、採用Intel Centrino移動運算技術的Intel Pentium M處理器組件，Intel Itanium 2處理器、Intel Xeon處理器、以及採用 Intel XScale技術的Intel PCA應用處理器。並且採用一套跨平台結構的通用API，使用者除了不需要擔心平台相容性的問題，更節省了開發成本以及研發時間，使用者可以輕輕鬆鬆移植原有應用程式。

▩ 下載與安裝函式庫

我們何處下載這套軟體呢？只要上網搜尋Intel IPP，就可以連結到英特爾的網站，或者直接連到http://software.intel.com/en-us/articles/intel-ipp/即可下載評估版本。目前最新版為7.0，讀者可自行下載，下載時留意開發環境為32-bit或者64-bit。本書的附件提供舊版5.3的安裝，以及範例程式。執行安裝時，依序會出現下列的畫面。

CHAPTER 1

第一步、詢問安裝目錄，選定好目錄後，按下Next。

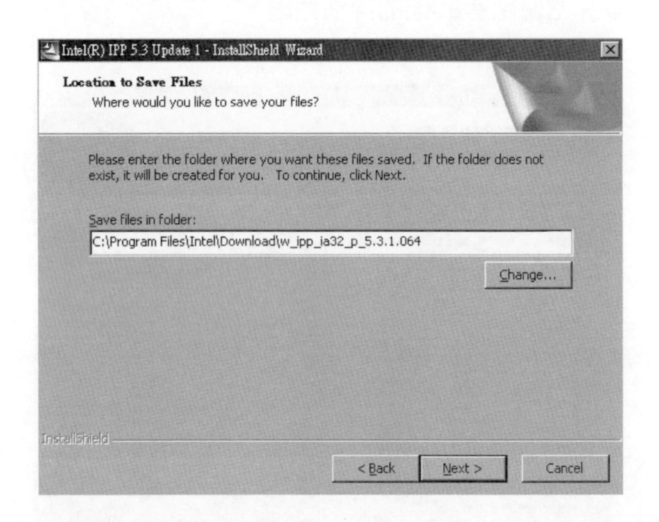

第二步、版本說明，感謝您使用英特爾的軟體，如果對於產品內容或安裝方法有興趣的話，可以點選畫面左邊的連結。通常直接按下Next，跳下一頁。

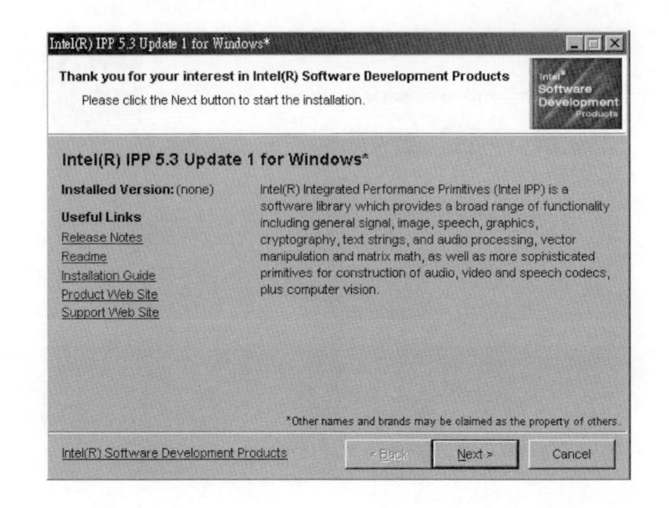

第三步、載入序號或認證檔案，設定好後按下Next，跳下一頁。不過，英特爾也提供評估版本，給使用者30天的評估期限。

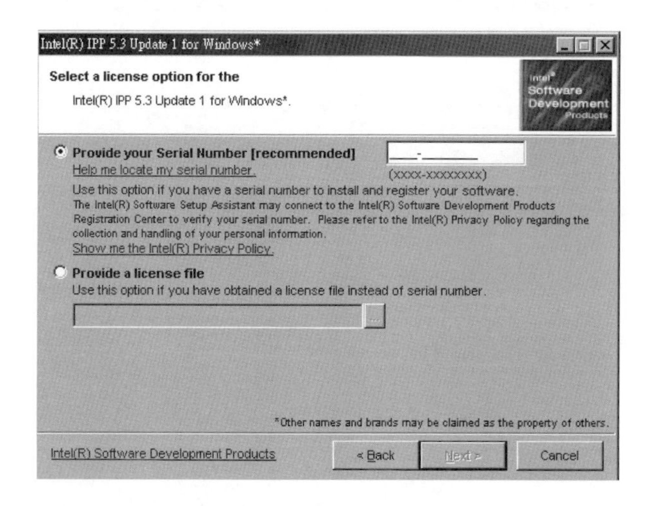

第四步、勾選要安裝的工具，勾選後按下Next，跳下一頁。

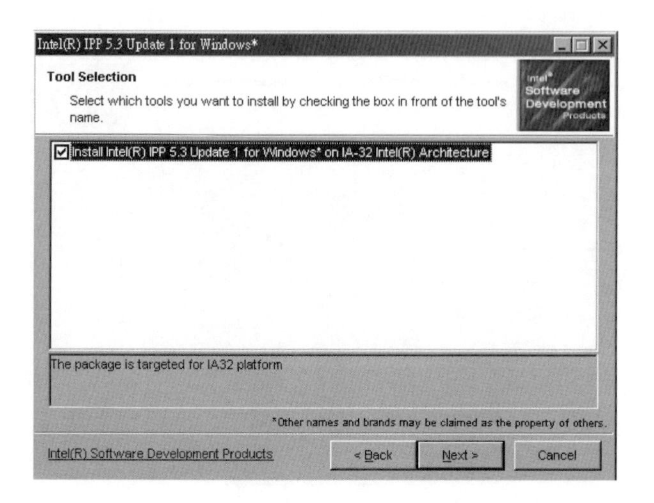

第五步、歡迎進入安裝流程，按下Next跳下一頁。

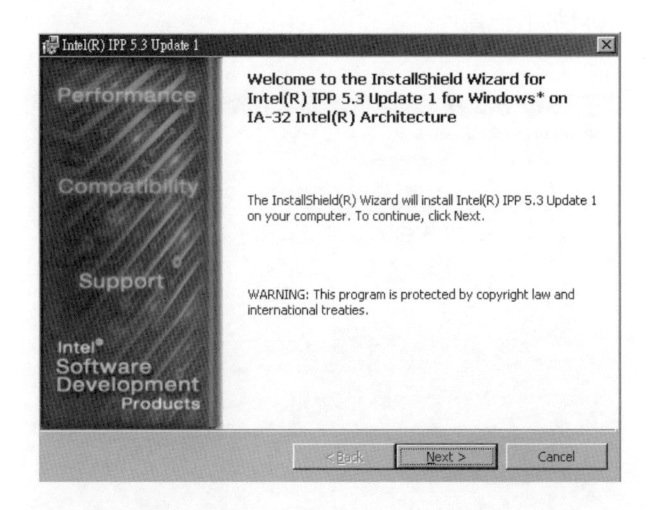

第六步、我們可選擇完整安裝，或者自行選定某些函式庫的部分安裝。設定好後，按下Next跳下一頁。

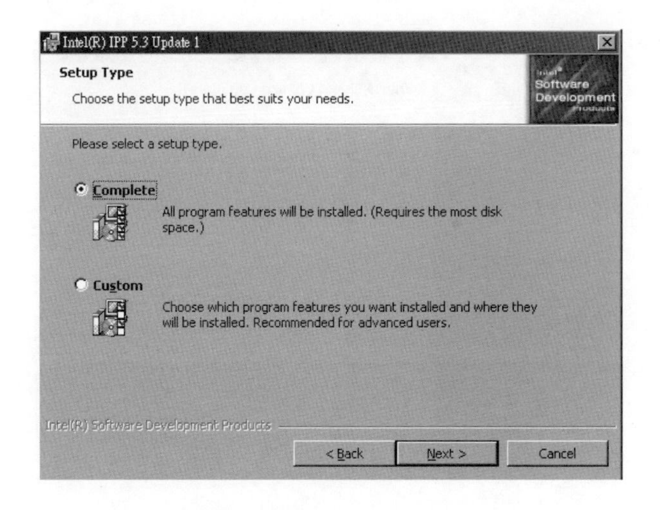

第七步、安裝時將建立系統路徑和環境變數，之後我們才能編譯程式碼。確定勾選後，按下Next跳下一頁。

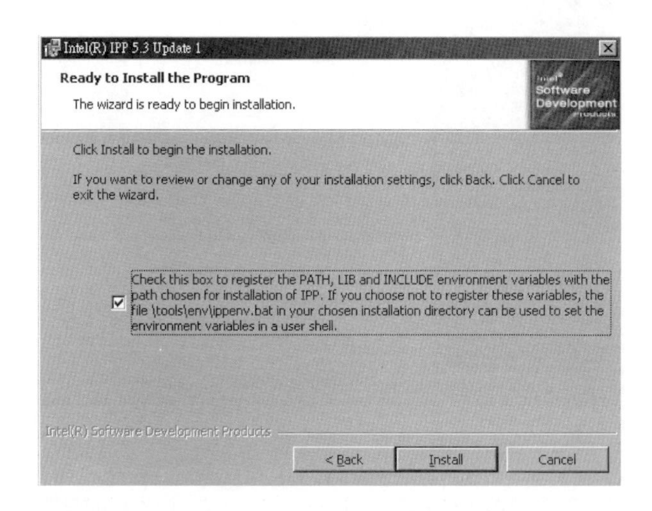

第八步、完成函式庫的安裝。

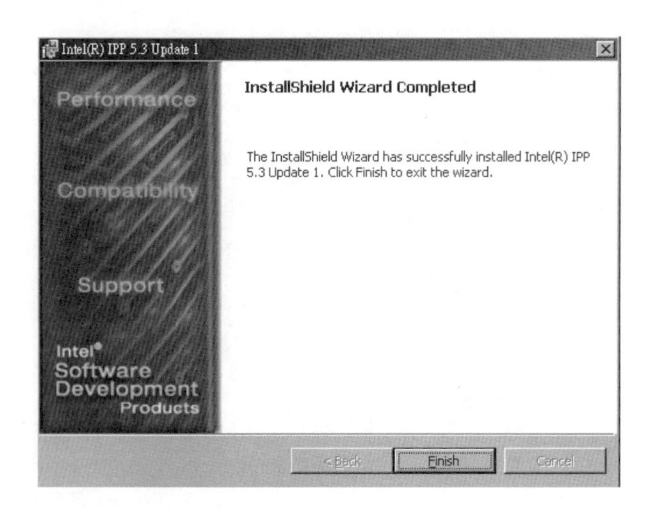

▩ 安裝範例程式

安裝好英特爾的多媒體函式庫之後，我們要繼續安裝範例程式。本書附件CD內也提供範例程式，下圖就是安裝後目錄展開的情況，內容相當豐富，值得我們深入研究。

在image-codecs目錄下，則提供JPEG2000影像編碼的範例。在audio-video-codes目錄下，提供許多音訊的編碼範例，如：AAC、H.261、H.263、H.264、MP3、MPEG2、MPEG4…等常見的編碼技術。在speech-codecs目錄下，則提供語音編碼的範例，如：G.711、G.722、G.723.1、G.726、G.728、G.729、GSM-AMR、Noise Reduction…等用於電信方面的語音編碼技術。目錄下還有其他的技術，像語音辨識、訊號處理…等等，有興趣的讀者可深入探討。本書無法將每個範例做一一的介紹，這裡只能簡單說明如何使用語音編碼範例。

雖然拿到這麼豐富的範例程式，我們必須先知道怎麼使用吧！否則，這套工具還是像一堆廢鐵一樣。首先，舉speech-codecs的範例為例，範例目錄下有個core的子目錄，仔細搜尋一下，所有的編碼技術都放在這裡。而application目錄下放著應用程式，如果要執行某個語音編碼，我們就把core子目錄裡的編碼載入應用程式。我們可以試著在命令列執行\application

\usc_speech_codec\build32.bat，系統編譯之後產生執行檔。

如果對於命令列的編譯環境不是很熟悉，本書附件還提供微軟Visual Studio的編譯專案，其實結果是相同的，只是一個是命令列，另一個採用圖形化的編譯環境。爲了方便讀者使用，筆者把所有的語音編碼製作成一個函式庫（稱爲usc.lib），如圖1-8所示。這樣應用程式只要載入這個函式庫，自然就可以呼叫各類編碼技術了，而不需要每次都要載入某一個語音編碼的程式檔。

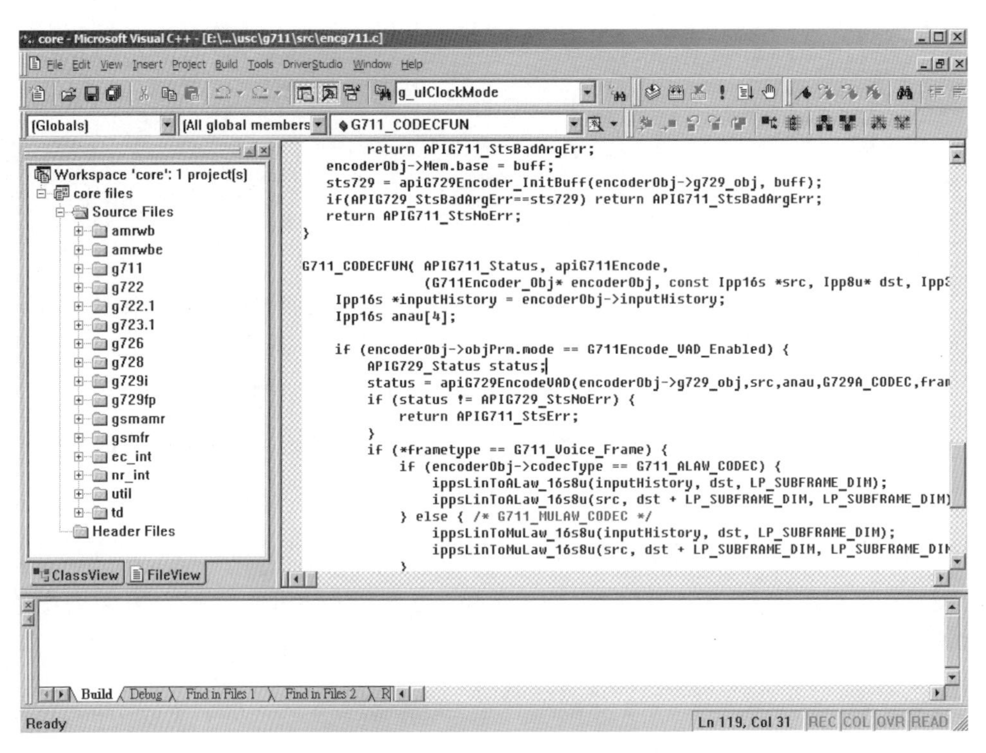

圖1-8　函式庫usc.lib

▩第一個應用程式

當我們製作出一個函式庫之後，這樣方便我們開發應用程式。以

usc_speech_codec應用程式為例，只要將前面產生的usc.lib載入這個應用程式就可以編譯成功了，如圖1-9所示。

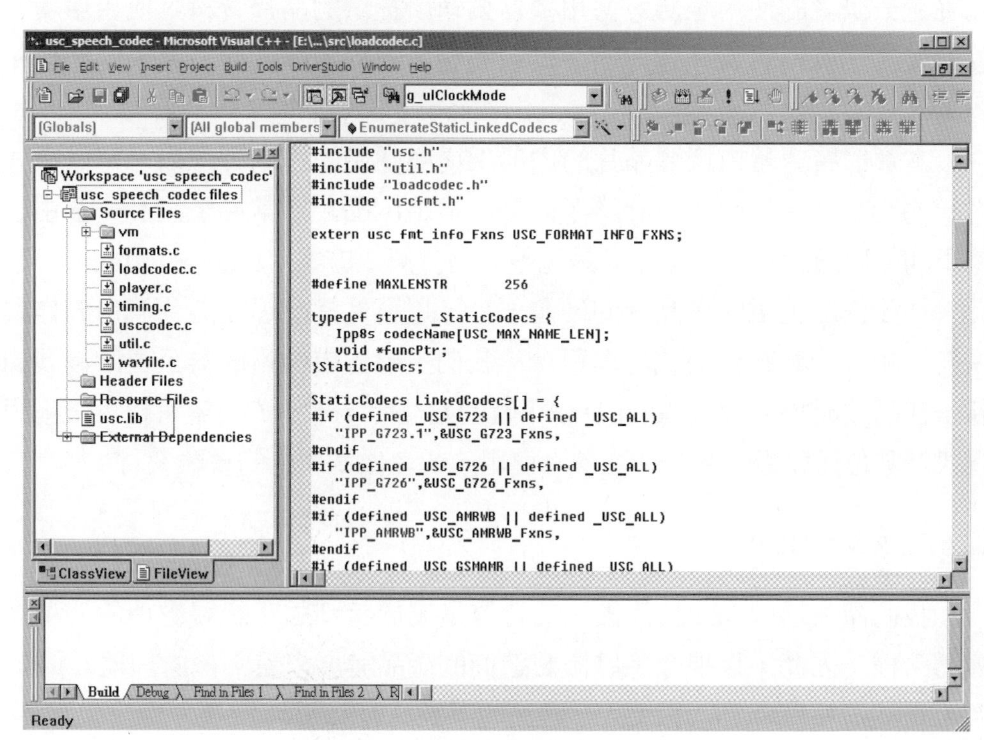

圖1-9 應用程式載入usc.lib

在這個應用程式中，我們要先看的是如何輸入語音資料，以及語音的格式，請看format.c和wavfile.c。之後，才能了解怎麼呼叫每個語音編碼的函式，如loadcodec.c和usccodec.c。

1.3 專職信號處理的晶片

前面從數位信號處理的系統綜觀講到PC上的信號處理，實際上，設計導入專職信號處理的晶片還是廣泛地採用。市面上，專職在DSP晶片製造的公司主要有德州儀器（Texas Instruments：簡稱TI）、摩托羅拉（Motorola）、亞德諾（Analog Devices：簡稱ADI）…等製造商，其中德州儀器的市佔率還是比較高。本書主要從德州儀器的DSP晶片角度切入介紹，因爲從過去筆者的使用經驗，德州儀器公司所提供的晶片資料、使用環境、軟體支援、資料更新…各方面都比較完整，對於初學者而言進入的門檻相對低。

本章節希望藉由瞭解晶片的內部架構與硬體的控制，進而一窺嵌入式系統的全貌。對於晶片設計業者而言，推出IC晶片通常必須設計一套由上到下的軟硬體設備，這樣才算是完整的晶片解決方案（total solution）。因此，德州儀器提供除了晶片的硬體部分，還另外搭配專爲晶片使用的作業系統，組成一套數位信號處理平台。我們主要先由德州儀器公司所發展的新一代高效能TMS320C6000 DSP平台開始著手，本書的內容可提供工程師在設計數位信號處理系統時之參考使用，或者做爲學生的實驗教材。

▩ FPGA vs. DSP

我們深入理解DSP晶片後，其特質是屬於特別強化訊號處理的一種半導體架構。因此，以現今半導體製造商的產品發展來看，微處理器（μP）和可程式邏輯閘陣列（FPGA）廠商也都跨入DSP這塊市場。像MCU廠商（μP和μC也可通稱MCU）中的STM意法半導體、NXP恩智浦半導體、新唐科技等也都在微處理器中強化了訊號處理的運算，而FPGA大廠Xilinx智霖和Altera也在邏輯閘陣列加入DSP核心，企圖搶食DSP的大餅，形成了MCU與FPGA都往DSP來靠攏。

當然這三者晶片各自都利基之處，以微處理器MCU而言，雖然有些晶片強化訊號處理的能力，但是受限於MCU自身的時脈比較低（一般小於150MHz），通常能夠處理的訊號偏向低頻範圍，比如kHz等級的語音。以專職訊號處理的DSP晶片來說，因爲運算效能較高，而且時脈較高（數百MHz~1GHz），所以處理的訊號偏向中高頻範圍，比如MHz等級影像和通訊信號。至於FPGA，適合與DSP晶片共同合作應用於通信設備。

在設計的架構初期，系統設計工程師最常遇到的問題就是應使用FPGA

元件，還是數位信號處理器來作為核心元件。不過，這個問題沒有正確答案，其中總有必須權衡取捨之處。因此，系統架構工程師必須懂得權衡取捨，才能選擇最符合特定系統需求的平台。事實上，除了老生常談的性價比外，工程團隊所擁有的技術背景，也是影響選擇FPGA與DSP的關鍵因素之一。

在『新電子雜誌』[6]的2010年二月期中，文章提到『Nuvation公司曾進行一項演算法加速計畫，其中所使用的演算法能透過FPGA並聯實作而獲得極大的效能升級。然由於客戶的工程團隊缺乏FPGA技術，而且產品維護出現潛在瓶頸，因此不考慮典型的FPGA方法』。這個案例也反映出多數工程師和系統架構人員比較熟悉DSP技術的現實，因為以DSP進行設計較為簡易。但由於每組設計團隊的情況差別很大，有些工程人員兼具利用FPGA與DSP進行開發所需的技能，有些則否。因此，在決定何種架構的過程中，我們往往會忽略了工程人員對不同技術的熟悉程度。

實際上，FPGA和DSP晶片分別適合不同用途，DSP晶片主要針對軟體中實作的訊號處理演算法，提供最佳化平台。然而，FPGA的用途則是提供邏輯整合，和處理底層的通訊協定（protocol）。對於資料傳輸速率超過Gbit/s的網路應用而言，FPGA是絕佳的選擇，而DSP晶片則是保全監控等影像應用的最佳選擇。不過，由於FPGA技術日益成熟，現今許多應用皆可採用這兩種裝置類型。

文章中，從性能價格比來看FPGA和DSP晶片，通常DSP晶片適用於大多數的應用，對於複雜且高效能的系統，則適合FPGA搭配DSP晶片一起使用是較佳的解決方案。比如說某個專案包含了多個訊號處理演算法，其中有些演算法的效能需求較低，可由成本相對較低的DSP來完成，而需要高效能的演算法則交由FPGA處理。當然，這種由哪種晶片來實現的問題也不是容易一刀切割得清楚，也要看開發團隊對哪種晶片比較熟悉而定。

此外，從初學者的實作角度來看，要將語音、影像、通訊演算法實現

---

6 新電子網站http://www.mem.com.tw/article_content.asp?sn=100129003

出來之前，首先須把理論轉換成軟體設計。實際上，DSP的開發環境適合從軟體角度來完成，而FPGA的開發設計偏向硬體元件的語言來開發，也就是一個採用是C/C++語言軟體，一個是硬體描述語言。對於實現演算法而言，初學者當然是採用DSP平台來實作會比FPGA來的容易，如果是硬體工程人員的話，用FPGA開發或許會比較方便。因此，爲了帶領初學者入門，本書主要還是以DSP晶片的介紹爲主。

1.3.1 德州儀器的產品

過去，TMS320家族的晶片根據不同的功能區分爲浮點運算（Floating point）、定點運算（Fixed point）、或混合運算（Mixed fixed-floating）等不同的數位信號處理器，德州儀器公司所設計的晶片可用於即時性的訊號處理。過去TMS320家族晶片包括下列幾類：C1x、C2x、C5x和C6x屬於定點運算的DSP晶片；C3x和C4x則屬於浮點運算的DSP晶片；C8x則是多處理器晶片。然而，現今德州儀器依照應用面的需求，將產品線區分爲四大主要平台：達文西數位影像平台、高效能的C6000 DSP平台、低功率的C5000 DSP平台、以及最佳化控制的C2000 DSP平台。然而，浮點運算和定點運算的晶片則放入各個平台裡，不再以運算功能區分產品線。

▩ 浮點和定點

甚麼是浮點？甚麼是定點？說到DSP就必須要了解這兩種運算的不同。這裡提到的『點』指的是小數點，因爲信號處理的運算主要是數値的加法與乘法運算最多，然而信號的數値不可能都是整數，肯定有小數加法與乘法的運算。因此，具有浮點運算的DSP晶片，表示晶片內的核心架構有特別針對小數運算做設計，機器語言的指令集適合小數點數値的加乘法運算。反之，具有定點運算的DSP晶片，表示晶片內的核心架構並『沒有』對小數點數値運算有特別的設計。

雖然定點運算的DSP晶片沒有小數數値運算的指令集，但是我們的程

CHAPTER 1

式碼還是可以寫小數的運算，只不過這種運算在編譯的過程會用比較多的基本指令集來完成。相對於浮點運算的DSP晶片，兩者在小數運算的效能表現會有差距。例如跑200MHz的浮點與定點晶片，同樣執行小數運算的結果，當然浮點晶片效能會比較優也較快。不過，浮點晶片的價格卻高於定點晶片不少，所以實際上開發商還是會以定點運算的DSP晶片來開發，而浮點晶片僅適用於學校或者初期的開發階段。

小數運算在定點DSP晶片該如何解決效能的問題呢？舉一個小數點運算為例：0.25 + 0.25 =，首先就是先把小數點變不見，想想看怎麼將0.25小數用一個16-bit或32-bit整數來表示呢？我們可以將0.25乘以2^{16}或者2^{32}，這樣就得到一個整數值16384或2^{30}。對於定點運算的DSP晶片，看到這種整數運算自然能展現運算的效能，運算的式子就變成16384 + 16384或者$2^{30} + 2^{30}$。這樣的運算大概只需要花一個機器語言的指令就可完成了。

上述的例子告訴我們，如果演算法裡面有很多小數點的計算，我們必須先調整演算法的數值架構，將小數點變不見，這樣演算法執行的效率才能提高。更廣義地說，無論是採用DSP晶片或者ARM-based的微控制器，遇到小數點運算的話，我們最好先自行轉換成整數運算，因為市面的晶片核心架構都是以簡單指令集為主，不適合做浮點運算。

▩ 平台介紹

在高效能平台上面，C6000 DSPs包括C62x、C64x、C66x和C67x，其中C67x系列為浮點運算的DSP。C6000平台中的C64x可提供最快高達1GHz的運算時脈，所以應用的範圍廣泛，像是無線基礎設備、數位影像、或電信基礎設備…等先進的通訊設備。C66x晶片則具有多核心的架構，適用於高速運算的電信設備上。另一種達文西數位影像平台，其晶片運算核心也是以C6000為主，再內建ARM核心成為雙核心的晶片。

此外，在低功率平台上面可以提供最佳的待機功率和先進的電源管理，因此C5000 DSPs（C54x和C55x）最適合運用在個人行動設備，如：MP3、VoIP、GPS接收器、或可攜式醫療裝置。最後，C2000 DSPs（C24x

和C28x）可視爲一顆具備周邊控制與功率處理的微處理器，相當適合應用在嵌入式工業設備，例如：數位馬達控制、數位電源供應器、或智慧型感應器…等應用。

當中，C2000系列的晶片其實比較像微控制器（MCU），講到MCU就得提提ARM-based的各種微處理器。在微處理器或微控制器方面，DSP晶片對上ARM-based的晶片反而沒有太多優勢，因爲微控制器原本的工作就屬I/O控制，不需要過多的數值運算，除了AI/AO（Analog Input/Analog Output）可能需要做到一些數值運算之外。不過，現在的ARM晶片也都把這部分內建進核心了，反而ARM比較好用。價格上，C2000平台相對上也比較昂貴，所以只能應用在某些特殊情況（ARM難以達成的環境），我們在開發時需要仔細評估兩者的差異。

在C5000平台中包括兩種DSP核心，一種爲C54x，另一種爲C55x。該平台著重在低功率低耗能的應用上，所以DSP輸入的時脈低於300 MHz，平均在100～200 MHz左右。表1-1列出C5000平台的DSP規格，其中依照應用的領域，分成單核心平台與多核心平台兩種。另外，C55x內建L1的記憶體，而且輸入時脈比較高，不過C54x則沒有L1的記憶體，所以單核心的使用者可根據應用、價格成本等因素決定採用何種DSP。至於多核心的平台適合用於手機、網路電話、電信設備，像OMAP平台就是專爲手機而設計的DSP。

表1-1(a)　C5000的單核心平台

型號	核心	輸入時脈（MHz）	L1（SRAM）	RAM	ROM
TMS320VC5510 TMS320VC550x	C55x	108～300	V	V	V
TMS320VC541x TMS320VC540x	C54x	50～160	–	V	V

表1-1(b)　C5000的多核心平台

核心數	型號	內建的核心	輸入時脈（MHz）
四核心	TMS320VC5441	四個C54x	133
雙核心	OMAP5912	一個C55x 一個ARM9	192
雙核心	OMAP5910	一個C55x 一個ARM9	150
雙核心	TMS320VC5471/5470	一個C54x 一個ARM7	100 47.5
雙核心	TMS320VC5421/5420	兩個C54x	100

▩ C6000平台

2007年，在德州儀器未來產品線的規劃（roadmap）中，C6x系列晶片將依據不同的功能性而細分成幾類產品應用，以因應通訊市場的需求。然而，隨著技術的進步，C62x也將逐步地退出德州儀器主要供應之列，取而代之，以C64為核心的晶片將成為主流。C64架構也衍伸出C64+的核心架構，更強化了C64架構。

C6x系列分三大族群：第一族群為高效能的C64x系列，晶片的核心處理器以C64x為主，不過隨著德州儀器在這個架構上的改進，核心處理器也逐步演進到C64x+（稱為C64x plus）架構；第二族群為專攻影像應用的DM64x系列，DM64x晶片採用單核心與雙核心兩種，雙核心的DSP通常以C64x+架構再搭配另一顆ARM9的微處理器，晶片的周邊方面增添網路模組以及影像介面，適用於網路多媒體、影像語音的處理，這整套系統稱為達文西平台（DaVinci™）；第三族群為浮點運算的C67x系列。未來，德州儀器在通訊市場將還是以C64x與DM64x晶片為主要的應用。

底下表1-2整理列出C6000平台的DSP規格，分成高效能與達文西平台兩大類。高效能的核心有C64與C64+兩種，達文西的核心同樣有C64與C64+兩種，不過還多了雙核心的規格。德州儀器提供多樣化的產品線，讓使用者能夠有多種選擇。

表1-2(a)　C6000的高效能平台

型號	核心	輸入時脈（MHz）	L1	L2	EMAC
TMS320C6414/15/16	C64	500～1000	32 KB	1024 KB	－
TMS320C645x	C64＋	720～1000	32 KB	＞1048	V

表1-2(b)　C6000的達文西平台

核心數	型號	核心	輸入時脈（MHz）	ROM
單核心	TMS320DM640/41/42/43	C64x	400～600	－
單核心	TMS320DM643x	C64x＋	400～600	V
單核心	TMS320DM647/48	C64x＋	720～900	V
雙核心	TMS320DM644x	一個C64x＋ 一個ARM9	594 297	V

先前提到浮點與定點的定義，我們一開始就必須先決定選用浮點或定點運算的晶片，C6000平台也同樣提供浮點運算和定點運算兩類的DSP晶片。然而，選擇定點或浮點運算的DSP，可從性能與價格兩方面思考。就功能性而言，浮點或定點運算DSP都可以執行小數點的計算，不過由於浮點運算的DSP內建浮點計算的指令，所以在運算小數的效能上比起定點的DSP還好。

不過，就價格而論，浮點運算DSP在價格上比起同款的定點運算DSP貴，通常在學校研究單位會使用浮點運算的DSP做爲初期開發的平台。但是，在工業界考量到量產的因素，才使用定點運算DSP做爲產品的核心。值得留意的是，目前德州儀器（自2007年起）所規劃的浮點DSP的最高運算時脈只到350MHz，比起定點的DSP可高達1.2GHz系統時脈，而且具有多核心架構。相較起來，浮點運算DSP僅適合於開發產品模組的雛型（prototype）。

▩ 踏出第一步

從上述的介紹，大致可瞭解德州儀器產品的規劃方向。不過，初學者最大的問題是當一看到這麼複雜的系統，心中浮現出不少問號，不知到底該從何開始著手而心生退卻。筆者以個人的經驗提供初學者參考：

第一步、選定適合的DSP開發平台之後。安裝好套裝軟體，以及準備一套DSP的開發平台。這步驟主要的目的讓初學者先熟悉德州儀器的套裝軟體，以及如何讓開發平台與軟體介面能成功的連接。成功踏出第一步之後，才有辦法進一步學習設計信號處理。

第二步、下載晶片的datasheet、application note、user guide…等資料。仔細研讀資料，檢視所採用的DSP晶片上有哪些週邊介面，然後再深入研究介面的架構。通常，在每顆DSP晶片裡面包括了多達十多種大大小小的介面，實際上我們不可能針對每種介面都去仔細研究，通常只有對重要或常用的介面再深入地研讀，例如：DMA/EDMA、McBSP介面最為常用，也最值得初學者好好學習。比如我們可以從EDMA運行目的、工作模式、與其他周邊的互動關係開始研究。

第三步、在開發平台上執行德州儀器所提供教學用的範例程式。初學者研讀了介面的相關資料之後，從教學範例程式開始執行測試，以便加深這些介面的使用，以及熟悉DSP的程式撰寫。

表1-3爲德州儀器公司的網站（http://www.ti.com）所列舉之每個DSP平台上的主要應用，網站上還針對每種應用仔細地描繪其架構方塊圖，以供開發人員參考，特別是當我們思索設計一個數位系統，卻不知該選用何種處理器較爲適合的時候，該網站內提供了很多資料可作爲設計初期的系統評估。此外，由於C6000 DSP是最新一代的晶片，並且高度整合了許多周邊能夠實現在高速的通訊系統上面。由於達文西平台對初學者來說實在太難了，本書主要著重在C6000平台的介紹。

表1-3　TMS320家族主要的應用

DSP 平台	應用方面	
DaVinci（達文西）	數位影像處理	網路多媒體
C6000	AV Receiver	主動式噪音消除
	數位機上盒	DVD燒錄
	條碼掃描機	數位相機
	LCD TV	影像會議或影像電話
	MP3 Player/Recorder	軍用雷達
	專業音訊混音設計	串流多媒體
	OFDM Power Line Modem	影像廣播基礎設備
C5000	Barcode Scanner	主動式噪音消除
	SMS/MMS Phone	生物辨識或指紋辨識
	Full Duplex Speaker Phone	MP3 Player/Recorder
C2000	條碼掃描設計	液壓球閥設計

爲了讓讀者瞭解書本內名詞的描述，我們必須先對一些專用名詞做清楚的定義，以免讀者混淆不清。往後的章節若提到「C6x DSP平台」指的是DSP加上其他周邊電路所組成的開發板，而「C6x DSP」是指DSP晶片本身，另外「CPU」則指的是DSP晶片內部的中央處理器。

1.3.2　C6x晶片核心

修過計算機組織架構的課程之後，我們將會了解到晶片核心從擷取機器語言的指令、解碼、最後到指令執行的過程（fetch – decode – execute），這樣稱爲指令週期。若利用管線原理的話，在正常情況下，一個系統時脈（system clock）可以完成一個指令。不過，德州儀器的晶片針對核心的組織架構進行改良，以便展現更高的運算效能。

▩平行運算

C6000晶片的硬體設計採用VelociTI架構，每一個運算時脈（clock）最多可以執行八個32-bit的指令集，也就是我們常聽到的『平行運算』。如果晶片系統時脈為200 MIPS，經過平行運算的最佳化之後，最高可達1600 MIPS（理想值）。當然，不是所有程式碼最佳化之後都能有八倍的效能，最佳化的處理是由德州儀器的編譯器所完成的，基本上我們不太可能自行寫平行處理的組合語言。

關於平行處理的語法，我們打開一個編譯產生的組合語言檔案，一定可以找到一個特殊符號 || ，這個符號代表前後的組語將進行平行運算，只會花一個時脈。有時也會看到幾行組語用這個符號串起來，表示這幾行也只會花一個時脈。看到這裡，有沒有覺得DSP晶片運算眞是強大，難怪時脈跑到1 GHz以上，卻還不需要風扇來散熱。

『工欲善其事，必先利其器』。德州儀器針對C6000平台提供一套相當完善的整合型開發工具和開發環境，稱為CCS - Code Composer Studio。套件包含高效率的C語言編譯器、組合語言的最佳化、以及Windows環境的除錯器與模擬器。除此之外，套件可以搭配各種德州儀器的開發板卡，所以對於韌體工程師而言，藉由這樣的工具來設計一個複雜的系統遠比過去已便利許多。

▩晶片內部

若要評估哪一顆DSP適合實現在我們所設計的系統上，第一步得先深入了解晶片內部的方塊圖，然後構思哪些周邊元件是系統需要的，以及系統要求的運算速度，這樣才有辦法選擇適合的DSP。認識DSP晶片之前，我們可以把晶片內部想像成一部小型的電腦，這樣子比較容易理解。TMS320C6000晶片內大致可分為三大模組：處理器核心（DSP Core）、記憶體模組（Internal Memory）、周邊模組（Peripherals）。

模組中最重要的角色是運算核心，處理器的核心就是俗稱的中央處理器（CPU），如下面方塊圖中的文字所表示。核心裡面有兩個暫存器群組（A Register File和B Register File），而每個暫存器群組內包含八個運算單元（2個乘法器和6個算術邏輯單元），因此機器語言的指令適合加法與乘法的遞迴運算。在學校所學的濾波器設計正好包含很多加乘法的遞迴算法，我們才會說DSP晶片在處理信號方面的效能最佔優勢。

DSP內建的記憶體模組，其功用是存放程式碼與資料，但是不同系列的DSP其內部記憶體容量不盡相同。記憶體的功能就像電腦的DRAM一樣，協助核心存取資料或快取的功能。除了CPU與記憶體之外，週邊介面是很重要的一部分，因為如何將外部訊號輸入到核心作運算。運算後，如何將結果輸出呢？靠的就是周邊的通訊介面。從下圖中所示，內部的周邊模組可以提供多種通訊介面，就如同電腦一樣，多樣化的介面可因應不同的應用，使得C6x DSP更具有競爭性。

由於德州儀器致力於核心技術的開發，才能不斷的提昇運算速度。目前可做到高達八個指令集的平行運算，相當於若使用一100 MHz時脈的DSP時可最多完成800 MIPS（Million Instructions Per Second）。想了解更詳盡的資料與功能請參考[1]。

1.3.3 內部記憶體

為了加速資料的存取與指令的執行，DSP晶片內建了記憶體模組，如圖1-10與圖1-11中的虛線所表示，但其中內部設計會因為不同的晶片版本而有些許的不同，比如說記憶體的容量大小。在C620x/C670x系列的DSP內建兩塊記憶體，如圖1-10所示，一塊用來存放程式碼，稱做Program Memory，另一塊則用來放資料，稱做Data Memory。

CPU可透過程式碼存取控制器（Program Access Controller）來擷取程式碼所在的記憶體，但是當CPU與另一稱做Direct Memory Access（DMA）的運作同時存取資料記憶體時，則由資料存取控制器（Data Access Controller）來負責仲裁這兩者的讀寫動作。DMA在系統設計上也是很重要的一部分，因為它能提升系統的效能，協助CPU減輕資料存取的負載。德州儀器在DMA這方面做了很多先進的設計，通常初學者不容易上手。因此有關DMA的概念，我們將在稍後再進行說明。

雖然從圖1-10看到資料記憶體只不過是一小方塊圖，但實際上C620x/C670x系列的資料記憶體在內部又被細分成兩個小區塊（參考[2]），藉以提昇存取效率。所以，程式設計時應適當安排資料在記憶體的位置，使得CPU和DMA能同時存取記憶體而不互相衝突。除了可以存取內部記憶體之外，Program Access Controller與Data Access Controller還可以幫CPU存取晶片外部的記憶體或是控制周邊。

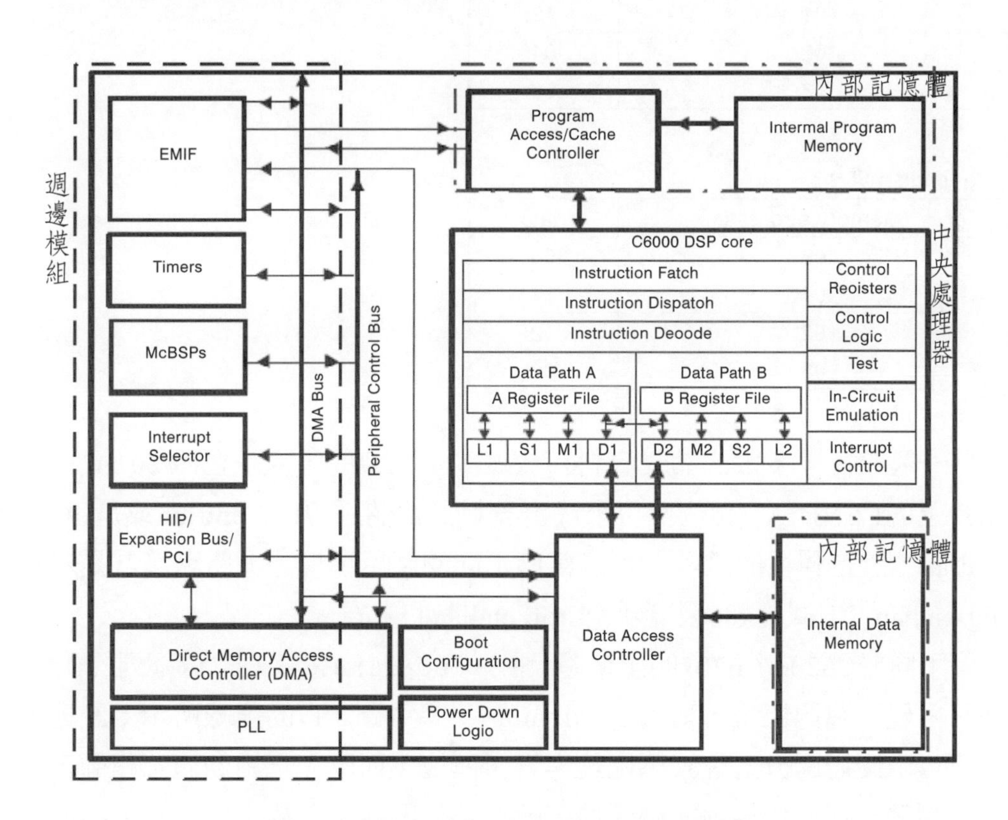

圖1-10　C620x/C670x晶片內部方塊圖

▩ 資料存放方式

關於資料存放的高低位元有兩種方式：big-endian和little-endian。底下表格是兩種資料存放在記憶體的方式，big-endian存放資料的方式是將最高位元放在低位址，little-endian存放資料是將最低位元放在高位址。舉例來說，一個32位元的資料00123456h放到起始位址0h的地方。

big-endian：

Memory address	data
00	00
01	12
02	34
03	56

little -endian：

Memory address	data
00	56
01	34
02	12
03	00

一般來說，多數的晶片資料存放方式是固定的，但是在C6201/C6701晶片上的LENDIAN腳位可用來決定資料記憶體採用big-endian或是little-endian，這是彈性的設計，可適應於不同的應用環境。網路環境就是一種big-endian的方式，x86環境則是little-endian的方式。

不同於C620x/C670x的記憶體設計，在C621x/C64x/C671x系列的DSPs則只內建一塊記憶體，稱爲L2 Memory。參考圖1-11的虛線所示，記憶體已不再由硬體區分爲程式碼區塊與資料區塊，而改完全由韌體工程師自行來規劃哪一部分作爲程式碼區塊，哪一部份區塊可存放資料。在所謂的快取（cache）模式下，CPU透過『L1P快取控制器』讀取L2記憶體內的程式碼，或透過『L1D快取控制器』存取L2的資料區塊。此外，L2控制器則可協助CPU存取外部記憶體（經由EMIF介面），以及周邊的控制（如：EDMA、McBSP、計數器…等），詳細過程將在稍後章節中再說明或可先參考[3][4]。

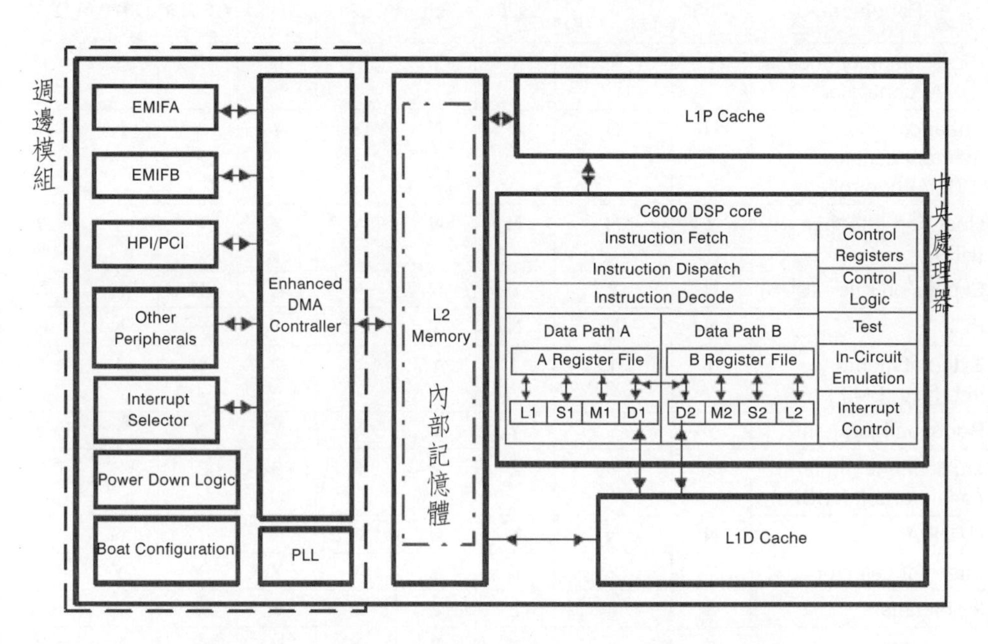

圖1-11　C621x/C64x/C671x晶片內部方塊圖

▩ 內建的周邊模組

在C6000 DSP內的周邊模組依照不同的晶片版本而有所不同，參考圖1-10與圖1-11方塊圖的虛線所示，大多數周邊均是由記憶體映射（memory mapped）的方式加以控制，亦即每一個周邊群組或單元都對應一個記憶體位址。除了部分周邊例外，像Boot Configuration的邏輯部分（由外部訊號控制），與Power-Down的邏輯（CPU直接控制）為各系列DSP晶片所必備的周邊，每一系列DSP晶片內含周邊群組各不相同。

表1-4所列為各系列DSP晶片之內然周邊群組及周邊個數。針對主要的幾個周邊功能（參考[5]）表列出來，我們依照使用方式分成功能性與通訊

介面的周邊來說明。如下：

表1-4　C6x DSP的周邊群組（取自[5]）

Perlpheral	C6201	C6202 (B) C6203 (B)	C6204	C6205	C621x	C6414	C6415	C6701	C671x
Direct Memory access (DMA) controller	Y	Y	Y	Y	N	N	N	Y	N
Enhanced direct memory access (EDMA) controller	N	N	N	N	Y	Y	Y	N	Y
Host-port interface (HPI)	Y	N	N	N	Y	Y	Y†	Y	Y
Expansion bus (XBUS)	N	Y	Y	N	N	N	N	N	N
PCI	N	N	N	Y	N	N	Y†	N	N
External memory interface (EMIF)	1	1	1	1	1	2	2	1	1
Boot configuration	Y	Y	Y	Y	Y	Y	Y	Y	Y
Multichannel buffered serial ports (McBSPs)	2	3	2	2	2	3	3†	2	2
UTOPIA	N	N	N	N	N	N	Y†	N	N
Interrupt selector	Y	Y	Y	Y	Y	Y	Y	Y	Y
32-bit timers	2	2	2	2	2	3	3	2	2
Power-down logic	Y	Y	Y	Y	Y	Y	Y	Y	Y
GPIO peripheral	N	N	N	N	N	Y	Y†	N	N

▩ 功能性的周邊

DMA（Direct Memory Access）Controller：DMA最重要的功能就是在不干擾CPU的運作下搬運任何位址上的資料。在C620x/C670x封裝了四個使用者可配置的DMA通道，外加一個輔助的通道，用來協助HPI介面搬運資料。

EDMA（Enhanced Direct Memory Access）Controller：EDMA和DMA在功能上類似，但是EDMA功能更強。EDMA使用的通道數，在C621x/C671x系列包含了16個EDMA通道，在C64x則有64個通道。另外，比DMA

更先進的功能就是將未來搬運工作所需設定的配置先存放在一個記憶空間內，而且可以同時存放多筆不同的配置，則當起始搬運工作完成後，可自動載入下次搬運工作的配置，稱之為DMA chain。此外還有其他的功能可廣泛地滿足多數系統的設計，詳述請參考data sheet。

Timer：C6000晶片內含32-bit計時器。計時器可提供下列的功能：

- 對輸入訊號做計時或是計數。
- 產生脈波（Pulse）或者方波給外部電路。
- 產生中斷給CPU。
- 產生同步信號給DMA/EDMA。

Interrupt Selector：因為C6000的許多周邊模組都可以發出要求CPU中斷的訊號，即稍後章節將說明的「中斷來源」，所以C6000包含一中斷選擇器供使用者選擇哪一個中斷來源需要被致能（enabled），哪些需要被遮罩（masked）。另外，使用者可自行設定中斷的執行是由訊號的rising edge或falling edge所觸發。

Boot Configuration：C6000提供多種開機的配置。當晶片reset之後，開機配置即用來決定DSP下一步要如何啟動，比如說程式碼要從內部記憶體載入，還是從外部的ROM或是其他外部設備載入。

Power-down：C6000的這個模組利用降低時脈速率，以減少功率的消耗。對於手持式的裝置，這是很重要的功能。

TCP（Turbo-Decoder Coprocessor）：這是Turbo-Code的解碼處理器，內建在DSP晶片裡面。在3G無線通訊標準裡，需要用到Turbo Code編解碼。不過，TCP模組並非存在所有的DSP晶片中，目前C6416與C6455內建Turbo Code的解碼器，詳細的操作參考[8]。

VCP（Viterbi-Decoder Coprocessor）：這是Viterbi-Code的解碼處理器，內建在DSP晶片裡面。在IS2000和3GPP無線通訊標準裡，需要用到Viterbi Code編解碼。不過，VCP模組並非存在所有的DSP晶片中，目前C6416、C6418、與C6455內建Viterbi Code的解碼器。VCP與TCP模組都是在DSP晶片裡面獨立於CPU之外，新增一塊處理器專為解碼之用，有自己獨立的記憶體。VCP/TCP溝通的方式和CPU利用一塊FIFO記憶體交換資料，傳輸或者接收資料主要是透過EDMA通道，參考技術文件[9]。

▩ 通訊介面的周邊

SPI或I^2C介面：這是非常常見的通訊介面，在DSP晶片中幾乎都會包含這兩種介面，利用此介面與其他晶片傳送資料或控制訊號。

HPI（Host Port Interface）：HPI是一個並列埠（Parallel Port）而且為主從架構的介面。透過這個介面，host（例如PC）能夠很容易地直接存取DSP的內部記憶體、外部記憶體、或以記憶體映射的周邊。

PCI：只有C6205/C6415晶片上內含PCI模組，可連結到PCI的匯流排。如果我們打算設計一塊PC-based的板卡放到PCI插槽上，選擇這兩款DSP則可節省外加一顆PCI控制晶片（如AMCC 5920、S5933）的成本。

EMIF（External Memory Interface）：C6000 DSP提供一個EMIF介面可以和外部設備做連接，像非同步設備（如SRAM、ROM和FIFO）、SDRAM、SBSRAM或一個具有共享記憶體的外部設備等等。

Expansion Bus：它可視為HPI的一種或是EMIF的延伸，用來存取晶片外部的周邊，但只有C6202/C6203/C6204晶片上提供此介面。

McBSP（Multichannel Buffered Serial Ports）：這是德州儀器的晶片中一個非常重要的通訊介面，採用標準的串列埠通訊，功能介紹請參考第二章。通常它與DMA/EDMA互相配合使用，利用DMA/EDMA將在接收埠上的資料搬到記憶體，或者將記憶體上的資料搬到傳輸埠。由於該介面具有同時處理多通道傳輸的能力，而且可與T1、E1、SCSA、或MVIP等通訊介面相容，其功能包括：

- 全雙工通訊
- 具有存放資料的暫存器，所以可接受資料流的進出。
- 進行傳送和接收時，可以由獨立的時脈作為同步訊號。
- 可直接連接到CODECs、類比介面晶片、或者連到A/D、D/A轉換器。
- 一條資料串流中，最多可達到128通道的傳輸與接收。

- 可自由選定每個通道的傳輸資料大小，如：8/12/16/20/24/32-bit。
- μ-law與A-law的編碼。
- 可自定傳輸的clock與frame，由晶片內部產生或外部提供。
- 可設定觸發的極性做為frame同步與資料的clock。

UTOPIA：全名爲Universal Test and Operations Interface for ATM，只有C6415/ C6416/C6455才提供這個介面，這是屬於特殊應用的通訊介面。其功用能夠讓DSP成爲一個ATM控制器，此介面可符合ATM論壇制定的標準規範（af-phy-0039.0000）。

GPIO：在C6414以上的版本才提供16個general-purpose I/O，使用者可透過這類的IO輸入訊號以產生中斷要求給CPU或產生同步信號給EDMA控制器。

McASP（Multichannel Audio Serial Port）：最新的介面僅設計在C672x/C6418系列，可支持多達16組立體音通道透過I2S格式與CODECs、DAC、ADC裝置連接，因此適合應用於音樂方面的處理。

TSIP（Telecom Serial Interface Port）：這是屬於特殊應用的通訊介面，常見於在C645x系列晶片中，特別用在電信方面的高速串列傳輸。其傳輸速度可達16.384Mbps，一條通訊介面可包含256個時槽（time slot），相當適合用此介面連接其他的通訊晶片。

1.3.4 關於C64x+的核心架構

在C6000家族中，早期設計的C62x系列已漸漸被下一代的C64x所取代，因此德州儀器新一代的DSP處理器將以C64x爲主要核心架構。雖然該架構延續自C62x的核心架構，不過卻提昇了數位信號處理的效能，其中與過去的架構有下列的不同點：

- 針對晶片內的VelociTI.2架構新增的延伸指令，加速數位信號處理的效能。
- 增加16位元或8位元資料在乘加運算方面的平行處理。

- 改善常用指令之間的互斥空間，提昇指令使用的效能。
- 加倍內部資料傳輸頻寬，以便增加更多的暫存器與加大L-2快取記憶體。
- C64x的軟體可完全相容於TMS320C62x。

隨著德州儀器技術不斷地提昇，針對C64x核心架構進行部分改良，將處理器的核心架構演進到C64x+，而新增與改良的部分如下所列：

- 提供32位元的乘法指令以提供更精確計算。
- 擴大核心處理器的算術運算，以便能支援FFT與DCT演算法。
- 改善複數乘法的支援。
- 加速行列計算的指令，以提昇FIR的計算效能。
- 新增平行處理的指令。
- 改良Galois Field的乘法。

改良後的C64+核心主要使用在達文西平台上，目前達文西平台的晶片序號爲DM64x，主要搶佔影音多媒體的通訊市場，特別是手持式的通訊裝置。DM64x系列的晶片具有雙核心處理器的能力，除了包含C64+的DSP核心做爲影像語音處理之外，還包含了ARM9的微處理器做爲控制的中心。達文西平台上面包含了雙核心的處理器，以及週邊的介面所組成，爲了強化影像介面與網路介面的連接，達文西晶片內主要新增下列通訊的週邊：

EMAC（Ethernet Media Access Controller）：爲了增加晶片在網路方面的連接，DM64系列內建乙太網路的MAC控制器，晶片的外部電路只要再接一顆PHY的晶片，硬體工程師在設計電路時可以更簡化。

McASP（Multichannel Audio Serial Port）：音訊介面設計在DM64x系列的晶片裡面，主要處理多通道的音訊之訊號，例如：混音、等化器…等信號處理。該介面可支持多達4組多通道的立體音源透過I2S（Inter-Integrated Sound）格式與CODECs、DAC、ADC裝置連接，每一組立體音源的輸出入可容納多達32個時槽做爲多通道傳輸，相當適合應用於多通道的音樂信號處理，同時可配合影音的處理。

Video Port：該介面可設定成爲影像擷取埠、影像顯示埠、或TSI

（Transport Stream Interface）擷取埠。影像的資料處理必須透過DMA介面的協助，將影像埠內的資料緩衝器搬運到記憶體內，以便做為影像訊號的處理。

綜合以上的說明，讀者對於德州儀器DSP晶片的內部功能和通訊介面應該有更深入的了解，對於該公司的產品線分類也有初步的認識。接下來，當我們遇到開發設計的專案時，要如何選擇一個適當的平台，需要從哪些方向來考量，還有哪些資料和資源可以下載，這將在下節說明。

1.4 如何選個適合的DSP平台？

初學者一開始面臨最大的難題就是怎麼選個合適的平台，暫時撇開該選擇FPGA或DSP晶片的議題。根據前面章節，我們已經說明初學者選用DSP平台最適合。不過，市場上DSP平台種類繁多，到底該如何選擇呢？底下列出幾項要點提供使用者參考：

- 實際應用的環境。
- 運算效能的考量。
- 周邊介面是否能滿足我們的需求。
- 性能與成本之間的平衡點。

首先，我們要考量應用的層面，比如說低功耗的省電應用、工業用的環境、還是處於高運算量的應用之下，德州儀器有特別針對各個應用面提出解決方案。前一章節介紹到該公司的產品線從C2000、C5000、C6000、以及達文西，都是為了滿足各種應用面所設計的。他們公司網站上面對數位信號處理器的分類很容易一目了然，只要讀者先想清楚自己的應用面在哪個方向，就能很快找到哪個分類適合自己了。

再來，初學者必須思考到運算效能，開發的初期可以選擇浮點運算的DSP晶片。由於設計一套演算法通常都在電腦上先模擬後，再移植到實作平台上面，然而模擬時的程式碼多半是用浮點運算寫的，也就是很多小數點的運算。因此建議開發初期可以在浮點DSP平台上操作，之後再修改程式碼成定點運算（這可是一項大工程唷）。當然，在不得已的情況下，直接用更高效能的定點運算DSP晶片來做也行啦，只是不能保證演算法會不會出現失真或延遲的問題。

第三點，初學者要思考哪些周邊介面將會用到。因爲與其他晶片通訊時，一定要使用到兩邊晶片都能連接的通訊介面。只要上德州儀器網站，產品說明就會有列出周邊的通訊介面。如果想要更詳細的資料說明，記得下載晶片的data sheet或是user guide（一定要學會看這些文件），文件會告訴我們很多晶片硬體特性、周邊和暫存器使用，這些都是接下來開發時必須碰到的東西。

舉語音開發爲例，假設類比語音轉數位語音需要有顆Audio Codec晶片，其I/O需要SPI介面將數位語音輸出給DSP，那我們就必須找一顆內建有SPI介面的DSP晶片才行，否則是不是又要額外一顆SPI介面的轉換晶片呢。如果需要高速串列通訊的話，那就需要找一顆有相對應的介面的DSP晶片，使得能滿足頻寬與時脈的通訊要求。上述的觀念就是說A和B之間通訊介面要一致，萬一不相同，勢必要多一次介面轉換，這樣子複雜性就提高了。

最後一點就是成本的考量了，設計產品時，除了功能要達成之外，成本控制也是很重要的。當然，我們要選個性能價格比高的晶片，否則東西太貴造成曲高和寡也不會是個好設計。

1.4.1 下載資料

現在半導體晶片製造商都提供豐富的開發資源，比如硬體平台、軟體套件、文件資料、網站論壇等等，特別是歐美大廠的網站上就像個藏寶圖，可下載很多寶貴資料，其實初學者不需要心生畏怯。一般而言，一顆DSP晶片有很多資料文件（多到不知從何看起），不過網站上會依照各種類型將文件分門別類，下面列出幾種重要的文件類型：

- Data sheet：這是開發前一定要下載的第一份文件資料，主要介紹晶片硬體的電路特性、pin腳說明、IC編號、系統功能簡介、暫存器簡介、電路時序圖等等。

- User guide（Reference guide）：主要說明某種介面或者晶片功能的文件，因為在data sheet裡面提到的介面或功能，只是簡單說明而已。這類文件的內容會詳細解說介面架構、硬體連接、暫存器的使用。
- Errata：當晶片內部有設計瑕疵或是使用上的有某些限制時，一定要看這份文件，檢查我們使用的功能是否有受影響。通常，有些設計瑕疵會出現在某些晶片版本之前，所以要學會看晶片的編號或版本號。
- Application notes：為了讓使用者更認識晶片內的某項功能，廠商會用這種文件來詳細介紹，還會提供操作的範例，讓使用者更加明白。有時在這類文件夾中，廠商還會提供詳盡的範例程式碼呢。
- White paper：這類文件通常是傳達給使用者設計概念，或者開發某種應用的概念。開發初期研讀這類文件機率比較不高，可以當作文章欣賞。

其中，data sheet、user guide和application notes是必要下載的文件。當下載了資料之後，接下來就是研讀的工作了，熟讀我們要使用到的功能與介面，才有能力在平台上面開發。

1.4.2 開發平台何處買

基本上，有些德州儀器的DSP開發平台都由第三方公司所設計，德州儀器就專心設計與製造晶片，開發平台的電路設計則交由其他公司來做。其中，Spectrum Digital公司[7]專門設計德州儀器的開發平台，也賣開發過程要用的仿眞器（emulator）和軟體套件，大家可以到網站上找到合適的開發平台。另外，美國Advantech也幫德州儀器做高效能的C667x EVM板。在這些網站上，他們都會提供電路圖、安裝手冊、範例程式等等資料。

[7] www.specturmdigital.com

參考資料

[1] TMS320C6000 CPU and Instruction Set Reference Guide (SPRU 189)

[2] TMS320C620x/C670x DSP Program and Data Memory Controller/Direct Memory Access (DMA) Controller Reference Guide (SPRU 577)

[3] TMS320C621x/C671x DSP Two-Level Memory Reference Guide (SPRU 609)

[4] TMS320C64x DSP Two-Level Internal Memory Reference Guide (SPRU 610)

[5] TMS320C6000 DSP Peripherals Overview Reference Guide (SPRU 190)

[6] TMS320C6000 Chip Support Library API Reference Guide (SPRU 401)

[7] TMS320C6000 Board Support Library API User's Guide (SPRU 432)

[8] TMS320C64x DSP Turbo-Decoder Coprocessor (TCP) Reference Guide (SPRU 534)

[9] TMS320C64x DSP Viterbi-Decoder Coprocessor (VCP) Reference Guide (SPRU 533)

2

如何使用DSP開發平台？

本章先從開發前的準備工具開始說明，讓初學者了解哪些工具在開發過程很重要，再介紹各種不同用途的DSP開發平台。

學習重點

- 開發前的準備
- 浮點運算平台C671x
- 定點運算平台C6416
- 工業控制平台F2812
- 低功耗運算平台C5515
- 達文西平台DM6437
- 高速運算平台C6670

2.1 開發前的準備

在前一章中，我們使初學者了解如何選擇適當的DSP晶片與平台，而本章節則希望帶領初學者開始操作開發平台，從準備工具到最後的設計開發，讓初學者能穩穩地跨出學習的第一步。首先，當我們選定好開發平台之後，接下來就是準備開發過程所需要工具。底下列出幾項重要的發展工具：

- 開發板（Developer Starter Kit，DSK）：這是初期開發時最重要的平台，我們可先將設計的程式載到板子上執行，觀看運算執行的結果。當我們在開發平台上已經能完成我們所需要的功能之後，便可以設計產品的硬體電路，然後再將程式碼移植到新的硬體電路上面。

  切記，開發板只是一塊讓使用者能快速熟悉晶片的平台，它可不能直接當作產品來用，只是產品開發初期的協助平台。

- 仿真器（Emulator）：它是開發過程中很重要的工具之一，其最大的功能就是在開發時能夠協助我們除錯。將仿真器連接到板子的JTAG（Joint Test Action Group） pin腳上，透過電腦上的整合開發環境（Intergated Development Environment，IDE）讓我們能在程式中設置斷點、看變數值、讀寫周邊暫存器的值、讀取核心暫存器、一步一步地執行等等。實際上，許多嵌入式系統的開發也都需要仿真器加上IDE的環境。

  市面上，德州儀器的仿真器有幾種：XDS100、XDS510、XDS560等等，有分簡易型的，或豪華型的。不過，並非每種仿真器都能用在每顆德州儀器的DSP晶片上面，因為有區分可適用的晶片系列，所以一定要先看看仿真器適用在哪種系列的晶片上。本章所提到的開發板子上面通常有內建仿真模組，也就是廠商已經把仿真器設計在板子上了，所以初學者不需要額外購買仿真器。

- 開發與除錯軟體，例如Code Composer Studio（CCS）：這是德州儀

器的IDE整合套件，包含了編譯器、開發視窗環境、除錯工具、範例程式、仿真器的驅動程式、文件資料等等。目前已經發展到CCS v5.1版本了，自從v4.0開始將CCS改成使用eclipse的環境與傳統版本不一樣。傳統的最新版本則發展到CCS v3.3，兩者的開發視窗環境差別很大，而且有些檔案格式不能直接支援，需要作轉換，對初學者來說會有點困難。

由於有些開發平台只需要用到傳統版本，而有些平台卻需要使用新版本，比如說F2812/C5515只要用CCS v3.3就好，達文西則需要v4.0以上，這將面臨多種版本的管理。如果手上有多個版本的CCS想安裝到電腦上，切記！只要將CCS安裝到不同目錄就可以了，版本之間不會互相干擾。

- 電路圖與資料文件：每塊開發板都會附帶電路圖（schematics），這是很重要的文件之一，因為我們必須要知道板子上有哪些周邊和提供哪些功能，還有DSP晶片與其他晶片怎麼連接，以及透過甚麼通訊介面相連。因此，要學會看得懂電路圖，然後再來研讀板子上的晶片datasheet。

德州儀器的DSK套件的歷史從C6711浮點運算DSP開始，搭配CCS IDE v2.0開發平台，方便設計人員進入C6000的領域。當CCS開發平台升級到v3.0之後，DSK的套件可彈性搭配三種不同功能應用的發展板，其中板卡上的DSP分別爲：浮點運算的C6713 DSP、定點運算的C6416 DSP、以及網路與影像處理的C6455 DSP。雖然CCS升級到v3.3以上，不過C6711 DSP發展板的應用一樣可以支援，因此開發人員可依據未來系統的功能，選用適合的DSP開發套件。

每塊開發平台適用的CCS開發套件版本不一定相同，CCS v3.3算是比較穩定且廣泛使用的版本，不過像達文西平台需要CCS v4.0以上，高速運算的C6670開發板則需要CCS v5.0以上才支援，所以在開發之前必須先詳讀平台的使用說明。以「CCS v3.0」爲開發平台爲例，當按下工具列上面的About之後，我們所安裝的版本資訊將顯示在下面的圖，其中還包含IDE版本號、BIOS版本號等。

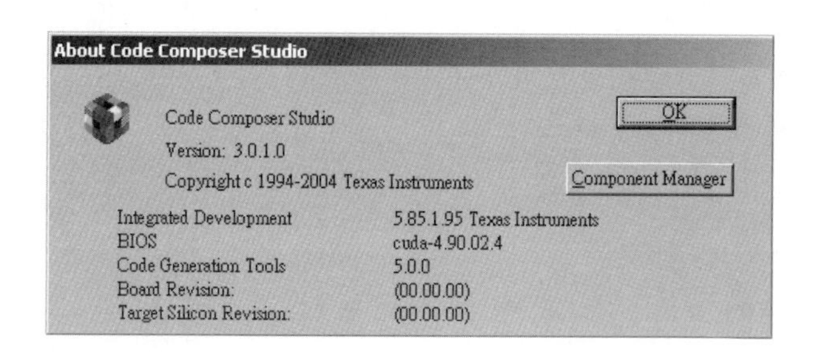

其中，上面顯示的只是開發套件的版本號，我們還可點選「Component Manager」按鈕後，將會彈掉出另一個視窗，可以讓開發人員選擇哪些元件載入到開發環境的畫面裡。另外，還可選擇編譯器（Compiler）的版本。由於德州儀器每隔一段時間會更新編譯器版本，修正一些臭蟲，當然新舊版本都可以安裝在一起。因此，只要透過這個管理畫面，使得我們可以很容易地控制哪種版本來編譯程式碼。如果我們擔心新版本的編譯器可能引發程式不穩定，則可選舊版的編譯，是很有彈性的管理介面。

為了讓讀者更能深入理解，本書提供實驗範例讓讀者學習，當中的每個範例都在v3.0平台上被驗證過能正常運作。

CHAPTER 2

2.2 浮點運算平台C671x

本節將說明浮點運算的開發平台，這類的平台有兩個：C6711 DSK和C6713 DSK。兩塊平台有些許的不同，C6711系列晶片最快系統時脈為200MHz，而C6713晶片最快則可達225MHz。另外，這兩塊開發板與軟體套件連接的方式不同，前者透過Printer port，後者則透過USB port。

2.2.1 C6711 DSK介紹

打開C6711開發套件，內附電源線、音源線、平行埠連接線、CCS IDE

光碟、以及DSP開發板。首先我們要認識這塊開發板，觀察板子上面到底有哪些晶片、哪些周邊，再來研究晶片與晶片間如何連接、晶片與周邊如何連接，最後思考看看這些晶片組合起來的電路可以做出哪些應用。

圖2-1描繪出整個開發板的電路方塊圖，板子的中央就是C6711 DSP晶片，搭配兩顆美光公司[1]的SDRAM晶片作爲外部記憶體，總共記憶體大小爲16 Mbytes，還有一顆快閃記憶體作爲儲存之用，其大小爲128 Kbytes。另外，還有一顆德州儀器的音訊晶片作爲聲音編碼之用途。開發板的周邊上面有一個平行埠（parallel port）用來與電腦主機的列印埠連接，一組語音輸出入埠連接到音訊晶片上，以及一個EMIF（External Memory Interface）介面的擴充槽。

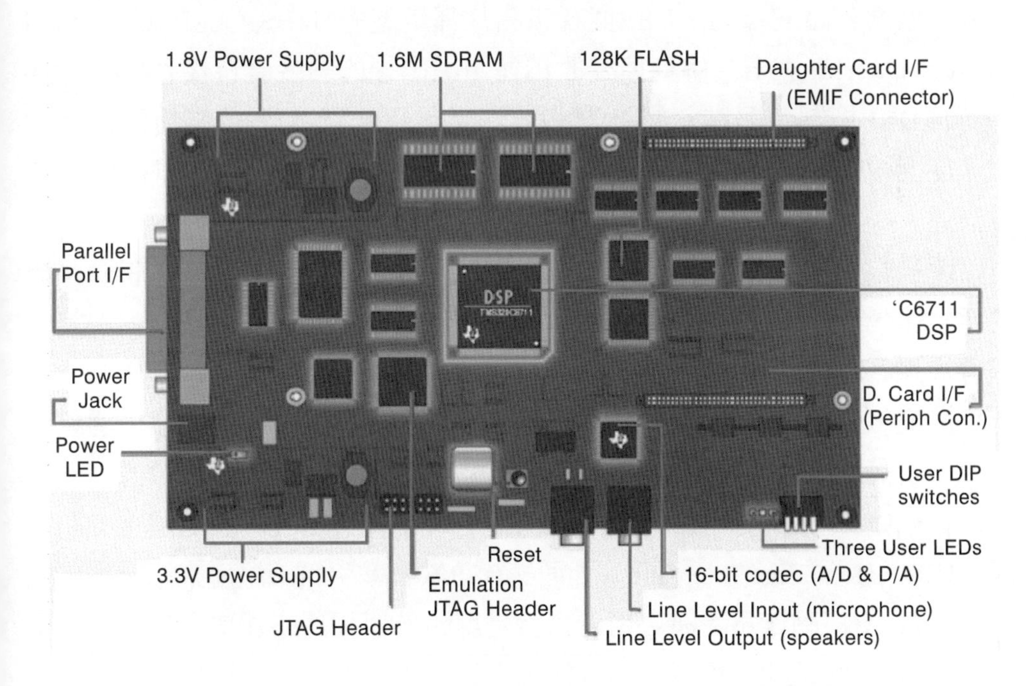

圖2-1　C6711 DSK電路方塊圖（取自DSK文件）

[1] Micron Technology Inc.

令我們感興趣的是，這幾顆晶片如何與DSP相連接，透過什麼樣的介面呢？德州儀器的文件提到各類記憶體與DSP都是經由EMIF介面相連接，根據這項DSP電路設計的建議，外部的SDRAM（編號MT48LC4M16A2）會透過EMIF介面連接到DSP上，同樣地Atmel的快閃記憶體（編號AT29LV010A）也是藉由EMIF介面接到DSP上面，因此DSP晶片能直接控制且存取這兩種記憶體。

此外，音訊晶片編號爲TLC320AD535，其使用手冊可參考[1]和[2]，主要的功能爲內建雙通道的A/D和D/A轉換，最高的取樣頻率爲11.025 kHz，每個取樣點的解析度爲16-bit。這一顆由德州儀器生產的音訊晶片與自家的DSP晶片能夠很容易的連接，所以DSP可以很方便地控制且順利的傳輸語音資料。觀察電路的佈局，DSP與音訊晶片都是透過McBSP（Multi-channel Buffered Serial Port）串列埠介面相連，編碼後的語音資料接到McBSP-0上，而DSP控制音訊晶片暫存器的方法是借用語音最低bit來傳送控制命令。從上面的說明，我們可以瞭解這三顆環繞在DSP周邊的晶片如何與DSP做溝通。

開發板子上面除了上述的數個晶片以及連接的方式之外，還有一些周邊I/O，像音源輸出輸入埠、平行埠、LED、JTAG接腳、擴充槽介面…等，這些周邊各有其功能，音源的I/O直接連接到音訊晶片；平行埠作爲CCS主機與開發板卡的溝通管道，由於DSP沒有介面可直接與平行埠互相通訊，所以平行埠到DSP之間需要額外的晶片來處理之間的訊號，一顆德州儀器的IC（編號SN74LVC161284）[3]負責平行埠訊號的處理，將處理後的訊號經由HPI（Host Port Interface）介面與DSP做聯繫；LED燈用來顯示板卡的狀態；JTAG接腳作爲除錯之用，也就是與仿眞器相連的端口；擴充槽介面是EMIF介面的延伸，可以在開發板卡上再外加擴充板卡，這樣使得系統增加更多功能。

在表2-1列出DSP晶片與周邊電路連接的情況，同時說明相關的周邊IC與DSP何種介面相連，方便讀者對整體電路的設計有進一步的認識。以這塊開發板卡上面的晶片來看，基本上它比較適合用於語音處理方面的應用，不過因爲擴充卡可增添額外的電路設計，除了擴充記憶體之外，由於DSP的McBSP-1是閒置沒有用到的，所以串列的資料可以透過擴充槽連接到McBSP-1上面，相關的應用如影像、T1/E1通訊也都可從擴充的電路設計來實現。

表2-1 TMS320C6711 DSP與周邊電路設計概況

McBSP-0	德州儀器TLC320AD535	音源輸出輸入
CE-0	美光MT48LC4M16A2	SDRAM記憶體
CE-1	愛特梅爾AT29LV010A	快閃記憶體
HPI	德州儀器SN74LVC161284	平行埠

2.2.2 音訊晶片AD535

以C6711 DSK板的設計來看，主要的應用是語音方面的處理，因此必須對這顆音訊IC深入的瞭解，才有助工程人員對系統的開發。首先，研讀這顆晶片的datasheet [1]，再來了解DSP如何控制它以及設定其暫存器的方法。下面我們針對這兩點進行這顆IC AD535的使用說明。

這顆音訊IC主要扮演的腳色就是將類比訊號轉成數位訊號，同時也將數位訊號轉成類比訊號，也就是俗稱A/D與D/A轉換器，因此晶片可外接喇叭作爲輸出，麥克風作爲輸入。最高的取樣頻率爲11.025 kHz，每個取樣點的解析度爲16-bit，取樣頻率的決定是由注入晶片的時脈所計算得出的，計算的公式如下：

取樣頻率fs = 主時脈MCLK÷512

以目前這個DSK板子爲例，注入音訊晶片的時脈爲4.096 MHz，所以我們使用的C6711 DSK的語音取樣頻率爲8 kHz。

此外，取樣後的16-bit數位語音資料，以串列的傳輸模式送到DSP上面的McBSP-0埠，從圖2-2的電路簡圖可以更清楚明白AD535晶片與C6711晶片之間電路連接的情況。在McBSP串列埠通訊中雙方的同步信號[2]建立最爲重要，AD535作爲串列通訊的同步信號產生者，圖中的VC_SCLK輸出到CLKS0/CLKX0/CLKR0當作通訊時脈，而VC_FS輸出到FSX0/FSR0當作同步框架（Sync Frame），VC_DOUT/VC_DIN則分別爲語音的輸出輸入。

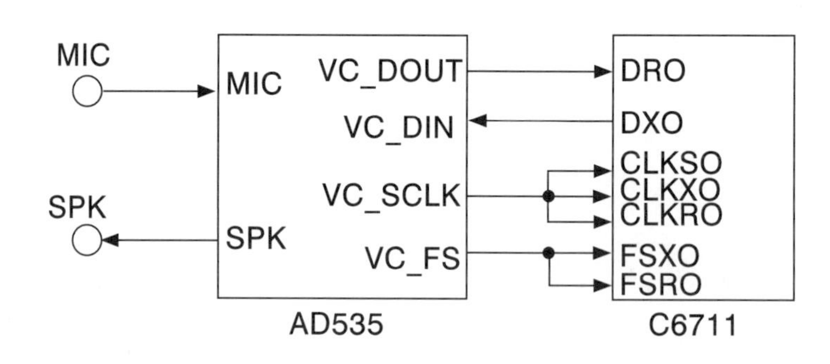

圖2-2　語音晶片AD535與C6711 DSP電路設計的方塊圖

AD535晶片特性和功能大致了解了，電路的佈局也清楚了，接下來要知道如何控制這顆音訊IC。從IC的腳位來看，除了資料傳輸的電路之外，它並沒有位址線可存取內部的暫存器，唯一與DSP相通的就是McBSP介面，因此控制音訊IC內部暫存器的方式就是利用串列傳輸的方式來設定晶片的工作模式。很多德州儀器自家出產的音訊晶片都是透過McBSP介面與DSP相連，同時藉由這個介面設定音訊晶片的內部暫存器，稍後說明的AIC23晶片正是另一例。

在AD535的串列通訊提供兩種同步框架模式，分別稱爲FS High模式、以及FS Low模式。同步框架模式的設定則由晶片上的「SI_SEL腳位」高低

---

[2] 同步信號：用來通知通訊雙方哪個bit當作第一個bit，通常這個訊號稱為同步框架（frame）。

來決定的，以DSK板卡上的電路設計來看，該腳位被接到高電位，因此這裡我們採用FS High模式來執行McBSP串列埠的通訊，其時序圖描繪於圖2-3中。另外，從圖2-3看得出來資料串符合串列埠的資料延遲（Data Delay）之特性，所以特別提醒讀者在設定McBSP的接收控制與發送控制暫存器時，記得要加上一個位元的延遲，否則語音資料將不會正確。提供部分的程式碼，參考如下：

```
#include <csl_mcbsp.h>
MCBSP_Config config;

//配置一個McBSP-0作為串列通訊之用.
hMcbsp_ch0 = MCBSP_open( MCBSP_DEV0, MCBSP_OPEN_RESET );

//語音資料接收時採用有號數的填塞方式.
config.spcr = (Uint32)MCBSP_FMKS(SPCR, RJUST, RSE);
config.pcr = 0;

//語音資料長度為16位元，同時加上一個位元的資料延遲.
config.rcr = (Uint32) (MCBSP_FMKS(RCR, RDATDLY, 1BIT)
                      | MCBSP_FMKS(RCR, RWDLEN1, 16BIT));
config.xcr = (Uint32) (MCBSP_FMKS(XCR, XDATDLY, 1BIT)
                      | MCBSP_FMKS(XCR, XWDLEN1, 16BIT));

//將數值寫到McBSP-0的暫存器內.
MCBSP_config( hMcbsp_ch0, &config );
```

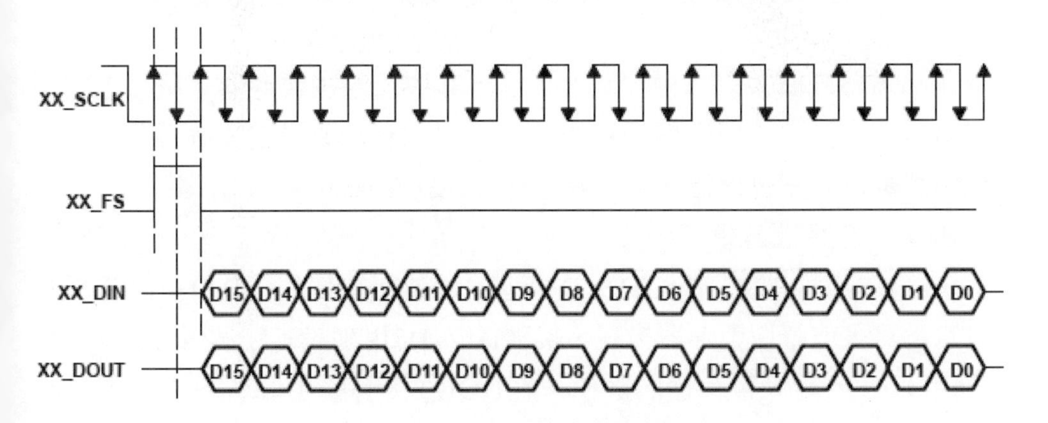

圖2-3　FS High模式的資料串列傳輸（取自[1]）

由圖2-3時序圖來看，SCLK爲時脈，FS爲同步框架訊號，DIN爲輸入到AD535晶片的訊號線，DOUT爲AD535輸出的訊號線。那我們要怎麼從DSP送出控制命令給AD535呢？在16-bit的串列傳輸中，傳給AD535的最低位元D0當作控制訊號，如果音訊IC收到的16-bit資料（D0爲1）表示下一筆16-bit資料是控制資料而不是語音。如果D0爲0的時候表示這是一筆16-bit的語音資料，從圖2-4可更進一步了解控制指令設定的時序圖，P表示同步框架的pulse，S表示這個框架傳送的是控制資料而不是語音。以最低位的D0做爲控制訊號，這種方法比較簡單且無需額外的電路設計，雖然犧牲了一個位元的精確度，但是人耳是無法分辨其誤差的。

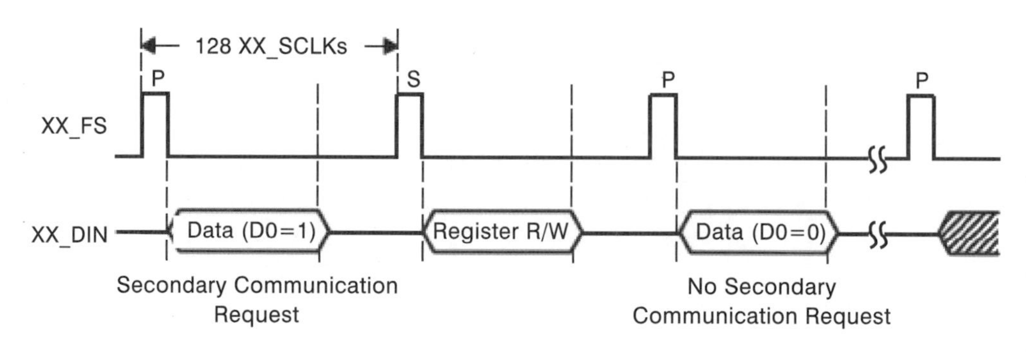

圖2-4　FS High模式下的控制指令時序圖（取自[1]）

在AD535裡面共有六個控制暫存器，其中三～六暫存器是用來設定語音的增益或衰減值，但問題是我們如何通知AD535要設定哪個暫存器，以及如何將數值設到暫存器之中。設定的方式就在16-bit的控制資料裡（DIN / DOUT），參考圖2-5所示。

在DIN接腳的資料中，D15–D14這兩個位元不使用，D13用來告訴晶片設定爲寫入或讀取暫存器模式，接著D12–D8用來設定哪個暫存器，D7–D0則用來表示寫入暫存器的數值。在DOUT接腳輸出的資料中，則是讀取模式的暫存器裡面的數值。若是寫入模式，DOUT接腳輸出的資料可以忽略。

CHAPTER 2

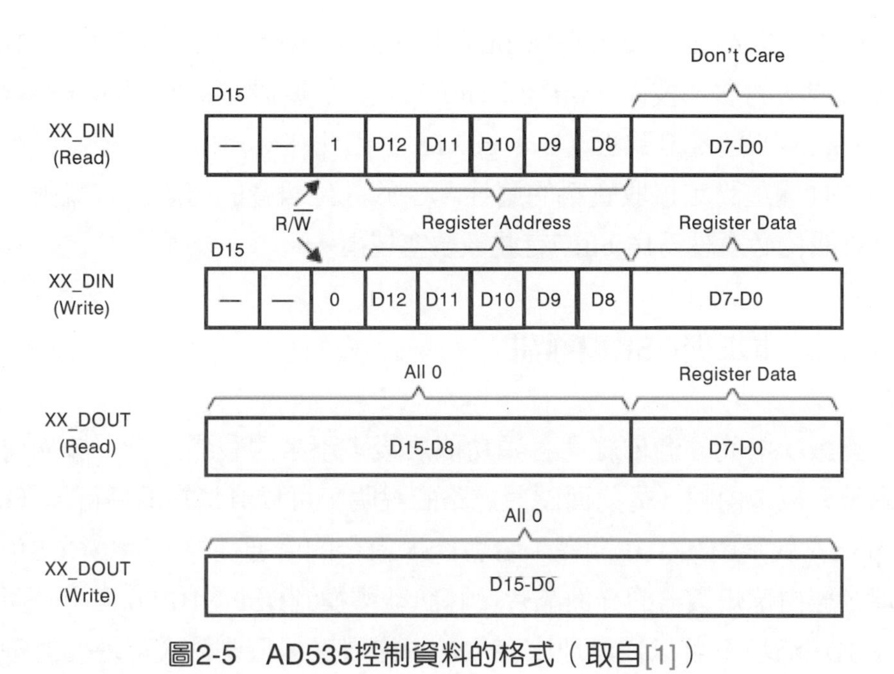

圖2-5 AD535控制資料的格式（取自[1]）

為了讓AD535晶片能正常運作起來，首先我們要將DSP上面的McBSP-0通道致能，McBSP-0能正常動作後才能控制AD535晶片，底下提供設定AD535晶片內部暫存器的程式碼，以供參考之用。

```
//先送出1表示要設定控制暫存器，下一筆為設定的數值.
mcbsp0_write(1);
//設定數值0x80到控制暫存器3.
mcbsp0_write(0x0380); // Voice Channel software reset

//先送出1表示要設定控制暫存器，下一筆為設定的數值
mcbsp0_write(1);
//設定數值0x07到控制暫存器3.
mcbsp0_write(0x0307); // mic preamp selected for ADC input

//先送出1表示要設定控制暫存器，下一筆為設定的數值
mcbsp0_write(1);
//設定數值0x00到控制暫存器4.
mcbsp0_write(0x0400); // ADC in PGAgain = 0dB

//先送出1表示要設定控制暫存器，下一筆為設定的數值
mcbsp0_write(1);
//設定數值0x76到控制暫存器5.
mcbsp0_write(0x0576); // DAC out PGAgain = 6dB
mcbsp0_write(0);
```

最後，從AD535發出的16-bit資料串到McBSP接收端，其中McBSP有個接收資料的填塞技術（bit-stuffing），我們要設定接收到的資料是有號數（Signed）還是無號數（Unsigned），因此在McBSP的主控制暫存器內的RJUST欄位設定接收資料的屬性，由於數位語音的值屬於有號數，所以RJUST欄位必須設爲16-bit的有號數填塞技術。

2.2.3 IDE與DSK的通訊

認識DSK的硬體佈線與各項功能之後，不禁讓我們好奇，該如何將程式碼載入板卡內呢？從前面硬體電路的說明，可以清楚知道平行埠（parallel port）就是CCS IDE開發平台與DSK板卡的溝通橋樑。因爲CCS透過平行埠，經由德州儀器的介面晶片，將訊號轉換到DSP的HPI介面上，所以在CCS IDE環境下可以輕易地來存取DSP的周邊，只要輸入位址便能夠讀寫了。目前最重要的工作就是把主機上平行埠的驅動程式安裝好，這樣才能將CCS與DSK連結起來。

雖然早期CCS v2.0的開發軟體搭配在C6711 DSK板子，不過，底下我們還是以舊版CCS v3.0的平台配置來搭配這塊開發板，並且在這塊DSK板子上開發範例程式。接下來，教導讀者在安裝時的步驟和注意事項，下面文章中所提到『主機』指的是安裝CCS的個人電腦：

- 主機上的平行埠通道必須啟動，同時還要設定好通訊模式（SPP或EPP）以及對應的位址，這一部份的設置動作通常在主機的BIOS裡。
- 根據CCS平台配置，我們必須選定開發的平台為C6711 DSK，如圖2-6所示，依照主機上的平行埠通訊模式以及位址，設定好DSK的驅動程式，準備啟動CCS工作平台。

CHAPTER 2

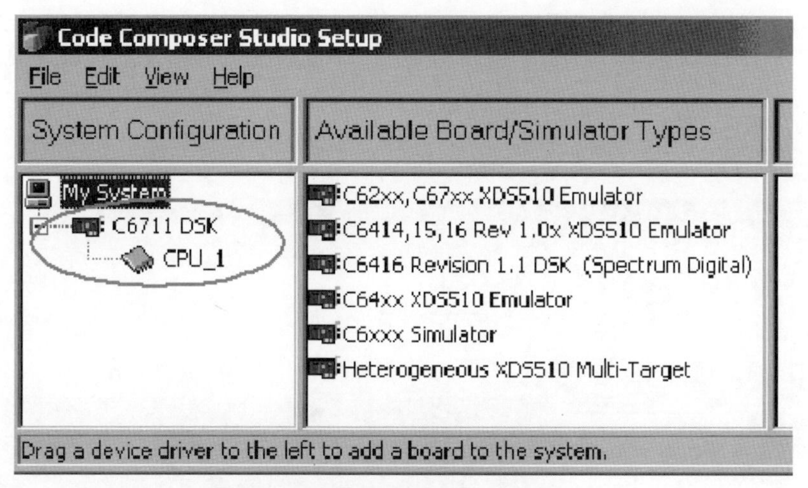

(a)新增DSK配置到開發平台

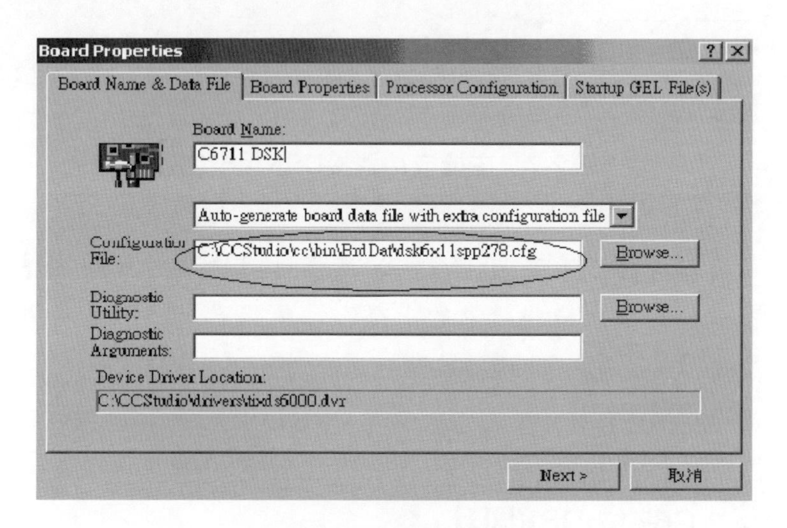

(b)設定DSK的驅動程式

圖2-6　配置C6711 DSK開發平台

▸▸接上DSK電源以及平行埠傳輸線之後，打開CCS開發平台。此時在左下角的狀態列，我們會發現狀態顯示目前主機尚未連上DSK板卡，在Debug選單內有個「Connect」選項，按下之後狀態會顯示連接成功，如圖2-7所顯示。之後，再按下「Reset CPU」的選項讓CPU進入重置狀態，讀者就可以將程式碼載入DSK板卡上，試看看執行的結果。

圖2-7　主機成功連接DSK板卡的狀態

▶▶實驗的過程中，在載入程式的過程可能會遇到傳輸不穩的情況，或者平台彈跳出錯誤訊息的小視窗，此時只有把CCS關閉，DSK電源拔掉再接上去，重新再啟動一遍。按下『Reset CPU』的選項，再載入程式碼。

2.2.4　C6713 DSK簡介

除了C6711開發板之外，改良版的浮點運算平台就是C6713 DSK。當我們打開德州儀器的C6713開發套件，內附電源線、音源線、USB連接線、CCS IDE光碟、以及DSP開發板，與先前C6711 DSK最大不同點就是傳輸線已經升級成USB介面了，同時支援的CCS版本也升級到v3.0或以上。採用USB的好處就是安裝DSK開發板的時候，只要驅動程式安裝無誤的話，可以隨插即用。當我們一連接DSK到電腦上面，視窗軟體會要求我們輸入驅動程式的安裝檔，而所有驅動程式相關的檔案都放在\CCStudio\specdig\c6713目錄下。

基本上，C6713與下一節將介紹之C6416開發板的電路佈局很類似，使用的晶片也都差不多，所以我們針對幾項不同的地方加以說明，其餘相同的部分容於下一節再說明。首先，C6713是一顆採用225 MHz時脈的DSP晶片，與目前德州儀器所生產之最高時脈達300 MHz的同款晶片相比，C6713開發板所用的DSP運算效能應該可算是很高了。

C6713 DSK硬體版本有兩種，第一種採用8Mb SDRAM做爲外部記憶體，第二種採用16Mb SDRAM。至於版本序號如何取得，除了直接看硬體版本號碼，我們還可以經由軟體方式從CPLD晶片（Complex Programmable Logic Device）上讀取。此外，板子上面有一個16段的開關，用來設定開發板的工作模式，如表2-2所列，預設值爲四個開關都設爲OFF。由於HPI的接腳與GPIO/McASP-1共用，所以SW4可決定接腳的用途，到底是HPI之用還是GPIO之用。

表2-2　C6713 DSK開關的配置圖

SW4	SW3	SW2	SW1	目的
OFF				HPI腳位作HPI
ON				HPI腳位作McASP-1
	OFF	OFF		開機模式：Flash開機
	OFF	ON		開機模式：32-bit EMIF
	ON	OFF		開機模式：HPI開機
	ON	ON		開機模式：16-bit EMIF
			OFF	Little Endian (預設)
			ON	Big Endian

▩ CPLD晶片

C6713開發板上面的CPLD晶片用來提供板卡上的邏輯設計，像讀取

DSK板子的版本、控制LED的亮或滅…等功能，詳細的內容列在表2-3。CPLD晶片連接在EMIF介面上的CE1，起始位址在90080000h，讀取資料的寬度爲8-bit，爲了讓讀者更清楚如何用軟體讀寫CPLD的內容，下面附上相關的程式碼。

表2-3　C6713 CPLD暫存器的內容

<table>
<tr><th>編號</th><th>名稱</th><th>Bit7</th><th>Bit6</th><th>Bit5</th><th>Bit4</th><th>Bit3</th><th>Bit2</th><th>Bit1</th><th>Bit0</th></tr>
<tr><td>0</td><td>USER_REG</td><td colspan="4">DIP SW0-3（唯讀）</td><td colspan="4">LED0-3</td></tr>
<tr><td>1</td><td>DC_REG</td><td>擴充卡偵測（唯讀）</td><td>0</td><td colspan="2">擴充卡狀態（唯讀）</td><td>擴充卡重置</td><td>0</td><td colspan="2">擴充卡控制</td></tr>
<tr><td>4</td><td>VERSION</td><td colspan="4">CPLD版本（唯讀）</td><td>0</td><td colspan="3">DSK版本（唯讀）</td></tr>
<tr><td>6</td><td>MISC</td><td colspan="5">—</td><td>Flash Page</td><td>McBSP1 On/Off</td><td>McBSP0 On/Off</td></tr>
</table>

```
//宣告CPLD的位址，讀寫的寬度為8-bit
unsigned char *pCPLD = (unsigned char *)0x90080000;

//讀取版本
unsigned char version = *(pCPLD + 4);

//讀取DIP開關
unsigned char dip = *(pCPLD + 0);

//設定LED
*(pCPLD + 0) = 0x0F;
```

▩ 位址映射

C6713 DSP想要存取周邊設備，都是以記憶體映射[3]的方式（Memory-mapped），也就是把周邊的設備或晶片都指派到位址，存取這些設備如同讀寫記憶體一樣。這樣，C6713 DSP的位址映射表只有唯一的一套，整個位址映射的情況顯示在圖2-8上。內部記憶體以位址0h爲起始點，大小爲

[3] 每顆DSP晶片都有自己的記憶體映射，礙於篇幅無法在此說明每個映射表。

192 Kbytes，然後將整塊的位址被分配成幾個區塊，像圖中的內部記憶體區、EMIF區、周邊區、保留區。

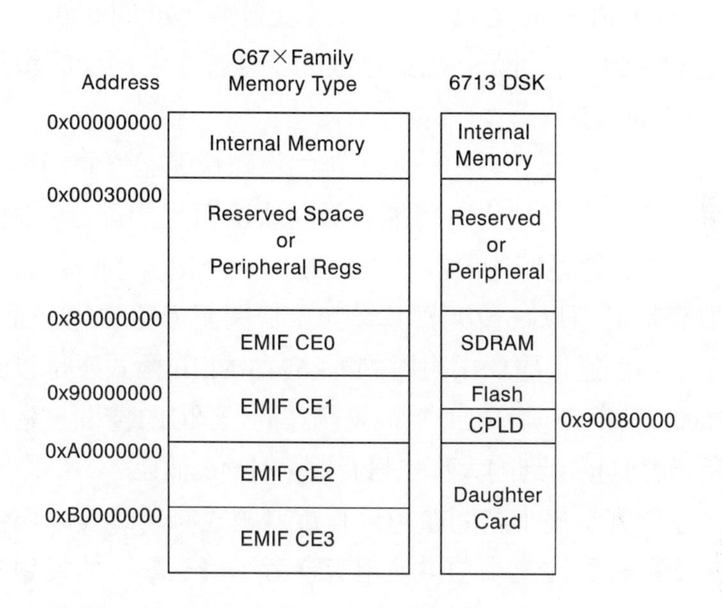

圖2-8　C6713 DSK位址映射圖（取自[5]）

其中，記憶體擴充介面EMIF再細分成四個小區塊（CE0～CE3），每個區塊可以根據外接晶片的匯流排而規劃不同的存取特性，例如：以32-bit為主的匯流排、或8-bit的匯流排、還有讀寫方式是同步存取或非同步存取…等等存取方式。有關上述的存取特性都必須仔細地設定到EMIF的暫存器，如此一來DSP才能清楚認知由EMIF介面擴充出去的設備具有何種存取的特性。

所謂『存取特性』，與外部連接的晶片方式有關，比如說SDRAM需要同步的存取，其匯流排可能是32-bit或16-bit。快閃記憶體需要的是非同步存取，其匯流排則可能為8-bit或16-bit。因此，我們需要設定EMIF暫存器，告訴DSP晶片連接的方式與匯流排的資料寬度，DSP才能提供正確的連接介面與外部晶片互相通訊。

在C6713 DSK板子上，SDRAM的位址被規劃在80000000h，屬於CE0的空間，匯流排的寬度爲32-bit。另外，快閃記憶體的位址對應到90000000h～9007FFFFh，CPLD的存取位址對應到90080000h，這兩種晶片爲何都被規劃在CE1空間呢？因爲存取的特性都是非同步的讀寫方式，匯流排也都爲8-bit的寬度。

使用C6713 DSK要注意的一點，雖然這顆快閃記憶體提供512 Kbytes大小做爲儲存之用，但使用者可能會發現實際可用的儲存空間卻只有256 Kbytes而已。原因是電路的設計是以256K×16-bit方式連接到EMIF介面，也就是存取資料必須以16位元爲基準（∵快閃記憶體晶片上面的BYTE腳位被拉高了）。不過，隨DSK附贈的dsk6713bsl.lib函式庫是以8-bit方式存取，因爲flash memory與CPLD都被規劃在同一個CE1空間，造成高位元無法使用，所以說眞正用到的大小也只有256 Kbytes而已。

要解決這個容量變小的問題，只有重寫函式庫，改成以16位元爲寬度的匯流排。提醒幾點注意事項供使用者參考：第一點，連接到快閃記憶體的EMIF CE1空間暫存器，要改成16位元存取而非8位元。第二點，寫入快閃記憶體的函式要改以16位元方式，資料要以16-bit對齊。

▩ SDRAM晶片

C6713 DSP[4]利用EMIF介面連接SDRAM、flash memory以及CPLD，根據[7]之第八章的EMIF介面說明，一顆SDRAM（編號MT48LC2M32B2）作爲DSP的外部記憶體，連接到EMIF介面的CE0上面，SDRAM匯流排是以32-bit爲主。此外，我們知道EMIF介面要運作正常，首要的步驟就是設定好EMIF暫存器，否則當DSP存取外部記憶體時，將會發生不可預測的結果，由於這些暫存器的設置與連接的晶片特性有關，下面列出SDRAM晶片的參數，同時列出如何設定EMIF暫存器的部分程式碼，特別是三個與SDRAM有關的暫存器。注意：EMIF暫存器的設定必須在主程式一開始執

4 並非所有DSP晶片都能外接各種記憶體，必須研讀EMIF介面，檢查是否支援。

行時就得設定妥當，不然SDRAM的讀寫會出錯。

SDRAM參數	數值
EMIF的CE0型態	32-bit匯流排
對應的起始位址	0x80000000
Banks數目	4
Row的位址線數目	12
Column的位址線數目	8
刷新週期	1400

```
EMIF_Config emifCfg0 = {
//共同控制暫存器
    0x60
    EMIF_FMKS(GBLCTL, NOHOLD, DISABLE)          |
    EMIF_FMKS(GBLCTL, CLK1EN, DISABLE)          |
    EMIF_FMKS(GBLCTL, CLK2EN, ENABLE),

//CE0空間控制暫存器，32-bit SDRAM
    EMIF_FMKS(CECTL, WRSETUP, DEFAULT)          |
    EMIF_FMKS(CECTL, WRSTRB, DEFAULT)           |
    EMIF_FMKS(CECTL, WRHLD, DEFAULT)            |
    EMIF_FMKS(CECTL, RDSETUP, DEFAULT)          |
    EMIF_FMKS(CECTL, TA, OF(2))                 |
    EMIF_FMKS(CECTL, RDSTRB, DEFAULT)           |
    EMIF_FMKS(CECTL, MTYPE, SDRAM32)            |
    EMIF_FMKS(CECTL, RDHLD, DEFAULT),

//CE1空間控制暫存器，8-bit匯流排，非同步的存取
    EMIF_FMKS(CECTL, WRSETUP, OF(0)) |
    EMIF_FMKS(CECTL, WRSTRB, OF(8))  |
    EMIF_FMKS(CECTL, WRHLD, OF(2))              |
    EMIF_FMKS(CECTL, RDSETUP, OF(0)) |
    EMIF_FMKS(CECTL, TA, OF(2))                 |
    EMIF_FMKS(CECTL, RDSTRB, OF(8))  |
    EMIF_FMKS(CECTL, MTYPE, ASYNC8)             |
    EMIF_FMKS(CECTL, RDHLD, OF(2)),

//CE2空間控制暫存器，保留給擴充槽之用
    EMIF_FMKS(CECTL, WRSETUP, OF(2)) |
    EMIF_FMKS(CECTL, WRSTRB, OF(10)) |
    EMIF_FMKS(CECTL, WRHLD, OF(2))              |
    EMIF_FMKS(CECTL, RDSETUP, OF(2)) |
    EMIF_FMKS(CECTL, TA, OF(2))                 |
    EMIF_FMKS(CECTL, RDSTRB, OF(10)) |
    EMIF_FMKS(CECTL, MTYPE, ASYNC32)            |
    EMIF_FMKS(CECTL, RDHLD, OF(2)),
```

```
//CE3空間控制暫存器，保留給擴充槽之用
    EMIF_FMKS(CECTL, WRSETUP, OF(2)) |
    EMIF_FMKS(CECTL, WRSTRB, OF(10)) |
    EMIF_FMKS(CECTL, WRHLD, OF(2))           |
    EMIF_FMKS(CECTL, RDSETUP, OF(2)) |
    EMIF_FMKS(CECTL, TA, OF(2))              |
    EMIF_FMKS(CECTL, RDSTRB, OF(10)) |
    EMIF_FMKS(CECTL, MTYPE, ASYNC32)         |
    EMIF_FMKS(CECTL, RDHLD, OF(2)),

//SDRAM控制暫存器：4 banks、12 rows、8 columns
    EMIF_FMKS(SDCTL, SDBSZ, 4BANKS) |
    EMIF_FMKS(SDCTL, SDRSZ, 12ROW)  |
    EMIF_FMKS(SDCTL, SDCSZ, 8COL)            |
    EMIF_FMKS(SDCTL, RFEN, ENABLE)  |
    EMIF_FMKS(SDCTL, INIT, YES)              |
    EMIF_FMKS(SDCTL, TRCD, OF(1))            |
    EMIF_FMKS(SDCTL, TRP, OF(1))             |
    EMIF_FMKS(SDCTL, TRC, OF(5)),

//SDRAM時間暫存器：刷新週期為1400
    EMIF_FMKS(SDTIM, CNTR, OF(0))            |
    EMIF_FMKS(SDTIM, PERIOD, OF(1400)),

//SDRAM輔助暫存器
    EMIF_FMKS(SDEXT, WR2RD, OF(0))           |
    EMIF_FMKS(SDEXT, WR2DEAC, OF(2)) |
    EMIF_FMKS(SDEXT, WR2WR, OF(1))   |
    EMIF_FMKS(SDEXT, R2WDQM, OF(1))  |
    EMIF_FMKS(SDEXT, RD2WR, OF(0))           |
    EMIF_FMKS(SDEXT, RD2DEAC, OF(1)) |
    EMIF_FMKS(SDEXT, RD2RD, OF(0))           |
    EMIF_FMKS(SDEXT, THZP, OF(2))            |
    EMIF_FMKS(SDEXT, TWR, OF(1))             |
    EMIF_FMKS(SDEXT, TRRD, OF(0))            |
    EMIF_FMKS(SDEXT, TRAS, OF(4))            |
    EMIF_FMKS(SDEXT, TCL, OF(1))
};
```

▩ 快閃記憶體與音訊編碼晶片

在C6713 DSK板子上，所使用的快閃記憶體爲ST公司編號M29W400DT的晶片[5]，其實際大小爲512 Kbytes，但用到的只有256 Kbytes，前面已經解釋過原因了。另外，語音處理的IC晶片，其編號爲TL-

---

[5] ST Microelectronics所製造

V320AIC23，使用手冊可參考[4]。這兩顆晶片與C6416 DSK板子上面所使用的都規格相同，因此下一節會詳細說明其控制方法。

▩擴充槽

在C6713 DSK板子上，有三個擴充槽分別爲EMIF擴充槽、周邊擴充槽、與HPI擴充槽，這三種不同類型的擴充槽可以連接DSK板與外部的子板。如果我們希望能擴充其他功能的話，只要再設計一塊子板兜到DSK上，便能很快實現新功能了。其擴充槽的電路接腳說明如下。

圖2-9(a)，詳細繪出EMIF擴充槽的電路圖，一個C6713 DSP上面的EMIF介面區分出四個記憶空間（CE0～CE3），其中DSK板子已經將CE0

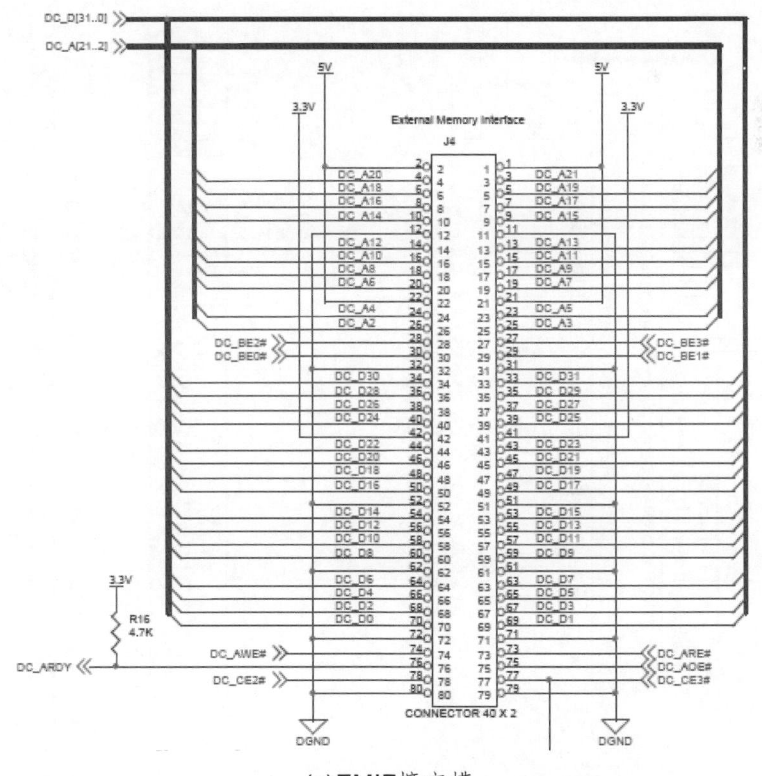

(a)EMIF擴充槽

圖2-9　C6713 DSK擴充槽電路圖-1

規劃給SDRAM使用，CE1則已規劃給CPLD與快閃記憶體使用，只剩下CE2和CE3可由使用者規劃。因此，自行設計的子板可透過EMIF擴充槽連接到EMIF介面上。電路圖中的DC_A[21:2]為位址線，分別連接到DSP晶片上EA[21:2]（請參考DSK的完整電路圖）；而DC_D[31:0]為資料線，分別連接到DSP晶片上ED[31:0]。另外控制線，DC_CE[3:2]（圖中的DC_CE2#和DC_CE3#）做為外部晶片選擇（chip select）的接腳。

圖2-9(b)，詳細繪出周邊擴充槽的電路圖，所謂的周邊包含有McBSP-0/1、外部中斷、與計時器（計數器）。雖然在DSK板子上的McBSP-0/1已經被用來控制音訊晶片和傳送語音資料，如果我們的應用並非語音處理的話，利用CPLD的設定將McBSP-0/1介面與音訊晶片之間的通訊關閉，

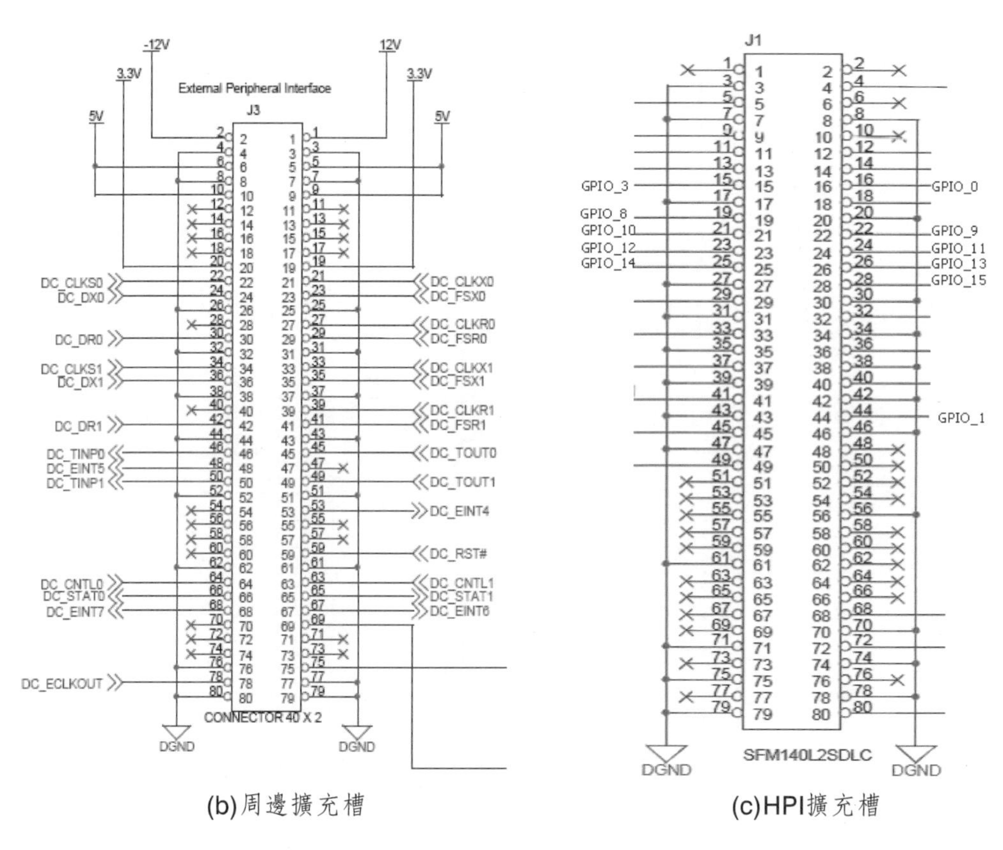

(b)周邊擴充槽　　(c)HPI擴充槽

圖2-9　C6713 DSK擴充槽電路圖-2

外部的串列訊號藉由擴充槽的（DC_DR0/1、DC_DX0/1、DC_CLKR0/1、DC_CLKX0/1、DC_FSR0/1、DC_FSX0/1、DC_CLKS0/1）接腳作爲輸出入。此外，四個外部中斷訊號（DC_EINT4～DC_EINT7）也可以由周邊擴充槽輸入。另外，兩個計時器的輸出入訊號分別由DC_TINP0/1與DC_TOUT0/1接腳進出。

圖2-9(c)，顯示HPI擴充槽的電路圖，其中HPI的接腳與GPIO接腳有部分是共用的，也與McASP接腳共用。參照DSK的完整電路圖，HPI相關的接腳有HD[15:0]、HCNTL[1:0]、HDS[2:1]、HINT、HHWIL、HR/W、HAS、HCS、與HRDY，然而GPIO[1:0]、GPIO3、GPIO[15:8]等11根接腳與HPI介面共用。一旦DSP reset之後，當HD14腳位latch到高電位，表示HPI相關的接腳作爲HPI之用；當HD14腳位latch到低電位，表示HPI相關的接腳作爲GPIO和McASP-1之用。圖中標示出GPIO所使用的接腳。接腳共用的使用，將在第三章的周邊控制實驗可以實地驗證。

2.3 定點運算平台C6416

本節將說明定點運算的開發平台，德州儀器C6000系列中有幾塊定點運算的平台，像C6416、C6452、C6455、C6670等各種定點DSP晶片，這些晶片系列的時脈都可達1GHz以上。不過，這些平台適用的環境不盡相同，本節以定點運算中的基本平台C6416介紹給初學者。

2.3.1 C6416 DSK介紹

前一節介紹浮點運算的C6713開發板，這一節要介紹的C6416屬於定點運算DSP，不過這兩種開發板的電路與使用的設備大致類似。我們所見到的C6416 DSK硬體版本有兩種：第一種爲單一輸入時脈爲600 MHz的DSP以及100 MHz傳輸的EMIF介面；第二種可支援輸入時脈爲720 MHz的DSP以及120 MHz傳輸的EMIF介面。不同的版本之間，除了DSP效能不一樣之外，還會影響周邊晶片的控制，例如：EMIF暫存器參數就需要根據時脈，設定合適的數值，底下附上部分程式碼可更清楚了解。至於版本序號如何取得，我們可以由軟體方式從CPLD晶片（Complex Programmable Logic Device）上讀取。

爲了在這塊開發板上面設計DSP程式，首先我們要瞭解到底板子上面有哪些晶片、晶片間的溝通方式、有哪些周邊、以及開發板可做哪些應用。下面圖2-10拍攝整個開發板的俯視圖，板子的核心就是C6416 DSP晶片，其輸入的時脈爲600 / 720 MHz，再搭配兩顆美光公司的SDRAM作爲外部記憶體，總共大小爲16 Mbytes，一顆AMD的快閃記憶體作爲儲存之用，其實際大小爲512 Kbytes，還有一顆德州儀器的音訊晶片作爲聲音編碼之用途，另外有一顆CPLD負責板卡的周邊之控制。

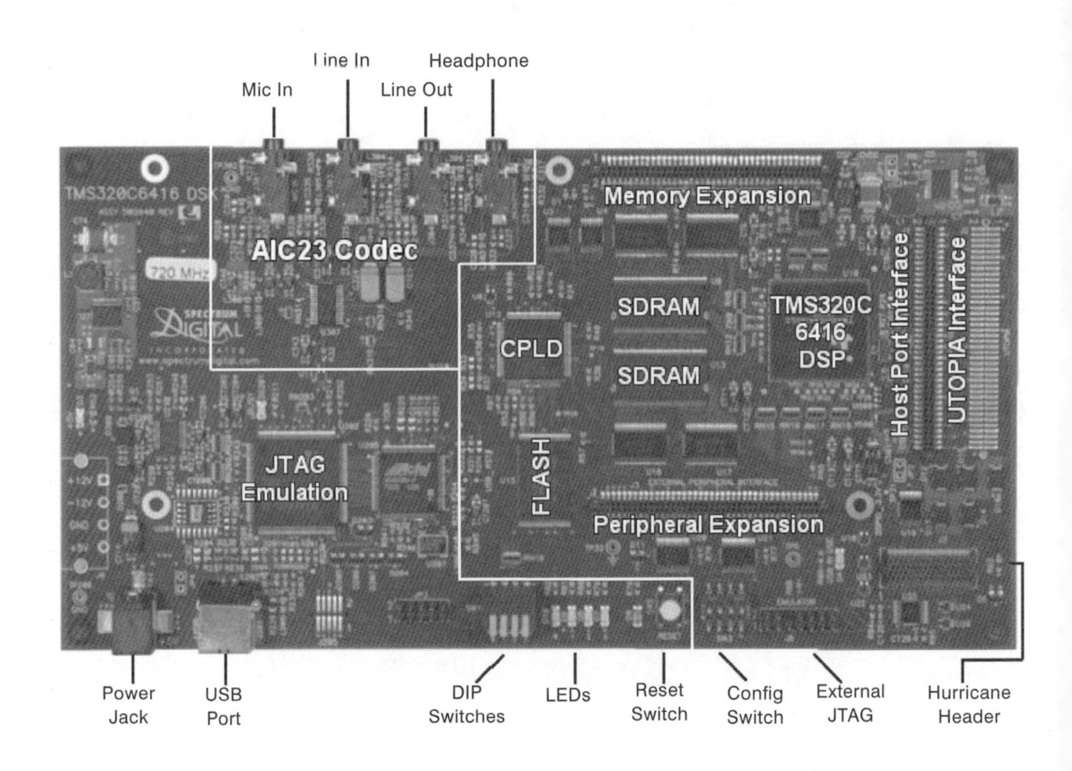

圖2-10　C6416 DSK板卡俯視圖（取自[6]）

開發這類嵌入型的系統，第一步就是學會看電路圖，在圖2-11顯示開發板的電路方塊圖。從圖中我們可以觀察到晶片之間連接的情況，同時也能看出DSP有哪些周邊模組被使用到，這將對系統的開發有很大的幫助。下一步，要再檢視電路圖（schematics），才能了解線路的佈局和晶片間的介面連接情況。

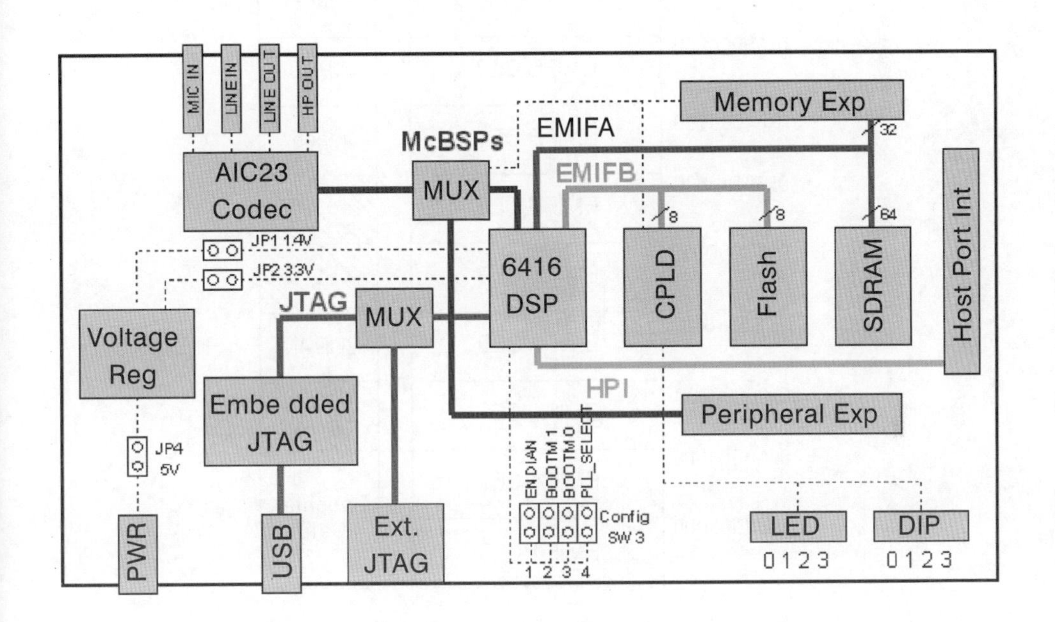

圖2-11　C6416 DSK電路方塊圖（取自[6]）

▩ 位址映射

C64x存取周邊設備都是以記憶體映射的方式，由於C64x的位址映射表只有唯一一套，不像C620x / C670x有兩套，所以不需要選擇映射表。C6416 DSK對應到每個晶片的位址映射圖顯示在圖2-12上，如同前一節所解釋的，記憶體位址被區分成多個區塊：內部記憶體、周邊、保留區、EMIF-A和EMIF-B。

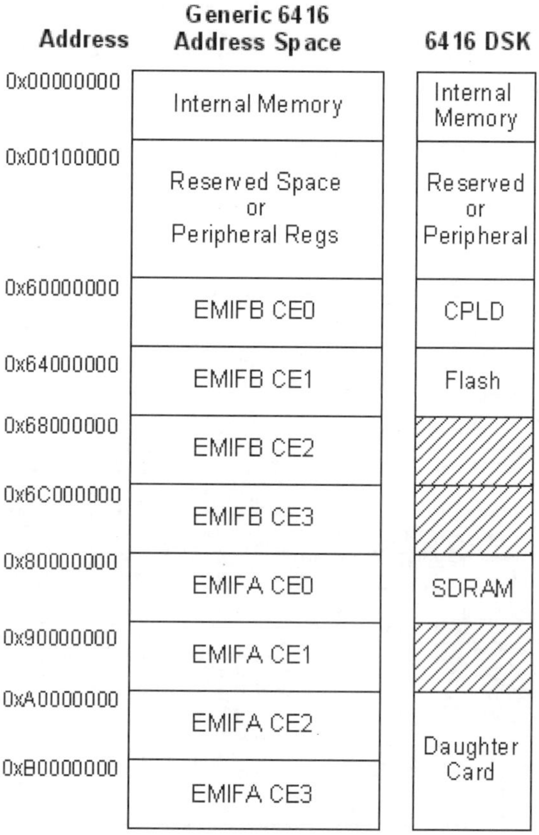

Address	Generic 6416 Address Space	6416 DSK
0x00000000	Internal Memory	Internal Memory
0x00100000	Reserved Space or Peripheral Regs	Reserved or Peripheral
0x60000000	EMIFB CE0	CPLD
0x64000000	EMIFB CE1	Flash
0x68000000	EMIFB CE2	
0x6C000000	EMIFB CE3	
0x80000000	EMIFA CE0	SDRAM
0x90000000	EMIFA CE1	
0xA0000000	EMIFA CE2	Daughter Card
0xB0000000	EMIFA CE3	Daughter Card

圖2-12　C6416 DSK位址映射圖（取自[6]）

其中，位址最前面的1 Mbytes是DSP的內部記憶體，而CPLD對應到EMIF-B的CE0上面，快閃記憶體對應到EMIF-B的CE1上面。另外，16 Mbytes的外部記憶體對應到EMIF-A的CE0上，關於擴充卡的部份則被分配到EMIF-A的CE2-3。

▩ SDRAM晶片

從上面的電路方塊圖來看，DSP利用EMIF介面連接SDRAM、快閃記憶體以及CPLD。根據德州儀器的EMIF介面使用說明，兩顆SDRAM（編號

MT48LC2M32B2）作為DSP的外部記憶體，雖然SDRAM資料線是以32-bit為主，不過兩顆SDRAM組成的64-bit資料線正好連接到EMIF-A介面的CE0上面，在C64x系列中EMIF介面分成兩部分（EMIF-A與EMIF-B），其中EMIF-A可接受64-bit的資料匯流排，以提供高效能的資料傳輸，EMIF-B的介面則承襲過去C621x/C671x的EMIF特點。

此外，我們知道EMIF介面要運作正常，首要的步驟就是設定好EMIF暫存器，否則當DSP存取外部記憶體時，將會發生不可預測的結果，特別是這些暫存器的設置與連接的晶片特性有強烈的關聯性，下面列出SDRAM晶片的參數（這些參數值來自於SDRAM晶片製造商提供的datasheet，在文件中所寫到實體和電氣特性）。

SDRAM參數	數值
EMIF-A的CE0型態	64-bit匯流排
對應的起始位址	0x80000000～0x800FFFFF
Banks數目	4
Row的位址線數目	11
Column的位址線數目	8
刷新週期	1872（120 MHz的EMIF）

▩ 快閃記憶體晶片

同樣地，AMD的快閃記憶體（編號AM29LV400）也是藉由EMIF介面接到DSP上面，當作ROM來使用，不過因為flash memory的存取速度比較慢，適合接在EMIF-B上面。與C6713 DSK上面的快閃記憶體不同之處，在於C6416 DSK電路設計採用8-bit的匯流排方式，所以不會像C6713 DSK有一半的容量無法使用之問題。關於EMIF暫存器的參數值設定，我們必須看flash datasheet裡面所寫到的讀寫存取時序（timing）值，比如說Address Access Time、Enable Time等。

另外，CPLD也是接在EMIF-B上面，CPLD的位址對應到EMIF-B的

CE0上，而快閃記憶體的位址則對應到EMIF-B的CE1上。如同EMIF-A一樣，我們也要設定正確的參數值到EMIF-B的暫存器上，下面列出相關參數，同時列出設定EMIF暫存器的部分程式碼，以供讀者參考。

相關參數	數值
EMIF-B的CE0型態	8-bit匯流排
CE0對應的起始位址	0x60000000
EMIF-B的CE1型態	8-bit匯流排
CE1對應的起始位址	0x64000000～0x6407FFFF
Flash讀寫時間	70 ns

當EMIF介面採用輸入時脈爲100 MHz時，其暫存器所設定的數值如下：

```
//關於EMIF-A的設定
EMIFA_Config emifaCfg0v1 = {
//共同控制暫存器
  EMIFA_FMKS(GBLCTL, EK2RATE, FULLCLK)        |
  EMIFA_FMKS(GBLCTL, EK2HZ, CLK)                   |
  EMIFA_FMKS(GBLCTL, EK2EN, ENABLE)           |
  EMIFA_FMKS(GBLCTL, BRMODE, MRSTATUS)        |
  EMIFA_FMKS(GBLCTL, NOHOLD, DISABLE)         |
  EMIFA_FMKS(GBLCTL, EK1HZ, HIGHZ)            |
  EMIFA_FMKS(GBLCTL, EK1EN, ENABLE)           |
  EMIFA_FMKS(GBLCTL, CLK4EN, ENABLE)               |
  EMIFA_FMKS(GBLCTL, CLK6EN, DISABLE),

//CE0空間控制暫存器，64-bit SDRAM
  EMIFA_FMKS(CECTL, WRSETUP, DEFAULT)         |
  EMIFA_FMKS(CECTL, WRSTRB, DEFAULT)          |
  EMIFA_FMKS(CECTL, WRHLD, DEFAULT)                |
  EMIFA_FMKS(CECTL, RDSETUP, DEFAULT)         |
  EMIFA_FMKS(CECTL, TA, DEFAULT)                   |
  EMIFA_FMKS(CECTL, RDSTRB, DEFAULT)               |
  EMIFA_FMKS(CECTL, MTYPE, SDRAM64)           |
  EMIFA_FMKS(CECTL, RDHLD, DEFAULT),

//CE1空間控制暫存器：保留未使用
  EMIFA_FMKS(CECTL, WRSETUP, DEFAULT)         |
  EMIFA_FMKS(CECTL, WRSTRB, DEFAULT)          |
  EMIFA_FMKS(CECTL, WRHLD, DEFAULT)                |
  EMIFA_FMKS(CECTL, RDSETUP, DEFAULT)         |
  EMIFA_FMKS(CECTL, TA, DEFAULT)                   |
  EMIFA_FMKS(CECTL, RDSTRB, DEFAULT)               |
```

CHAPTER 2

```
  EMIFA_FMKS(CECTL, MTYPE, DEFAULT)            |
  EMIFA_FMKS(CECTL, RDHLD, DEFAULT),

//CE2空間控制暫存器：保留給擴充槽使用，預設32-bit非同步存取方式
  EMIFA_FMKS(CECTL, WRSETUP, OF(2))            |
  EMIFA_FMKS(CECTL, WRSTRB, OF(10))            |
  EMIFA_FMKS(CECTL, WRHLD, OF(2))              |
  EMIFA_FMKS(CECTL, RDSETUP, OF(2))            |
  EMIFA_FMKS(CECTL, TA, OF(2))                 |
  EMIFA_FMKS(CECTL, RDSTRB, OF(10))            |
  EMIFA_FMKS(CECTL, MTYPE, ASYNC32)            |
  EMIFA_FMKS(CECTL, RDHLD, OF(2)),

//CE3空間控制暫存器：保留給擴充槽使用，預設32-bit非同步存取方式
  EMIFA_FMKS(CECTL, WRSETUP, OF(2))            |
  EMIFA_FMKS(CECTL, WRSTRB, OF(10))            |
  EMIFA_FMKS(CECTL, WRHLD, OF(2))              |
  EMIFA_FMKS(CECTL, RDSETUP, OF(2))            |
  EMIFA_FMKS(CECTL, TA, OF(2))                 |
  EMIFA_FMKS(CECTL, RDSTRB, OF(10))            |
  EMIFA_FMKS(CECTL, MTYPE, ASYNC32)            |
  EMIFA_FMKS(CECTL, RDHLD, OF(2)),

//SDRAM控制暫存器：4 banks、11 rows、8 columns
  EMIFA_FMKS(SDCTL, SDBSZ, 4BANKS)             |
  EMIFA_FMKS(SDCTL, SDRSZ, 11ROW)              |
  EMIFA_FMKS(SDCTL, SDCSZ, 8COL)               |
  EMIFA_FMKS(SDCTL, RFEN, ENABLE)              |
  EMIFA_FMKS(SDCTL, INIT, YES)                 |
  EMIFA_FMKS(SDCTL, TRCD, OF(1))                         |
  EMIFA_FMKS(SDCTL, TRP, OF(1))                |
  EMIFA_FMKS(SDCTL, TRC, OF(5))                |
  EMIFA_FMKS(SDCTL, SLFRFR, DISABLE),

//SDRAM時間暫存器：刷新週期為1560
  EMIFA_FMKS(SDTIM, XRFR, OF(0))                         |
  EMIFA_FMKS(SDTIM, PERIOD, OF(1560)),

//SDRAM輔助暫存器
  EMIFA_FMKS(SDEXT, WR2RD, OF(0))              |
  EMIFA_FMKS(SDEXT, WR2DEAC, OF(2))            |
  EMIFA_FMKS(SDEXT, WR2WR, OF(1))              |
  EMIFA_FMKS(SDEXT, R2WDQM, OF(1))             |
  EMIFA_FMKS(SDEXT, RD2WR, OF(0))              |
  EMIFA_FMKS(SDEXT, RD2DEAC, OF(1))            |
  EMIFA_FMKS(SDEXT, RD2RD, OF(0))              |
  EMIFA_FMKS(SDEXT, THZP, OF(2))                         |
  EMIFA_FMKS(SDEXT, TWR, OF(1))                |
  EMIFA_FMKS(SDEXT, TRRD, OF(0))                         |
  EMIFA_FMKS(SDEXT, TRAS, OF(4))                         |
  EMIFA_FMKS(SDEXT, TCL, OF(1)),

  EMIFA_CESEC_DEFAULT,
  EMIFA_CESEC_DEFAULT,
  EMIFA_CESEC_DEFAULT,
```

```
    EMIFA_CESEC_DEFAULT
};

//關於EMIF-B的設定
EMIFB_Config emifbCfg0v1 = {
//共同控制暫存器
    EMIFB_FMKS(GBLCTL, EK2RATE, FULLCLK)        |
    EMIFB_FMKS(GBLCTL, EK2HZ, CLK)                        |
    EMIFB_FMKS(GBLCTL, EK2EN, DISABLE)                    |
    EMIFB_FMKS(GBLCTL, BRMODE, MRSTATUS)        |
    EMIFB_FMKS(GBLCTL, NOHOLD, DISABLE)         |
    EMIFB_FMKS(GBLCTL, EK1HZ, HIGHZ)            |
    EMIFB_FMKS(GBLCTL, EK1EN, ENABLE),

//CE0空間控制暫存器，8-bit非同步存取的CPLD
    EMIFB_FMKS(CECTL, WRSETUP, OF(0))           |
    EMIFB_FMKS(CECTL, WRSTRB, OF(8))            |
    EMIFB_FMKS(CECTL, WRHLD, OF(2))             |
    EMIFB_FMKS(CECTL, RDSETUP, OF(0))           |
    EMIFB_FMKS(CECTL, TA, OF(2))                |
    EMIFB_FMKS(CECTL, RDSTRB, OF(8))            |
    EMIFB_FMKS(CECTL, MTYPE, ASYNC8)            |
    EMIFB_FMKS(CECTL, RDHLD, OF(0)),

//CE1空間控制暫存器，8-bit非同步存取的Flash
    EMIFB_FMKS(CECTL, WRSETUP, OF(0))           |
    EMIFB_FMKS(CECTL, WRSTRB, OF(8))            |
    EMIFB_FMKS(CECTL, WRHLD, OF(2))             |
    EMIFB_FMKS(CECTL, RDSETUP, OF(0))           |
    EMIFB_FMKS(CECTL, TA, OF(2))                |
    EMIFB_FMKS(CECTL, RDSTRB, OF(8))            |
    EMIFB_FMKS(CECTL, MTYPE, ASYNC8)            |
    EMIFB_FMKS(CECTL, RDHLD, OF(0)),

//CE2空間控制暫存器：保留未使用
    EMIFB_FMKS(CECTL, WRSETUP, DEFAULT)         |
    EMIFB_FMKS(CECTL, WRSTRB, DEFAULT)          |
    EMIFB_FMKS(CECTL, WRHLD, DEFAULT)                     |
    EMIFB_FMKS(CECTL, RDSETUP, DEFAULT)         |
    EMIFB_FMKS(CECTL, TA, DEFAULT)                        |
    EMIFB_FMKS(CECTL, RDSTRB, DEFAULT)                    |
    EMIFB_FMKS(CECTL, MTYPE, DEFAULT)           |
    EMIFB_FMKS(CECTL, RDHLD, DEFAULT),

//CE3空間控制暫存器：保留未使用
    EMIFB_FMKS(CECTL, WRSETUP, DEFAULT)         |
    EMIFB_FMKS(CECTL, WRSTRB, DEFAULT)          |
    EMIFB_FMKS(CECTL, WRHLD, DEFAULT)                     |
    EMIFB_FMKS(CECTL, RDSETUP, DEFAULT)         |
    EMIFB_FMKS(CECTL, TA, DEFAULT)                        |
    EMIFB_FMKS(CECTL, RDSTRB, DEFAULT)                    |
    EMIFB_FMKS(CECTL, MTYPE, DEFAULT)           |
    EMIFB_FMKS(CECTL, RDHLD, DEFAULT),
```

```
//SDRAM控制暫存器：未使用
  EMIFB_FMKS(SDCTL, SDBSZ, DEFAULT)                |
  EMIFB_FMKS(SDCTL, SDRSZ, DEFAULT)                |
  EMIFB_FMKS(SDCTL, SDCSZ, DEFAULT)                |
  EMIFB_FMKS(SDCTL, RFEN, DEFAULT)                 |
  EMIFB_FMKS(SDCTL, INIT, DEFAULT)                 |
  EMIFB_FMKS(SDCTL, TRCD, DEFAULT)                 |
  EMIFB_FMKS(SDCTL, TRP, DEFAULT)                  |
  EMIFB_FMKS(SDCTL, TRC, DEFAULT),

//SDRAM時間暫存器：未使用
  EMIFB_FMKS(SDTIM, XRFR, DEFAULT)                 |
  EMIFB_FMKS(SDTIM, PERIOD, DEFAULT),

//SDRAM輔助暫存器：未使用
  EMIFB_FMKS(SDEXT, WR2RD, DEFAULT)                |
  EMIFB_FMKS(SDEXT, WR2DEAC, DEFAULT)              |
  EMIFB_FMKS(SDEXT, WR2WR, DEFAULT)                |
  EMIFB_FMKS(SDEXT, R2WDQM, DEFAULT)               |
  EMIFB_FMKS(SDEXT, RD2WR, DEFAULT)                |
  EMIFB_FMKS(SDEXT, RD2DEAC, DEFAULT)              |
  EMIFB_FMKS(SDEXT, RD2RD, DEFAULT)                |
  EMIFB_FMKS(SDEXT, THZP, DEFAULT)                 |
  EMIFB_FMKS(SDEXT, TWR, DEFAULT)                  |
  EMIFB_FMKS(SDEXT, TRRD, DEFAULT)                 |
  EMIFB_FMKS(SDEXT, TRAS, DEFAULT)                 |
  EMIFB_FMKS(SDEXT, TCL, DEFAULT),

  EMIFB_CESEC_DEFAULT,
  EMIFB_CESEC_DEFAULT,
  EMIFB_CESEC_DEFAULT,
  EMIFB_CESEC_DEFAULT
};
```

當EMIF介面採用輸入時脈為120 MHz時，最主要不同的地方在於SDRAM的刷新頻率以及讀寫的timing的改變，例如：W/R Strobe、tRAS…等，其餘的暫存器所設定的數值如下：

```
//關於EMIF-A的設定
EMIFA_Config emifaCfg0v2 = {
//共同控制暫存器
  EMIFA_FMKS(GBLCTL, EK2RATE, FULLCLK)             |
  EMIFA_FMKS(GBLCTL, EK2HZ, CLK)                               |
  EMIFA_FMKS(GBLCTL, EK2EN, ENABLE)                |
  EMIFA_FMKS(GBLCTL, BRMODE, MRSTATUS)             |
  EMIFA_FMKS(GBLCTL, NOHOLD, DISABLE)              |
  EMIFA_FMKS(GBLCTL, EK1HZ, HIGHZ)                 |
```

CHAPTER 2

```
    EMIFA_FMKS(GBLCTL, EK1EN, ENABLE)              |
    EMIFA_FMKS(GBLCTL, CLK4EN, ENABLE)             |
    EMIFA_FMKS(GBLCTL, CLK6EN, DISABLE),

//CE0空間控制暫存器，64-bit SDRAM
    EMIFA_FMKS(CECTL, WRSETUP, DEFAULT)            |
    EMIFA_FMKS(CECTL, WRSTRB, DEFAULT)             |
    EMIFA_FMKS(CECTL, WRHLD, DEFAULT)              |
    EMIFA_FMKS(CECTL, RDSETUP, DEFAULT)            |
    EMIFA_FMKS(CECTL, TA, DEFAULT)                 |
    EMIFA_FMKS(CECTL, RDSTRB, DEFAULT)             |
    EMIFA_FMKS(CECTL, MTYPE, SDRAM64)              |
    EMIFA_FMKS(CECTL, RDHLD, DEFAULT),

//CE1空間控制暫存器：保留未使用
    EMIFA_FMKS(CECTL, WRSETUP, DEFAULT)            |
    EMIFA_FMKS(CECTL, WRSTRB, DEFAULT)             |
    EMIFA_FMKS(CECTL, WRHLD, DEFAULT)              |
    EMIFA_FMKS(CECTL, RDSETUP, DEFAULT)            |
    EMIFA_FMKS(CECTL, TA, DEFAULT)                 |
    EMIFA_FMKS(CECTL, RDSTRB, DEFAULT)             |
    EMIFA_FMKS(CECTL, MTYPE, DEFAULT)              |
    EMIFA_FMKS(CECTL, RDHLD, DEFAULT),

//CE2空間控制暫存器：保留給擴充槽使用，預設32-bit非同步存取方式
    EMIFA_FMKS(CECTL, WRSETUP, OF(2))              |
    EMIFA_FMKS(CECTL, WRSTRB, OF(12))              |
    EMIFA_FMKS(CECTL, WRHLD, OF(2))                |
    EMIFA_FMKS(CECTL, RDSETUP, OF(2))              |
    EMIFA_FMKS(CECTL, TA, OF(2))                   |
    EMIFA_FMKS(CECTL, RDSTRB, OF(12))              |
    EMIFA_FMKS(CECTL, MTYPE, ASYNC32)              |
    EMIFA_FMKS(CECTL, RDHLD, OF(2)),

//CE3空間控制暫存器：保留給擴充槽使用，預設32-bit非同步存取方式
    EMIFA_FMKS(CECTL, WRSETUP, OF(2))              |
    EMIFA_FMKS(CECTL, WRSTRB, OF(12))              |
    EMIFA_FMKS(CECTL, WRHLD, OF(2))                |
    EMIFA_FMKS(CECTL, RDSETUP, OF(2))              |
    EMIFA_FMKS(CECTL, TA, OF(2))                   |
    EMIFA_FMKS(CECTL, RDSTRB, OF(12))              |
    EMIFA_FMKS(CECTL, MTYPE, ASYNC32)              |
    EMIFA_FMKS(CECTL, RDHLD, OF(2)),

//SDRAM控制暫存器：4 banks、11 rows、8 columns
    EMIFA_FMKS(SDCTL, SDBSZ, 4BANKS)               |
    EMIFA_FMKS(SDCTL, SDRSZ, 11ROW)                |
    EMIFA_FMKS(SDCTL, SDCSZ, 8COL)                 |
    EMIFA_FMKS(SDCTL, RFEN, ENABLE)                |
    EMIFA_FMKS(SDCTL, INIT, YES)                   |
    EMIFA_FMKS(SDCTL, TRCD, OF(1))                 |
    EMIFA_FMKS(SDCTL, TRP, OF(1))                  |
    EMIFA_FMKS(SDCTL, TRC, OF(5))                  |
    EMIFA_FMKS(SDCTL, SLFRFR, DISABLE),
```

```
//SDRAM時間暫存器：刷新週期為1872
  EMIFA_FMKS(SDTIM, XRFR, OF(0))                                  |
  EMIFA_FMKS(SDTIM, PERIOD, OF(1872)),

//SDRAM輔助暫存器
  EMIFA_FMKS(SDEXT, WR2RD, OF(1))                      |
  EMIFA_FMKS(SDEXT, WR2DEAC, OF(3))                    |
  EMIFA_FMKS(SDEXT, WR2WR, OF(1))                      |
  EMIFA_FMKS(SDEXT, R2WDQM, OF(3))                     |
  EMIFA_FMKS(SDEXT, RD2WR, OF(2))                      |
  EMIFA_FMKS(SDEXT, RD2DEAC, OF(3))                    |
  EMIFA_FMKS(SDEXT, RD2RD, OF(1))                      |
  EMIFA_FMKS(SDEXT, THZP, OF(2))                                  |
  EMIFA_FMKS(SDEXT, TWR, OF(2))                        |
  EMIFA_FMKS(SDEXT, TRRD, OF(0))                                  |
  EMIFA_FMKS(SDEXT, TRAS, OF(6))                                  |
  EMIFA_FMKS(SDEXT, TCL, OF(1)),

  EMIFA_CESEC_DEFAULT,
  EMIFA_CESEC_DEFAULT,
  EMIFA_CESEC_DEFAULT,
  EMIFA_CESEC_DEFAULT
};

//關於EMIF-B的設定
EMIFB_Config emifbCfg0v2 = {
//共同控制暫存器
  EMIFB_FMKS(GBLCTL, EK2RATE, FULLCLK)                 |
  EMIFB_FMKS(GBLCTL, EK2HZ, CLK)                                  |
  EMIFB_FMKS(GBLCTL, EK2EN, DISABLE)                              |
  EMIFB_FMKS(GBLCTL, BRMODE, MRSTATUS)                 |
  EMIFB_FMKS(GBLCTL, NOHOLD, DISABLE)                  |
  EMIFB_FMKS(GBLCTL, EK1HZ, HIGHZ)                     |
  EMIFB_FMKS(GBLCTL, EK1EN, ENABLE),

//CE0空間控制暫存器，8-bit非同步存取的CPLD
  EMIFB_FMKS(CECTL, WRSETUP, OF(0))                    |
  EMIFB_FMKS(CECTL, WRSTRB, OF(10))                    |
  EMIFB_FMKS(CECTL, WRHLD, OF(2))                      |
  EMIFB_FMKS(CECTL, RDSETUP, OF(0))                    |
  EMIFB_FMKS(CECTL, TA, OF(2))                         |
  EMIFB_FMKS(CECTL, RDSTRB, OF(10))                    |
  EMIFB_FMKS(CECTL, MTYPE, ASYNC8)                     |
  EMIFB_FMKS(CECTL, RDHLD, OF(0)),

//CE1空間控制暫存器，8-bit非同步存取的Flash memory
  EMIFB_FMKS(CECTL, WRSETUP, OF(0))                    |
  EMIFB_FMKS(CECTL, WRSTRB, OF(10))                    |
  EMIFB_FMKS(CECTL, WRHLD, OF(2))                      |
  EMIFB_FMKS(CECTL, RDSETUP, OF(0))                    |
  EMIFB_FMKS(CECTL, TA, OF(2))                         |
  EMIFB_FMKS(CECTL, RDSTRB, OF(10))                    |
  EMIFB_FMKS(CECTL, MTYPE, ASYNC8)                     |
  EMIFB_FMKS(CECTL, RDHLD, OF(0)),
```

```
//CE2空間控制暫存器：保留未使用
  EMIFB_FMKS(CECTL, WRSETUP, DEFAULT)        |
  EMIFB_FMKS(CECTL, WRSTRB, DEFAULT)         |
  EMIFB_FMKS(CECTL, WRHLD, DEFAULT)                    |
  EMIFB_FMKS(CECTL, RDSETUP, DEFAULT)        |
  EMIFB_FMKS(CECTL, TA, DEFAULT)                       |
  EMIFB_FMKS(CECTL, RDSTRB, DEFAULT)                   |
  EMIFB_FMKS(CECTL, MTYPE, DEFAULT)          |
  EMIFB_FMKS(CECTL, RDHLD, DEFAULT),

//CE3空間控制暫存器：保留未使用
  EMIFB_FMKS(CECTL, WRSETUP, DEFAULT)        |
  EMIFB_FMKS(CECTL, WRSTRB, DEFAULT)         |
  EMIFB_FMKS(CECTL, WRHLD, DEFAULT)                    |
  EMIFB_FMKS(CECTL, RDSETUP, DEFAULT)        |
  EMIFB_FMKS(CECTL, TA, DEFAULT)                       |
  EMIFB_FMKS(CECTL, RDSTRB, DEFAULT)                   |
  EMIFB_FMKS(CECTL, MTYPE, DEFAULT)          |
  EMIFB_FMKS(CECTL, RDHLD, DEFAULT),

//SDRAM控制暫存器：未使用
  EMIFB_FMKS(SDCTL, SDBSZ, DEFAULT)          |
  EMIFB_FMKS(SDCTL, SDRSZ, DEFAULT)          |
  EMIFB_FMKS(SDCTL, SDCSZ, DEFAULT)          |
  EMIFB_FMKS(SDCTL, RFEN, DEFAULT)           |
  EMIFB_FMKS(SDCTL, INIT, DEFAULT)           |
  EMIFB_FMKS(SDCTL, TRCD, DEFAULT)           |
  EMIFB_FMKS(SDCTL, TRP, DEFAULT)            |
  EMIFB_FMKS(SDCTL, TRC, DEFAULT),

//SDRAM時間暫存器：未使用
  EMIFB_FMKS(SDTIM, XRFR, DEFAULT)           |
  EMIFB_FMKS(SDTIM, PERIOD, DEFAULT),

//SDRAM輔助暫存器：未使用
  EMIFB_FMKS(SDEXT, WR2RD, DEFAULT)          |
  EMIFB_FMKS(SDEXT, WR2DEAC, DEFAULT)        |
  EMIFB_FMKS(SDEXT, WR2WR, DEFAULT)          |
  EMIFB_FMKS(SDEXT, R2WDQM, DEFAULT)         |
  EMIFB_FMKS(SDEXT, RD2WR, DEFAULT)          |
  EMIFB_FMKS(SDEXT, RD2DEAC, DEFAULT)        |
  EMIFB_FMKS(SDEXT, RD2RD, DEFAULT)          |
  EMIFB_FMKS(SDEXT, THZP, DEFAULT)           |
  EMIFB_FMKS(SDEXT, TWR, DEFAULT)            |
  EMIFB_FMKS(SDEXT, TRRD, DEFAULT)           |
  EMIFB_FMKS(SDEXT, TRAS, DEFAULT)           |
  EMIFB_FMKS(SDEXT, TCL, DEFAULT),

  EMIFB_CESEC_DEFAULT,
  EMIFB_CESEC_DEFAULT,
  EMIFB_CESEC_DEFAULT,
  EMIFB_CESEC_DEFAULT
};
```

CHAPTER 2

▩ 音訊編碼晶片

在DSK上面有一顆德州儀器自家的語音處理IC，其晶片編號為TL-V320AIC23，使用手冊可參考[4]，稍後會詳細說明整個電路設計的佈局情況，這裡我們先提個初步概念而已。從圖2-13觀察音訊晶片與C6416電路的佈局（參考schematics圖），當音訊晶片將語音編碼後（類比轉成數位），這一連串的編碼資料經由McBSP介面傳輸進入DSP裡做語音的處理。在電路設計上，編碼後的數位聲音資料（digital voice stream）經由McBSP-2介面傳送到DSP晶片裡。

此外，控制AIC23晶片的方式，如同前面C6711 DSK控制音訊晶片都是經由McBSP介面，唯一不同之處就是控制訊號不再隱藏在語音資料之中，控制訊號獨立出來。由於McBSP介面可以被設定成SPI（Serial Peripheral Interface）的模式，所以DSP透過McBSP的通道1來控制AIC23的工作模式以及AIC23的內部暫存器之設定。因為C64x系列的DSP內建三個McBSP串列埠，但是在DSK開發板已經使用了其中兩個，剩下一個McBSP-0則保留給擴充卡使用。

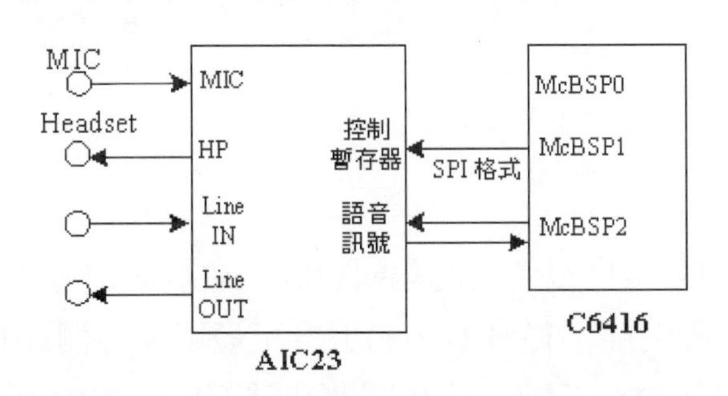

圖2-13　音訊編碼晶片與DSP電路示意圖

▩ 16段配置開關

從圖2-10的左下方有一個16段開關，由四個ON / OFF組成用來設定板卡的組態，其配置的設定列於表2-4。SW1用來設定板卡上資料放置的方式（little-endian或big-endian）。SW2 / SW3用來設定開機的模式（8-bit ROM、HPI或None），這部份可參考資料有關『DSP開機模式』的說明。SW4用來設定板卡的clock頻率（600或720 MHz），這和開發板卡的版本有關。

這幾個開關最重要的一個就是開機模式的設定，以目前DSK的設計採用的是從flash memory開機，因此把它設定成猶如一個standalone的系統，能夠自行運行起來。如果讀者由擴充槽又外接其他的電路設計，由子板卡先開機的話，也可採用None的開機方式。

表2-4　C6416 DSK開關的配置圖

SW4	SW3	SW2	SW1	目的
OFF				720 MHz DSP
ON				600 MHz DSP
	OFF	OFF		開機模式：Flash開機
	OFF	ON		開機模式：None模式
	ON	OFF		開機模式：保留
	ON	ON		開機模式：HPI開機
			OFF	Little Endian (預設)
			ON	Big Endian

▩ CPLD晶片

CPLD晶片用來提供板卡上的邏輯設計，像讀取DSK板子的版本、控制LED的亮或滅…等功能。從圖2-10的下方可發現有一個DIP-16段的開關，開關的旁邊有4個LED，這裡的DIP開關和前面所說的DSK配置開關作用完全不一樣，DIP開關可作爲系統執行時的輸入參數，有十六種輸入的狀態可用。比如說我們設計的語音處理可能有好幾種工作模式，可在系統執行前利用這個DIP開關切換到所要的模式，當作語音處理的模式選擇。同樣地，四個LED正好作爲輸出的參考，例如利用LED的變化，我們可以知道目前系統運行的情況。所以DIP與LED的運用可幫助我們在系統設計時的程式除錯。

由於這裡的CPLD晶片存取速度並不講究，所以連接在EMIF-B介面上的CE0，起始位址在60000000h。CPLD對應有四個暫存器，分別提供周邊電路的狀態與配置，暫存器列表於表2-5，第一個暫存器負責讀取DIP開關和設定LED。第二個暫存器負責擴充卡的狀態讀取與控制，包括偵測是否有擴充卡存在、擴充卡reset。第三個暫存器負責提供CPLD版本與DSK的硬體版本。第四個暫存器負責McBSP介面的開關、PLL的狀態、和Flash Page的設定。目前讀者已經知道CPLD的暫存器有哪些功能了，下面列出部分程式碼說明如何存取這四個暫存器。

```
//宣告CPLD的位址，讀寫的寬度為8-bit
unsigned char *pCPLD = (unsigned char *)0x60000000;

//讀取版本
unsigned char version = *(pCPLD + 4);

//設定LED全亮
*(pCPLD + 0) = 0x0F;
```

表2-5　CPLD暫存器的內容

<table>
<tr><th>編號</th><th>名稱</th><th>Bit7</th><th>Bit6</th><th>Bit5</th><th>Bit4</th><th>Bit3</th><th>Bit2</th><th>Bit1</th><th>Bit0</th></tr>
<tr><td>0</td><td>USER_REG</td><td colspan="4">DIP SW0-3（唯讀）</td><td colspan="4">LED0-3</td></tr>
<tr><td>1</td><td>DC_REG</td><td>擴充卡偵測（唯讀）</td><td>—</td><td colspan="2">擴充卡狀態（唯讀）</td><td>擴充卡重置</td><td>—</td><td colspan="2">擴充卡控制</td></tr>
<tr><td>4</td><td>VERSION</td><td colspan="4">CPLD版本（唯讀）</td><td>—</td><td colspan="3">DSK版本（唯讀）</td></tr>
<tr><td>6</td><td>MISC</td><td>McBSP2致能？（唯讀）</td><td colspan="2">—</td><td>PLL？（唯讀）</td><td>PLL致能？（唯讀）</td><td>Flash Page</td><td>McBSP2 On/Off</td><td>McBSP1 On/Off</td></tr>
</table>

▩ JTAG仿真晶片

最後說明的晶片是JTAG仿真晶片，本章一開始介紹開發工具時曾提到『仿真器』，它可以方便我們開發時的除錯。不過，市面仿真器很多款而且價格也不低，所以德州儀器通常在開發板上面會放上一顆仿真晶片，替代掉仿真器，這樣初學者就不需要買仿真器了。

因此，我們把開發板接上PC，CCS開發軟體便會自動透過USB介面連接到DSK板子上。同時，德州儀器提供一套即時作業系統，稱爲DSP / BIOS。如果我們希望在這個開發板上面做到即時分析或除錯程式的話，必須將程式寫在這套DSP / BIOS作業系統上面，然後才能透過JTAG介面與CCS開發套件結合，做到即時性的分析與除錯。因爲上述的原因，6416 DSK板卡上需要一個JTAG仿真晶片將USB訊號轉成JTAG的訊號格式。

當然，不一定需要DSP / BIOS作業系統才能除錯唷！只要接上JTAG也是可以除錯的，只是德州儀器提供這套作業系能與CCS開發套件整合，方便使用者做到進階的除錯。只是這套作業系統對於初學者而言有點難度，屬於進階的領域，有興趣的話直接研究DSP / BIOS user guide。

▩ 擴充槽

在C6416 DSK板子上，也有三個擴充槽分別爲EMIF擴充槽、周邊擴充槽、與PCI/HPI擴充槽，這三種不同類型的擴充槽可以連接DSK板與外部的子板，電路的接腳說明如下。

圖2-14 (a)，詳細繪出EMIF擴充槽的電路圖，一個C6416 DSP上面分成EMIF-A與EMIF-B介面，每個介面各區分出四個記憶空間（CE0～CE3），其中DSK板子已經將EMIF-A/CE0規劃給SDRAM使用，EMIF-B/CE0則規劃給CPLD，EMIF-B/CE1給flash memory。因爲EMIF-B介面只允許16位元的匯流排，然而擴充槽的匯流排是32位元寬度，所以EMIF擴充槽連接到DSP的EMIF-A介面上，不過DSK板子留下EMIF-A/CE2和CE3可由使用者自行規劃。此電路圖中的DC_A[21:2]爲位址線，分別連接到DSP晶片上

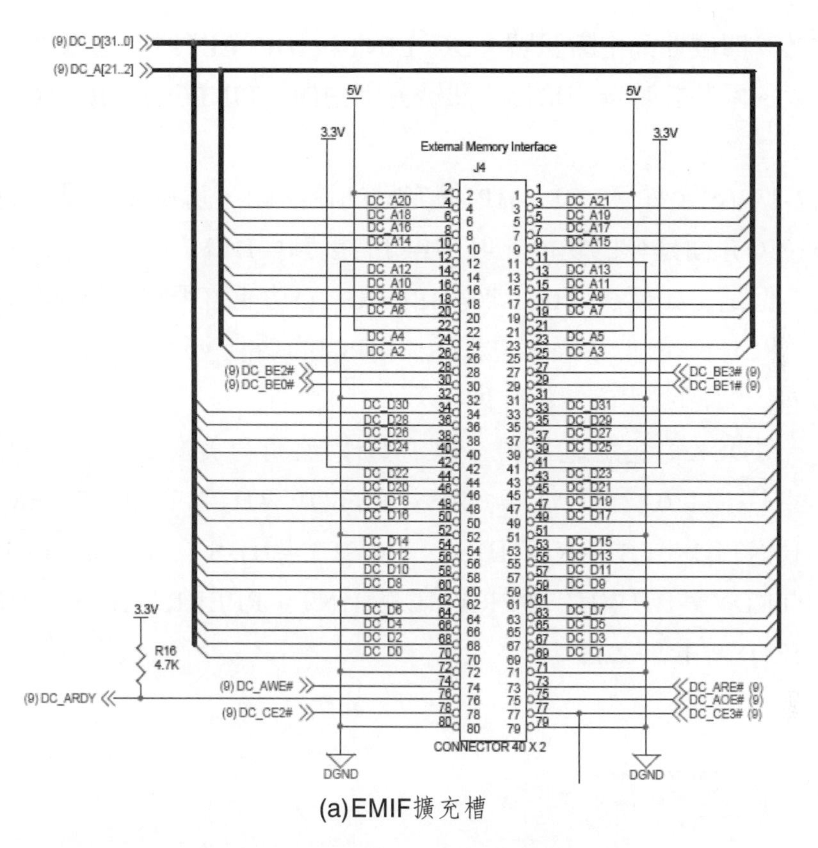

(a)EMIF擴充槽

圖2-14　C6416 DSK擴充槽電路圖

AEA[22:3]（請參照DSK完整電路圖）；DC_D[31:0]為資料線，分別連接到DSP晶片上AED[31:0]，而DC_CE[3:2]（圖中的DC_CE2#和DC_CE3#）做為外部晶片選擇（chip select）的接腳。

圖2-14 (b)，詳細繪出周邊擴充槽的電路圖，所謂的周邊包含有McBSP-0/2、外部中斷、與計時器。雖然在DSK板子上的McBSP-1/2已經被用來控制音訊晶片和傳送語音資料，如果我們的應用並非語音處理的話，利用CPLD的設定將McBSP-1/2介面與音訊晶片之間的通訊關閉，外部的串列訊號藉由擴充槽的（DC_DR0/2、DC_DX0/2、DC_CLKR0/2、DC_CLKX0/2、DC_FSR0/2、DC_FSX0/2、DC_CLKS0/2）接腳作為輸出

入。此外，四個外部中斷訊號（DC_EINT4～DC_EINT7）也可以由周邊擴充槽輸入。兩個計時器的輸出入訊號分別由DC_TINP0/1與DC_TOUT0/1接腳進出。

圖2-14 (c)，顯示PCI / HPI擴充槽的電路圖，這個擴充槽具有HPI、PCI、GPIO介面延伸的功能，其中PCI的接腳與HPI / GPIO接腳有部分是共用的。但是，如何決定PCI或是HPI / GPIO功能啓用呢？答案是PCI_EN接腳。當PCI_EN腳位爲高電位表示使用PCI的功能，反之則表示啓用HPI / GPIO功能。接腳共用的情況詳列如下：

- 參照DSK的完整電路圖，PCI與HPI共用的接腳分別 – PAD[31:0]與HD[31:0]，PPAR與HAS，PSTOP與HCNTL0，PDEVSEL與HCNTL1，PSERR與HDS1，PCBE1與HDS2，PCBE2與HR/W，PTRDY與HHWIL，PFRAME與HINT，PPERR與HCS，PIRDY與HRDY等接腳共用。

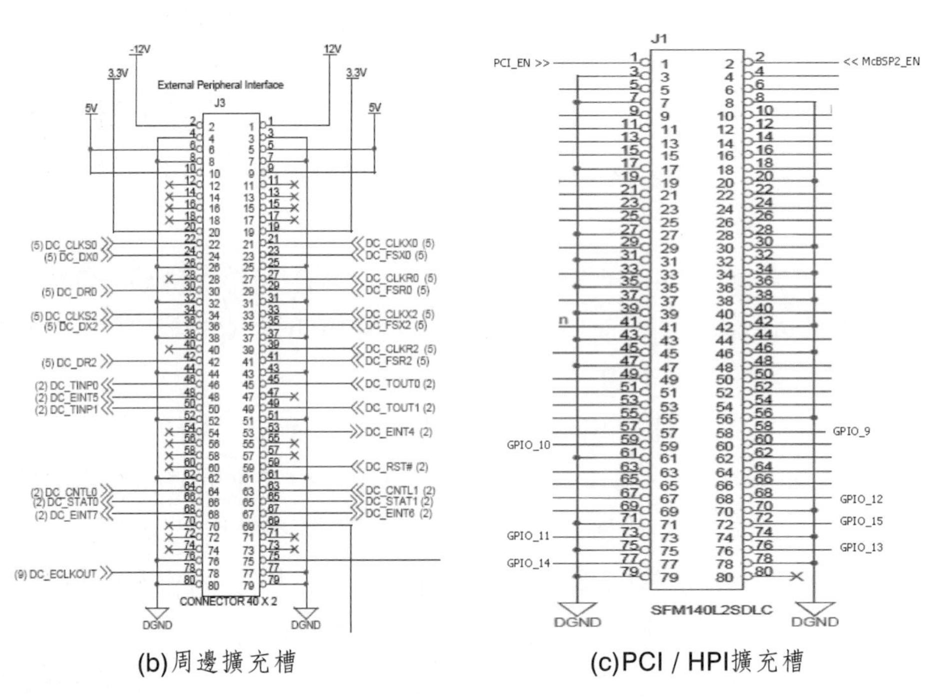

(b)周邊擴充槽　　(c)PCI / HPI擴充槽

圖2-14　C6416 DSK擴充槽電路圖

- PCI與GPIO[15:9]共用的接腳分別 – PIDSEL與GPIO9，PCBE3與GPIO10，PREQ與GPIO11，PGNT與GPIO12，PINTA與GPIO13，PCLK與GPIO14，PRST與GPIO15等接腳共用。

接腳共用的使用，在第三章的周邊控制提供實地的驗證。

在各種DSP或者MCU晶片中，pin腳共用的情況很常見，所謂『共用』是指這根pin可被設定成多重的功能，比如說可被設成GPIO（通用型輸出輸入），或者可被設成I2C通訊模式，或者設成SPI模式。這種多功能的pin腳，稱爲共用。切記，雖然具備多功能，但是同一時間只能切換成某一功能來運作，不能多功能同時運作。上圖的說明，所說的是C6416晶片上PCI / HPI / GPIO的接腳共用。

2.3.2 音訊晶片AIC23

DSK板卡除了核心的C6416 DSP之外，再來就屬音訊晶片AIC23爲板卡應用的關鍵IC。這是一顆高效能立體聲的音訊晶片，每個聲道取樣頻率的範圍可從8 kHz到96 kHz，而且允許A/D或D/A採用不一樣的取樣頻率，比如說A/D用8 kHz而D/A採用48 kHz，讓使用者可掌握設計上的彈性。雖然輸入AIC23的主時脈可以有五種選擇（12、12.288、11.2896、18.432、16.9344 MHz），由於DSK板卡輸入AIC23晶片的主時脈已經固定爲12 MHz，在設定暫存器的時候，只要留意這個主時脈產生的取樣頻率表即可。

接下來，以韌體工程師的角度來看，要使用這顆IC還有幾件事項值得注意的：第一點是C6416與AIC23間的電路如何連接。第二點是如何下控制指令給AIC23，以及設定其內部的暫存器。第三點是C6416如何與AIC23互傳語音資料。朝這三個方向前進，我們就能逐步瞭解AIC23控制與使用的方式了。

關於這兩者之間的電路連接，我們參考了schematics圖之後，大致可描繪出圖2-15的控制電路。根據AIC23技術手冊[4]的說明，該晶片提供兩種模式傳送『控制指令』，一種稱爲2-wire模式，另一種叫做SPI模式。由於

C6416上的McBSP介面可以設定成為SPI模式，所以AIC23與C6416之間的控制指令選擇以SPI的方式傳遞。AIC23晶片所採用模式的設定乃由MODE腳位來控制的，因此該腳位必須接到高電位，直接將這顆晶片的控制模式設成SPI。在C6416有三個McBSP介面，DSK的電路借用McBSP-1的通道，把McBSP-1設為SPI的通訊方式，如下圖所示。

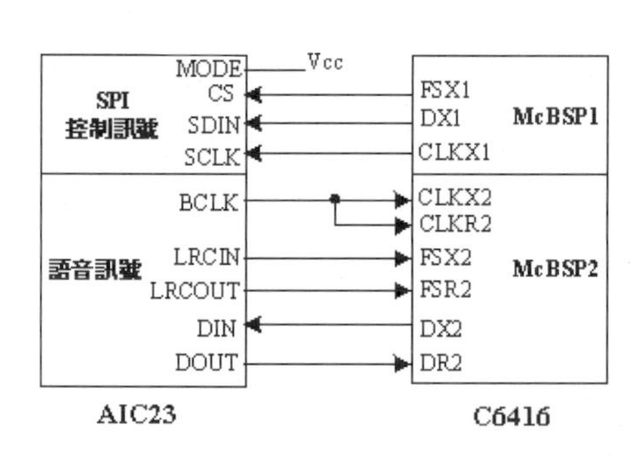

圖2-15　音訊晶片與DSP電路連接圖

當採用SPI模式的設計時，McBSP-1上的FSX1、DX1、CLKX1腳位分別接到AIC23上的$\overline{CS}$、SDIN、SCLK腳位。FSX1發出低電位訊號表示要傳送資料給AIC23，CLKX1做為傳輸的時脈，傳送的資料放在DX1，因此我們從AIC23腳位的角度來看，這三個腳位的時序圖顯示在圖2-16。根據這樣的時序圖，SPI通訊模式的配置必須設定好McBSP串列埠的暫存器，否則串列通訊是無法起作用的。

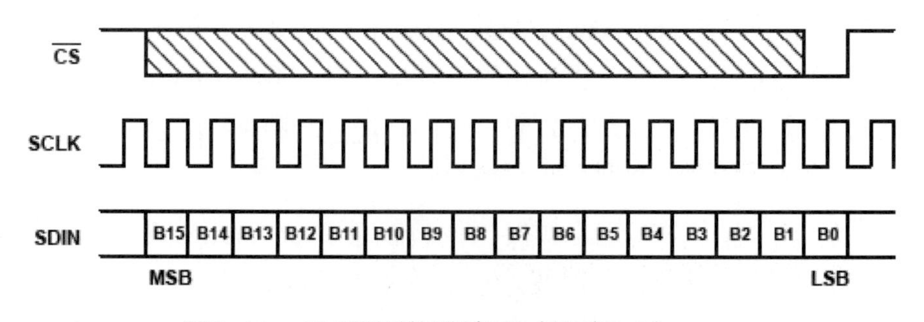

圖2-16　SPI通訊的時序圖（取自[4]）

依據McBSP技術手冊，McBSP-1的SPCR暫存器內「CLKSTP」欄位要設成10b，PCR暫存器內「CLKXP」欄位設為1b了，其餘暫存器的設定參考下列的程式碼說明。

另外，SDIN腳位上所接收到的是一個16-bit長度的資料，所以McBSP-1的XCR暫存器設定方面要以此為依據。有關McBSP-1暫存器的詳細設定，可以在DSK提供的程式碼（dsk6416_aic23_opencodec.c）找得到相關的設置。由於這個SPI通訊只使用到DX1，屬於單方向的傳輸模式，接收的方向並沒有使用到，所以RCR暫存器基本上都設成初始值即可。下面列出串列埠通道1的相關設定，需要留意的欄位以粗體字標示。

```
//設定控制指令的通訊模式 MCBSP-1
MCBSP_Config mcbspCfgControl =
{
//設定SPCR暫存器
  MCBSP_FMKS(SPCR, FREE, NO)              |
  MCBSP_FMKS(SPCR, SOFT, NO)              |
  MCBSP_FMKS(SPCR, FRST, YES)             |
  MCBSP_FMKS(SPCR, GRST, YES)             |
  MCBSP_FMKS(SPCR, XINTM, XRDY)                     |
  MCBSP_FMKS(SPCR, XSYNCERR, NO)          |
  MCBSP_FMKS(SPCR, XRST, YES)             |
  MCBSP_FMKS(SPCR, DLB, OFF)                        |
  MCBSP_FMKS(SPCR, RJUST, RZF)            |
  MCBSP_FMKS(SPCR, CLKSTP, NODELAY)       |         // <-----
  MCBSP_FMKS(SPCR, DXENA, OFF)            |
  MCBSP_FMKS(SPCR, RINTM, RRDY)                     |
  MCBSP_FMKS(SPCR, RSYNCERR, NO)          |
  MCBSP_FMKS(SPCR, RRST, YES),

//設定RCR暫存器：並未用到接收的部分，設定預設值
  MCBSP_FMKS(RCR, RPHASE, DEFAULT)        |
  MCBSP_FMKS(RCR, RFRLEN2, DEFAULT)       |
  MCBSP_FMKS(RCR, RWDLEN2, DEFAULT)                 |
  MCBSP_FMKS(RCR, RCOMPAND, DEFAULT)                |
  MCBSP_FMKS(RCR, RFIG, DEFAULT)                    |
  MCBSP_FMKS(RCR, RDATDLY, DEFAULT)                 |
  MCBSP_FMKS(RCR, RFRLEN1, DEFAULT)       |
  MCBSP_FMKS(RCR, RWDLEN1, DEFAULT)                 |
  MCBSP_FMKS(RCR, RWDREVRS, DEFAULT),

//設定XCR暫存器：發送的訊號為單一相位，每次一個訊框，訊框內有一個16-bit的資料長度
  MCBSP_FMKS(XCR, XPHASE, SINGLE)         |
  MCBSP_FMKS(XCR, XFRLEN2, OF(0))         |
  MCBSP_FMKS(XCR, XWDLEN2, 8BIT)          |
  MCBSP_FMKS(XCR, XCOMPAND, MSB)          |
```

```
    MCBSP_FMKS(XCR, XFIG, NO)                                  |
    MCBSP_FMKS(XCR, XDATDLY, 1BIT)                   |         // <-----
    MCBSP_FMKS(XCR, XFRLEN1, OF(0))                  |
    MCBSP_FMKS(XCR, XWDLEN1, 16BIT)                  |         // <-----
    MCBSP_FMKS(XCR, XWDREVRS, DISABLE),

  //設定SPGR暫存器
    MCBSP_FMKS(SRGR, GSYNC, FREE)                    |
    MCBSP_FMKS(SRGR, CLKSP, RISING)                  |
    MCBSP_FMKS(SRGR, CLKSM, INTERNAL)                |
    MCBSP_FMKS(SRGR, FSGM, DXR2XSR)                  |
    MCBSP_FMKS(SRGR, FPER, OF(0))                    |
    MCBSP_FMKS(SRGR, FWID, OF(19))                   |
    MCBSP_FMKS(SRGR, CLKGDV, OF(99)),

    MCBSP_MCR_DEFAULT, MCBSP_RCERE0_DEFAULT,
    MCBSP_RCERE1_DEFAULT, MCBSP_RCERE2_DEFAULT,
    MCBSP_RCERE3_DEFAULT, MCBSP_XCERE0_DEFAULT,
    MCBSP_XCERE1_DEFAULT, MCBSP_XCERE2_DEFAULT,
    MCBSP_XCERE3_DEFAULT,

  //設定PCR暫存器
    MCBSP_FMKS(PCR, XIOEN, SP)                                 |
    MCBSP_FMKS(PCR, RIOEN, SP)                                 |
    MCBSP_FMKS(PCR, FSXM, INTERNAL)                            |
    MCBSP_FMKS(PCR, FSRM, EXTERNAL)                            |
    MCBSP_FMKS(PCR, CLKXM, OUTPUT)                             |
    MCBSP_FMKS(PCR, CLKRM, INPUT)                              |
    MCBSP_FMKS(PCR, CLKSSTAT, DEFAULT)                         |
    MCBSP_FMKS(PCR, DXSTAT, DEFAULT)                 |
    MCBSP_FMKS(PCR, FSXP, ACTIVELOW)                           |         // <-----
    MCBSP_FMKS(PCR, FSRP, DEFAULT)                             |
    MCBSP_FMKS(PCR, CLKXP, FALLING)                            |         // <-----
    MCBSP_FMKS(PCR, CLKRP, DEFAULT)
  };
```

當AIC23在SDIN腳位上接收到16-bit的資料後，如何定義這個資料做爲控制指令呢，AIC23晶片內規定B15～B9當作暫存器的編號，而後面的B8～B0當作欲設定到暫存器的數值。AIC23內部總共有11個暫存器，可供使用者配置晶片的工作模式，例如：語音增益的大小、取樣頻率、語音解析度、數位語音輸出入的格式…等功能，其中McBSP-2介面要如何接收或傳送語音資料給AIC23便是很重要的一部份，這將影響串列埠的設計。

根據AIC23技術手冊的說明，晶片提供四種模式用來傳送「數位語音」，分別爲Right-Justified、Left-Justified、I^{2}S、以及DSP模式。其中

CHAPTER 2

DSP模式就是專門替自家的DSP晶片量身打造的特殊模式，如果C6416採用其他的傳輸模式，在電路上還得動一些手腳，因此在這裡使用DSP模式的傳輸方式是比較明智的選擇。

爲了讓AIC23工作在DSP的傳輸模式，我們必須在晶片內「Digital audio interface format」暫存器的傳輸模式欄位選擇爲DSP，這個模式下數位語音傳輸的時序圖顯示在圖2-17。再來看AIC23與C6416電路接腳的連接情況，AIC23晶片上的LRCIN和LRCOUT接腳負責產生一個同步框架給C6416的FSX2和FSR2接腳，同時接腳BCLK產生通訊的主時脈，傳送給C6416的CLKX2和CLKR2接腳，而DIN和DOUT分別接到C6416的DR2和DX2接腳上面。

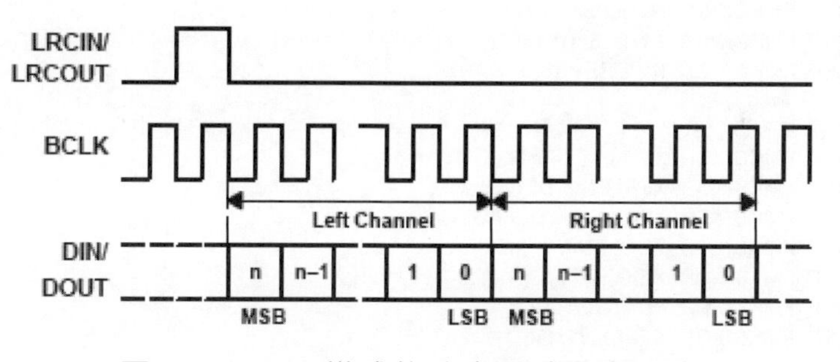

圖2-17　DSP模式的時序圖（取自[4]）

根據AIC23的語音傳送模式，我們必須依據相關的通訊特性，設定好McBSP 2的暫存器。下面列出串列埠通道2的相關設定，由於通訊的主時脈都來自AIC23，所以我們發現SPGR暫存器基本上都設定爲初始值。另外需要特別留意的欄位以粗體字標示，配合McBSP串列埠的技術手冊，讀者可更清楚瞭解數值的意義。

```
//設定數位語音的通訊模式 MCBSP-2
MCBSP_Config mcbspCfgData=
{
//設定SPCR暫存器
  MCBSP_FMKS(SPCR, FREE, NO)                |
  MCBSP_FMKS(SPCR, SOFT, NO)                |
```

```
  MCBSP_FMKS(SPCR, FRST, YES)                 |
  MCBSP_FMKS(SPCR, GRST, YES)                 |
  MCBSP_FMKS(SPCR, XINTM, XRDY)               |
  MCBSP_FMKS(SPCR, XSYNCERR, NO)              |
  MCBSP_FMKS(SPCR, XRST, YES)                 |
  MCBSP_FMKS(SPCR, DLB, OFF)                  |
  MCBSP_FMKS(SPCR, RJUST, RZF)                |
  MCBSP_FMKS(SPCR, CLKSTP, DISABLE)           |        // <-----
  MCBSP_FMKS(SPCR, DXENA, OFF)                         |
  MCBSP_FMKS(SPCR, RINTM, RRDY)               |
  MCBSP_FMKS(SPCR, RSYNCERR, NO)              |
  MCBSP_FMKS(SPCR, RRST, YES),

//設定RCR暫存器：接收的訊號為單一相位，每次一個訊框，訊框內有兩個16-bit的語音長度
  MCBSP_FMKS(RCR, RPHASE, SINGLE)             |
  MCBSP_FMKS(RCR, RFRLEN2, DEFAULT)           |
  MCBSP_FMKS(RCR, RWDLEN2, DEFAULT)           |
  MCBSP_FMKS(RCR, RCOMPAND, MSB)              |
  MCBSP_FMKS(RCR, RFIG, NO)                   |
  MCBSP_FMKS(RCR, RDATDLY, 0BIT)              |        // <-----
  MCBSP_FMKS(RCR, RFRLEN1, OF(1))             |
  MCBSP_FMKS(RCR, RWDLEN1, 16BIT)             |        // <-----
  MCBSP_FMKS(RCR, RWDREVRS, DISABLE),

//設定XCR暫存器：發送的訊號為單一相位，每次一個訊框，訊框內有兩個16-bit的語音長度
  MCBSP_FMKS(XCR, XPHASE, SINGLE)             |
  MCBSP_FMKS(XCR, XFRLEN2, DEFAULT)                    |
  MCBSP_FMKS(XCR, XWDLEN2, DEFAULT)           |
  MCBSP_FMKS(XCR, XCOMPAND, MSB)              |
  MCBSP_FMKS(XCR, XFIG, NO)                            |
  MCBSP_FMKS(XCR, XDATDLY, 0BIT)              |        // <-----
  MCBSP_FMKS(XCR, XFRLEN1, OF(1))             |
  MCBSP_FMKS(XCR, XWDLEN1, 16BIT)             |        // <-----
  MCBSP_FMKS(XCR, XWDREVRS, DISABLE),

//設定SPGR暫存器
  MCBSP_FMKS(SRGR, GSYNC, DEFAULT)            |
  MCBSP_FMKS(SRGR, CLKSP, DEFAULT)            |
  MCBSP_FMKS(SRGR, CLKSM, DEFAULT)            |
  MCBSP_FMKS(SRGR, FSGM, DEFAULT)             |
  MCBSP_FMKS(SRGR, FPER, DEFAULT)             |
  MCBSP_FMKS(SRGR, FWID, DEFAULT)             |
  MCBSP_FMKS(SRGR, CLKGDV, DEFAULT),

  MCBSP_MCR_DEFAULT, MCBSP_RCERE0_DEFAULT,
  MCBSP_RCERE1_DEFAULT, MCBSP_RCERE2_DEFAULT,
  MCBSP_RCERE3_DEFAULT, MCBSP_XCERE0_DEFAULT,
  MCBSP_XCERE1_DEFAULT, MCBSP_XCERE2_DEFAULT,
  MCBSP_XCERE3_DEFAULT,

//設定PCR暫存器
  MCBSP_FMKS(PCR, XIOEN, SP)                  |
  MCBSP_FMKS(PCR, RIOEN, SP)                  |
  MCBSP_FMKS(PCR, FSXM, EXTERNAL)             |        // <-----
```

```
    MCBSP_FMKS(PCR, FSRM, EXTERNAL)           |        // <-----
    MCBSP_FMKS(PCR, CLKXM, INPUT)             |        // <-----
    MCBSP_FMKS(PCR, CLKRM, INPUT)             |        // <-----
    MCBSP_FMKS(PCR, CLKSSTAT, DEFAULT)        |
    MCBSP_FMKS(PCR, DXSTAT, DEFAULT)          |
    MCBSP_FMKS(PCR, FSXP, ACTIVEHIGH)  |      // <-----
    MCBSP_FMKS(PCR, FSRP, ACTIVEHIGH)  |      // <-----
    MCBSP_FMKS(PCR, CLKXP, FALLING)           |
    MCBSP_FMKS(PCR, CLKRP, RISING)
};
```

至於AIC23內部的十一個暫存器該如何設定呢，這部份可參考技術手冊[4]，或者在DSK提供的程式碼（dsk6416_aic23.h）裡能找到相關的配置。在此簡單介紹一下這幾個暫存器的功能：

- 前兩個暫存器（Left/Right line input channel volume control）主要控制Line-in的增益，可以設定左右兩聲道從Line-in輸入訊號的增益。
- 第三和第四個暫存器（Left/Right channel headphone volume control）則控制耳機輸出的增益，可以設定耳機左右聲道輸出的增益。
- 第五個暫存器（Analog audio path control）提供編碼的選擇，因為這顆AIC23晶片只能允許一組訊號源作A/D和D/A，所以我們只能選定語音編碼的來源是由耳機埠或者是Line-in/out埠。
- 第六個暫存器（Digital audio path control）提供濾波器的服務，因為語音編碼前希望過濾掉一些低頻的雜訊，所以我們可以設定該暫存器啟動高通濾波器的運作。
- 第七個暫存器（Power down control）主要是晶片電源的控制，針對沒有用到的模組，我們可以強制讓晶片關閉該模組的電源，以節省耗電量。
- 第八個暫存器（Digital audio interface format）用來設定編碼後的語音資料如何傳送到DSP上。
- 第九個暫存器（Sample rate control）設定取樣頻率，以及晶片的輸入時脈。
- 最後兩個暫存器則與致能、重置有關。

值得韌體工程師留意的地方，在「Digital audio interface format」暫存器的「LRP」欄位提到語音資料的MSB接收，這個欄位將決定McBSP介面中有關資料延遲的設定，當「LRP」欄位設成0時，McBSP資料延遲的欄位則設為0-bit，這部份讀者可自行思考看看，有助於瞭解McBSP資料延遲的設計。

2.3.3 CCS與DSK間的通訊

前面的章節詳細介紹DSK板子之後，為了讓DSK板卡能夠運行起來，我們必須安裝CCS v3.0開發平台，以及C6416 DSK套件軟體。由於DSK與電腦的通訊介面已經變成了USB，不像C6711 DSK採用的是平行埠，當電腦接上C6416 DSK時，它需要再安裝USB的驅動程式才能讓電腦認得DSK板子，至於USB驅動程式的相關安裝檔都存放在\CCStudio\specdig\c6416目錄下，安裝後從電腦的裝置管理員可看到C6416 DSK板卡，如圖2-18所示。

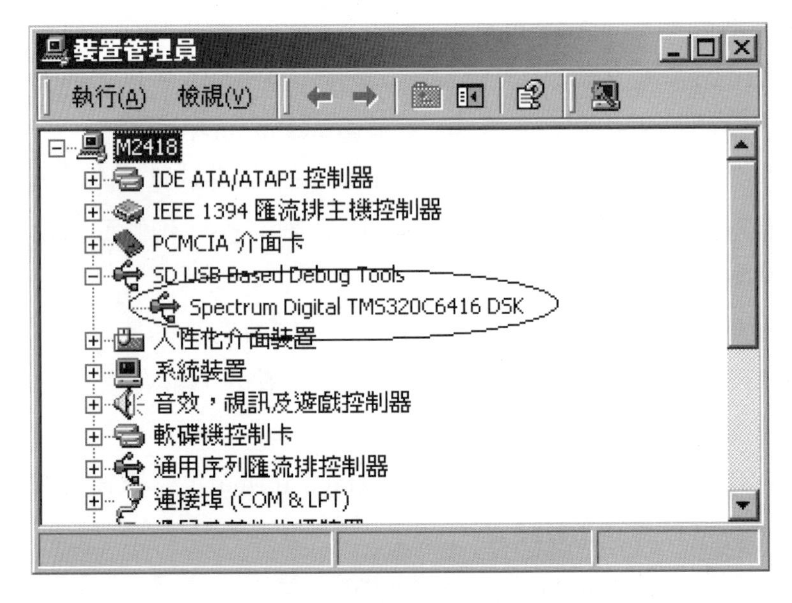

圖2-18　電腦的裝置管理員

當我們安裝好C6416 DSK套件之後，在桌面上會有出現一個小圖示，這個測試工具是用來檢查DSK板子是否正常。我們開啓這個工具然後執行，它會顯示目前板卡的硬體版本以及CPLD版本，接下來測試USB、DSP、SDRAM、flash memory、Codec…等各項周邊電路與功能是否正常。這種測試工具對韌體工程師非常重要，若沒有這種工具，當韌體工程師在一塊未經測試的板子上開發，等到設計的程式無法正常運行時，這時到底要懷疑程式寫錯呢？還是硬體出錯呢？所以利用測試工具就可以先確認使用的DSK板子是正常無誤的，這在業界的硬體開發也是一項必備的步驟。

一旦檢查欲使用的C6416 DSK硬體沒任何錯誤之後，我們便可啓動CCS v3.0開發平台，並且在DSK板子上做系統程式的開發。接下來提醒讀者在安裝時的注意事項，下面提到『主機』指的是安裝CCS的個人電腦：

①主機上的USB介面必須啓動，否則通訊無法成功運行，這一部份的設置動作通常在主機的BIOS裡，因爲有時電腦的USB埠可能被BIOS給disable了。

②根據[7]的『整合型的開發環境』一章中，提到有關CCS平台的配置，我們必須選定開發的平台爲C6416 Revision 1.1 DSK，如圖2-19所示，依照主機上的USB通訊模式以及位址，設定好DSK的驅動程式，準備啓動CCS工作平台。如果讀者使用的是C6713 DSK，則必須選定C6713 DSK（Spectrum Digital）作爲開發的平台。

③接上DSK電源以及USB傳輸線之後，打開CCS v3.0開發平台。此時在左下角的狀態列，我們會發現狀態顯示目前主機尚未連上DSK板卡，在Debug選單內有個「Connect」選項，按下之後狀態會顯示連接成功，如圖2-7所顯示。之後，再按下「Reset CPU」的選項讓CPU進入重置狀態，讀者就可以將TI提供的範例程式載入DSK板卡上，試看看執行的結果。德州儀器所提供的範例程式存放在\CCStudio\Examples\dsk6416\目錄下。

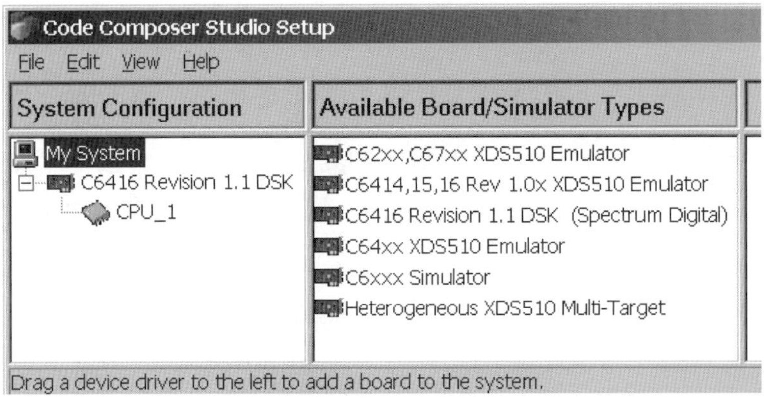

(a)新增DSK配置到開發平台

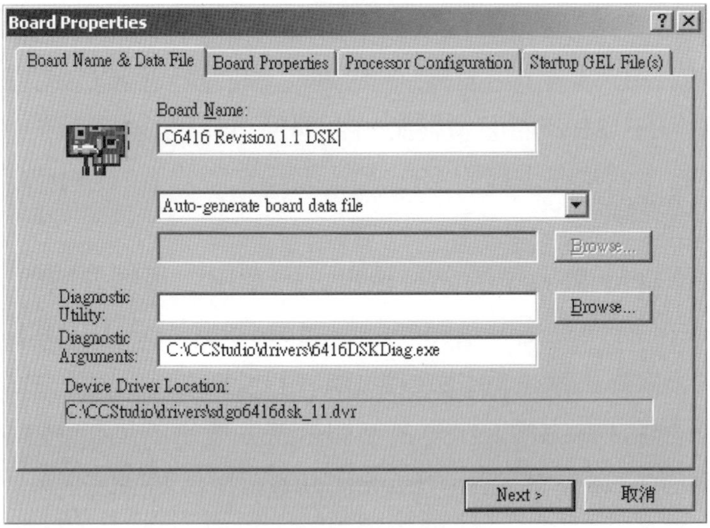

(b)設定DSK的驅動程式

圖2-19 配置C6416 DSK開發平台

④此外，德州儀器提供一個正弦波撥放的範例程式，放在\CCStudio\Examples\dsk6416\bsl\tone\目錄下，此時將執行檔「tone.out」載入板子上，然後按下「Run」鈕之後，我們可以從耳機接孔聽到五秒鐘的聲音，利用這個範例可以檢查CCS平台與DSK板子之間的通訊是

否正常。

⑤實驗的過程中，在載入程式的過程可能會遇到傳輸不穩的情況，或者平台彈跳出錯誤訊息的小視窗，此時只有把整個CCS軟體關閉，DSK電源拔掉再接上去，重新再啓動一遍。按下「Reset CPU」的選項，再載入程式碼。

2.3.4 基於DSK架構的函式庫

到目前爲止，大致清楚明瞭DSK開發板上的硬體功能吧！CCS開發軟體套件也已經安裝完畢，可以開始寫DSP程式了。不過，一想到要讓周邊的晶片能正常運行起來，我們似乎得先寫周邊晶片的驅動程式才行，像是AIC23的驅動程式、AMD快閃晶片的驅動程式…等周邊晶片的控制，感覺起來就很難，怎麼辦？

德州儀器爲了讓DSK使用者能快速開發DSP系統，隨DSK套件附贈周邊晶片的驅動程式，也就是以DSK板卡爲架構的函式庫，一般稱爲BSL（Board Support Library）。不過，說明BSL之前，我們要先解釋德州儀器的CSL函式庫（Chip Support Library）的架構。

▩ CSL的軟體架構

德州儀器爲了讓軟硬體的架構更具結構化，所以在晶片與應用程式之間加入一層函式庫，下圖所示，這一層稱爲Chip Support Library（CSL）。該函式庫提供所有DSP晶片周邊控制的API程式，工程師只要透過這些標準的API程式呼叫，也能讓晶片上的周邊模組正常運作起來。採用這種方式的好處是當DSP晶片進行改版的時候，只要同步更新德州儀器的CSL函式庫，再重新編譯我們的程式碼，這樣可讓工程師修改應用程式的工作量降到最低，比較容易做到軟硬體同步升級。

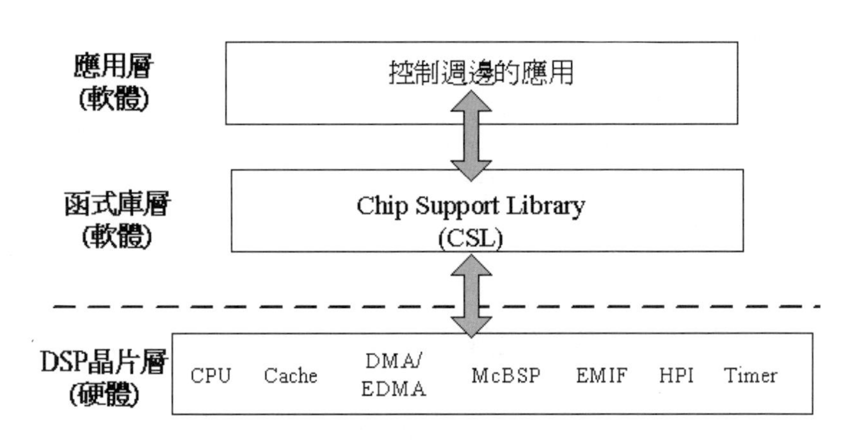

基於晶片架構的函式庫

另外，CSL針對每個周邊模組提供最基本的資源管理函式（Resource Management Function），例如說open( )、close( )、reset( )等等API的基本函式，這樣的優點可讓工程師開發軟體更加方便。舉例來說，當想要使用某一個EDMA的通道資源，應用程式藉由呼叫EDMA_open( )來開啓該通道資源，如果要釋放這個資源，只要調用EDMA_close( )函式就能釋放出使用中的通道。說實在的，這樣的設計讓軟體人員猶如在使用Windows API函式庫的感覺。

此外，爲了讓工程師更方便撰寫程式，CSL也提供許多Macro巨集定義，並且也定義了周邊暫存器名稱及其內部的欄位。因此，程式設計者不需費力計算暫存器內欄位屬第幾個位元，只要考慮諸如左移或右移幾個位元之類的設定方式就好了，因爲這些參數早已定義在相關的標頭檔內了。

以上敘述這麼多CSL的優點，雖然德州儀器提供如此便利的軟硬體架構，但是使用了CSL函式必須先載入CSL函式庫，這可能會增加程式碼以及資料參數的大小，同時將影響記憶體的使用量，特別是嵌入式系統對於記憶體使用和成本的控制比較敏感。如果爲了降低記憶體的使用量，應用程式不使用任何CSL函式，當然就無須載入CSL函式函式庫，工程師當然也可用土法煉鋼方式讓DSP晶片的周邊運行。因此，是否決定要用CSL函式庫，在設計系統的初期最好要考慮清楚。

▩ BSL的軟體架構

除了CSL是一個基於DSP晶片架構的函式庫，還有另一種函式庫，稱爲Board Support Library（BSL）。這是一個以DSP平台爲架構所組成的函式庫，在使用到DSP Start Kit開發套件時，我們會使用到BSL函式庫。爲什麼會有這類函式庫呢？在德州儀器所提供的C6x DSK開發平台上，除了DSP晶片之外，板子上一定還包含其他的晶片，如果韌體工程師想要自行控制這些晶片，當然是可行的，但是可能需要花上一段熟悉晶片的時間。爲了快速操控C6x DSK，德儀提供了BSL函式庫，讓初學者能容易地控制平台上其他的晶片，而不需要仔細研究驅動程式。其整個函式庫的設計概念和CSL一樣，如下圖所描繪。有興趣的話，讀者也可以多多參考其他IC公司的開發平台，通常會發現他們也提供BSL函式庫給工程人員使用。

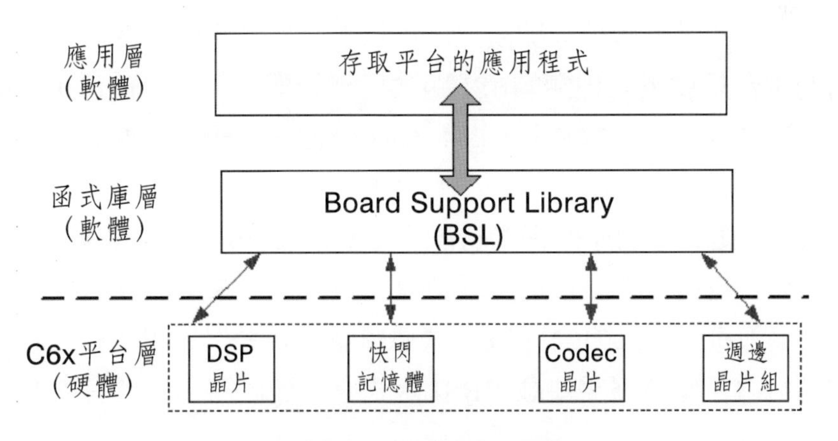

基於平台架構的函式庫

當我們安裝DSP的開發套件時，內附的CSL函式庫也會一併安裝到電腦內，可以在安裝目錄 \CCStudio\C6000\bios\lib 裡面找到以csl爲檔名頭的函式庫。此外，安裝C6416 DSK軟體的時候，內附的BSL函式庫也會被安裝進來，存放在 \CCStudio\C6000\dsk6416\lib 裡面，除了dsk6416bsl.lib之外還有這個函式庫的原始碼，供使用者編譯、修改、研究之用。如果是C6713 DSK的話，則存放在 \CCStudio\C6000\dsk6713\lib 裡面，檔案都是依據平台名稱存放在個別的目錄之下。

除了CSL和BSL函式庫在開發程式的時候會使用到，還有一個很重要的函式庫稱為run-time library，例如：memcpy、memset…等常用的函式，這個也要載入到我們的程式碼中一起編譯連結。相關的函式庫存放在 \CCStudio\C6000\cgtools\lib 目錄下。整理一下函式庫的目錄所在：

```
Run-time函式庫– \CCStudio\C6000\cgtools\lib\
Chip Support函式庫– \CCStudio\C6000\bios\lib\
C6416 DSK函式庫– \CCStudio\C6000\dsk6416\lib\
```

關於BSL，上文已經說明CSL和BSL函式庫的軟體架構，以這種架構的好處就是我們設計的數位信號演算法可以很容易地移植到各種平台上，針對不同的平台只要載入相關的BSL函式庫組譯即可。以目前使用的C6416 DSK，在開發程式時必須載入dsk6416bsl.lib函式庫組譯，如此一來便可呼叫德州儀器所提供的函式了。

有關BSL函式庫的原始程式碼都放在\CCStudio\C6000\dsk6416\lib\目錄下，讀者可自行研究一下這些驅動程式的內容。如果是C6713 DSK的使用者，則必須載入dsk6713bsl.lib函式庫組譯。讀者如果想要自我訓練寫驅動程式的能力，當然不需要載入BSL函式庫，自己寫一套更有效率的驅動程式。

實際上，BSL的函式庫分成五類函式群組，分別是Board Setup、AIC23 Codec、DIP Switch、LED、和Flash memory五大類，其中Board Setup裡面的函式最為重要，底下針對C6416 DSK中每個群組簡述函式的功能，C6713相關函式的呼叫也與C6416大致相同。

▩設定板卡的函式

有關板卡的函式總共有六個，列於表2-6，其中DSK6416_init( )函式最重要，因為在主程式main裡頭，一開始必須先呼叫這個函式，這樣才能將整個板子作初始化。初始化的動作包括設定好EMIF介面的暫存器，如此才能順利存取連接在EMIF上面的SDRAM、Flash memory、和CPLD。

另外，DSK6416_version( )函式可以知道目前硬體的版本，方便計算DSP運算速度，對於軟體中的等待或延遲才能準確的算出。筆者目前使用的C6713 DSK版本為2，CPLD版本為2；C6416 DSK版本為3，CPLD版本為2。

表2-6　與板卡相關的函式

函式名稱	使用簡介
DSK6416_init	初始化C6416 DSK板卡。返回值：無，輸入參數：無。
DSK6416_rget	從CPLD的暫存器讀取一個8-bit的值。返回值：讀取的數值，輸入參數：暫存器編號。
DSK6416_rset	設定一個8-bit的值到CPLD的暫存器。返回值：無，輸入參數：暫存器編號與欲設定數值。
DSK6416_version	取得DSK硬體版本。返回值：版本號，輸入參數：無。
DSK6416_wait	等待函式。返回值：無，輸入參數：迴圈數。
DSK6416_waitusec	等待幾毫秒。返回值：無，輸入參數：毫秒數。

下面列的是DSK6416_init函式的程式碼，可以看到程式一開始就根據硬體版本設定EMIF-A和EMIF-B的暫存器，這給我們一個重要的啓示，無論是DSK板子或者自行設計的DSP電路板，程式碼剛執行時一定要先將EMIF介面參數設定正確，否則DSP外部的周邊設備將無法正常運作。即使是自行設計的驅動程式，有關EMIF介面的參數也要給予正確的值才行。

```
DSK6416_init()
{
        ......
        //先預設EMIF-B介面為120 MHz
        EMIFB_config(&emifbCfg0v2);
        //針對600 MHz DSP, 100 MHz EMIF的設定
        if ( DSK6416_getVersion() == 1 )
        {
                //初始化EMIF-A介面為100 MHz
                EMIFA_config( &emifaCfg0v1 );
                //初始化EMIF-B介面為100 MHz
                EMIFB_config( &emifbCfg0v1 );
                //每毫秒需要的迴圈數（預估值）
                DSK6416_usecdelay = 21;
        }
        //針對720 MHz DSP, 120 MHz EMIF的設定
        else
        {
                //初始化EMIF-A介面為120 MHz
                EMIFA_config( &emifaCfg0v2 );
                //每毫秒需要的迴圈數（預估值）
                DSK6416_usecdelay = 29;
        }
        //設定CPLD暫存器為初始狀態
        DSK6416_rset(DSK6416_USER_REG, 0);
        DSK6416_rset(DSK6416_DC_REG,   0);
        DSK6416_rset(DSK6416_MISC,     0);
}
```

▩ 存取AIC23的函式

BSL裡面用來控制AIC23晶片的函式總共有十二個，整理後列於表2-7，其中DSK6416_AIC23_openCodec( )函式最重要，用來開啓一個音訊通道，同時將AIC23暫存器的配置傳入，之後返回一個handle數值。一旦成功開啓音訊通道後，表內的其他函式都必須以handle值來存取這個通道，包括設定取樣頻率、音量的增益、靜音與否…等功能。最後不再使用該通道時，記得呼叫DSK6416_AIC23_closeCodec( )將此通道釋放，即使不呼叫也不會造成任何副作用，不過有開啓必釋放，這才是寫程式的好習慣。

表2-7　與音訊相關的函式

函式名稱	使用簡介
DSK6416_AIC23_openCodec	開啓一個音訊通道。返回值：handle，輸入參數：暫存器的參數值。
DSK6416_AIC23_closeCodec	關閉一個音訊通道。返回值：無，輸入參數：handle。
DSK6416_AIC23_config	設定AIC23內暫存器的參數值
DSK6416_AIC23_read	從開啓的通道讀取一個32-bit的語音資料
DSK6416_AIC23_write	寫入一個32-bit的語音資料到開啓的通道
DSK6416_AIC23_rget	讀取晶片內某個控制暫存器的值
DSK6416_AIC23_rset	將一個數值設定到晶片內某個控制暫存器
DSK6416_AIC23_outGain	設定輸出的增益值
DSK6416_AIC23_loopback	啓動或取消loop-back模式
DSK6416_AIC23_mute	啓動或取消靜音
DSK6416_AIC23_powerDown	啓動或關閉晶片內部某些模組的電源，耗電的考量
DSK6416_AIC23_setFreq	設定音訊通道的取樣頻率

▩ 讀取DIP設定的函式

有關DIP開關的函式總共有兩個，列於表2-8。DSK6416_DIP_init( )函式用來初始化DIP開關，不過我們檢查這個函式的程式碼，發現函式裡面空空如也，只是以軟體設計的習慣，還是呼叫它來初始化DIP。另外一個函式DSK6416_DIP_get(num)就是讀取目前DIP開關的狀態，可當作使用者輸入DSP的參數之用。

表2-8　與多段開關相關的函式

函式名稱	使用簡介
DSK6416_DIP_init	初始化DIP開關。返回值：無，輸入參數：無。
DSK6416_DIP_get	讀取開關的狀態。返回值：On或Off，輸入參數：開關編號。

▩ 控制LED的函式

有關LED控制的函式總共有四個，列於表2-9。DSK6416_LED_init( )函式也是用來初始化LED，將每個LED燈都熄滅。另外三個函式則用來點亮或熄滅LED燈，這四個LED燈的顯示通常做爲程式執行時檢查各個除錯點是否執行的判斷，或者用來顯示程式執行的結果。

表2-9　與LED相關的函式

函式名稱	使用簡介
DSK6416_LED_init	初始化LED。返回值：無，輸入參數：無。
DSK6416_LED_off	將某個LED燈熄滅。返回值：無，輸入參數：LED編號。
DSK6416_LED_on	將某個LED燈點亮。返回值：無，輸入參數：LED編號。
DSK6416_LED_toggle	將某個LED燈切換。返回值：無，輸入參數：LED編號。

▩ 控制Flash的函式

有關flash memory讀寫的函式總共有四個，列於表2-10。首先我們要了解這個flash memory的結構，比如總容量、分幾個區塊（sectors）、每個區塊的大小。以AMD快閃記憶體爲例，DSK開發板上面使用512 Kbytes的大小，內部再分成11個區塊，但每個區塊大小不見得相同。此外，快閃記憶體的類型還分top或bottom開機區塊兩種，開機區塊的容量比較小（小於32 Kbytes），存放資料的區塊容量比較大（64 Kbytes）。當然開機區塊也可存放一般的資料之用。

舉例來說，當我們寫入資料到快閃記憶體時，最小的存放單位是區塊，也就是說100 Kbytes的資料需要用到兩個區塊，所以第一步先清除兩個區塊的內容，之後再寫入資料。而BSL提供的主要函式就是清除快閃記憶體、寫入記憶體以及讀取記憶體這三種，注意在寫入快閃記憶體之前，必須先做一個動作就是清除（erase），然後才能將資料寫入。由於BSL函式庫已經幫我們考慮到區塊的計算，所以呼叫表2-10的函式時候，只要輸入位址及長度就行了，函式本身會計算出哪個區塊。

表2-10　與Flash memory相關的函式

函式名稱	使用簡介
DSK6416_FLASH_checksum	計算某一區塊的checksum。返回值：計算值，輸入參數：區塊起始位址與長度。
DSK6416_FLASH_erase	清除某區塊的資料。返回值：無，輸入參數：區塊起始位址與長度。
DSK6416_FLASH_read	讀取某區塊的資料。返回值：無，輸入參數：來源、目的與長度。
DSK6416_FLASH_write	寫入資料到flash上的某區塊。返回值：無，輸入參數：來源、目的與長度。

2.3.5　燒入程式碼

DSK板子除了藉由CCS開發平台對程式進行除錯、設中斷點、檢視變數值、存取暫存器、檢視記憶體等等功能之外，同時還可將編譯好的執行檔載到板子上執行。雖然這樣的功能很方便，但總不能老是靠著電腦透過USB下載執行檔到DSK板子上吧！一旦我們的程式設計完成後，總希望DSK板子能獨立運行，而不是靠USB傳輸線將程式碼載入板卡上，一般稱這種獨立啓動的方式爲standalone。舉凡多數的嵌入式系統都是一接上電源就自行運作起來，所以我們希望能將DSK設定爲這種模式。

一個standalone的系統勢必得將某些程式碼先存放在快閃記憶體或ROM裡面做爲開機之用途，通常稱這樣的小程式爲開機程式（boot code）。我們知道在DSK板子上有一顆快閃記憶體晶片，再加上DSP的開機模式，一旦板卡接上了電源，便能直接從快閃記憶體載入開機程式，使得DSK處於獨立運行的狀態。在2.3.1節中，提到板卡配置開關（表2-4），當中的SW2與SW3就是用來設定DSP的開機模式。依據我們的需求，必須將開關切成flash memory開機模式。接下來將說明如何設計一個開機程式，以及如何將系統程式燒到快閃記憶體裡。

▩ 製作開機程式（以C6416 DSK爲例）

根據開機模式技術手冊的敘述，如果C6416 DSP選擇flash memory的開機設定，當電源接上之後EDMA會從外部記憶體CE-1的位置（∵DSK上的EMIF CE-1連接著快閃記憶體晶片），搬運一小段程式碼1 Kbytes到內部記憶體位址0h做爲開機之用，然後CPU再從位址0h開始執行。

在flash memory開機模式下的DSP具有這種開機的特性，所以在快閃記憶體的最前面1 Kbytes要保留給開機程式，如圖2-20的右半邊所示。圖2-20標示出左半邊爲flash所儲存之COFF檔案的格式，右半邊爲DSP內部記憶體。因此，一旦開機之後，這一小段開機程式先被搬運到DSP內部記憶體，然後開始執行。接下來我們希望這段開機程式做些什麼事情呢？

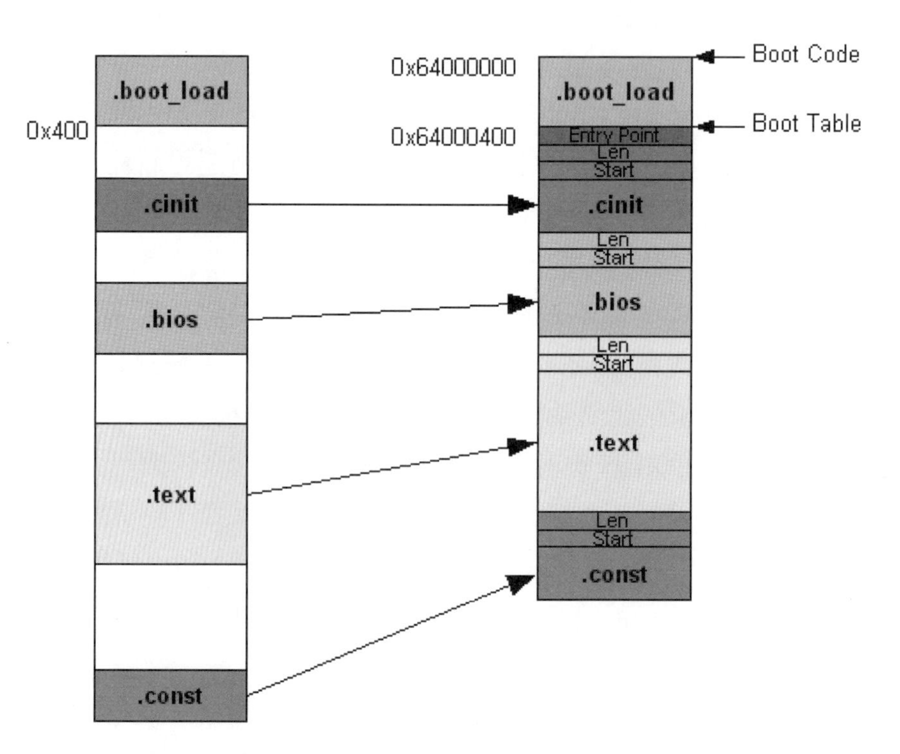

圖2-20　程式區塊對應到快閃記憶體的存放位置

撇開開機程式不說，我們最終的希望是DSP能執行我們的程式碼，也就是我們設計的程式組譯後所產生的COFF（Common Object File Format）檔，通常稱這個執行檔為應用程式（application code）。這種COFF檔案格式將每個程式區塊的長度與位址作詳盡的定義，如圖2-20的左半邊所示。它定義了每個區塊名稱、區塊的大小、區塊將要存放的位址等資訊，然後透過開機程式讀取各個區塊的資訊，再搬運這些區塊到DSK開發板所對應的位址。除了開機程式放在flash memory的前端，這段應用程式碼也需要存放在flash memory裡面，緊接在開機程式的後頭，如圖2-20的右半邊所示。

從圖的右半邊觀察，開機程式放在64000000h起始的1 Kbytes，而程式碼區塊與資料區塊則從64000400h開始。當開機程式被載入DSP執行時，最重要的動作就是搬運程式碼區塊以及資料區塊到指定的位址上，該放到內部記憶體的部份就搬運到內部記憶體，該放到外部記憶體的部份就搬運到外部記憶體，我們通常稱這個動作為boot loader，也就開機程式的主要工作。

搬運所有的區塊之後，開機程式便要直接跳到應用程式的進入點（entry point），這個點代表的是一個位址，位址的數值存放在64000400h這個地方，由圖2-20可觀察出來。為了清楚明瞭開機後的每一個動作，底下列出開機程式的程式碼。

檔名為《boot.asm》

```
COPY_TABLE      .equ        0x64000400          ;程式區塊起始點（與使用的DSK有關）
                .sect ".boot_load"
                .global _boot

_boot:                                          ;開機程式進入點
        mvkl    COPY_TABLE, a3                  ;載入程式區塊起始指標
        mvkh    COPY_TABLE, a3

        ldw             *a3++, b1               ;讀取應用程式的進入點

copy_section_top:
        ldw             *a3++, b0               ;讀取區塊的大小
        ldw             *a3++, a4               ;讀取載入區塊的位址
        nop             3
```

```
[!b0]           b copy_done                 ;如果所有區塊已搬運完畢，跳到copy_done
        nop                 5                           ;否則繼續搬運區塊

copy_loop:
        ldb                 *a3++,b5        ;複製區塊到DSP的記憶體
        sub                 b0,1,b0                     ;搬運的大小減一
 [ b0]          b copy_loop                 ;檢查搬運完否？
 [!b0]          b copy_section_top
        zero    a1
 [!b0]          and                 3,a3,a1
        stb                 b5,*a4++
 [!b0]          and                 -4,a3,a5
 [ a1]          add                 4,a5,a3
copy_done:
        b                   .S2 b1                      ;跳到應用程式的進入點，應用程式運行起來
        nop                 5
```

總而言之，開機程式主要的動作就是將應用程式的每個區塊複製到DSP的記憶體上面，應用程式除了包含各個區塊之外，還有一個程式的進入點也要燒在flash memory裡。當開機程式搬完所有區塊之後，要跳到應用程式的進入點，如此一來應用程式就能在DSK板子上面執行了。

CHAPTER 2

▩ 應用程式的專案檔

要讓應用程式變成standalone模式，必須修改一下專案檔，絕不能採用原先的專案檔，因為那只能適用在CCS環境下載入的格式。對於stand-alone的專案檔裡面除了加入應用程式檔案之外，還要加入開機程式（boot.asm），然後在一起編譯，如圖2-21所示。

區塊的規劃方面，開機區塊放在最前面的1 Kbytes，緊接後面才放應用程式的區塊。組譯之後產生的map檔如下，應用程式的進入點在00001560h，開機區塊（BOOT）放在最前面，程式碼區塊（IP_MEM）放在00000400h之後，資料區塊（ID_MEM）則放在00030000h之後。

檔名為《tone.map》的部分內容

```
OUTPUT FILE NAME:   <./Debug/Tone.out>
ENTRY POINT SYMBOL: "_c_int00"  address: 00001560

MEMORY CONFIGURATION

name            origin          length          used            attr        fill
-----   --------        ---------       --------        ----        --------
BOOT                    00000000        00000400        00000060        RWIX
IP_MEM                  00000400        0002fc00        00001768        R  X
ID_MEM                  00030000        000d0000        000013fc        RW
SDRAM                   80000000        01000000        00000000        RW
```

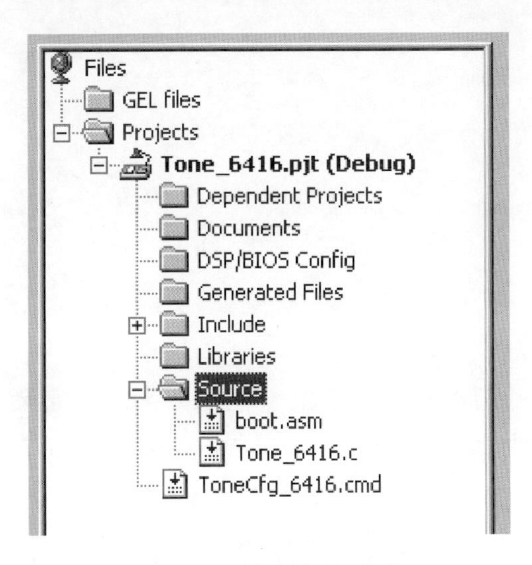

圖2-21　應用程式的專案檔

▩ 燒入flash

爲了方便開機程式搬運每個區塊，我們觀察在圖2-20的右半邊，開機區塊與應用程式區塊存放的方式似乎與COFF格式有些不一樣，要怎麼轉換COFF格式變成boot loader所想要的格式呢？在德州儀器的工具中，有個轉換的軟體『hex6x.exe』可以容易地轉換COFF格式成16進制的檔案。該軟體放在\CCStudio\C6000\cgtools\bin\目錄下，此外本書也提供範例程式讓讀者瞭解其用法。

轉換COFF檔案的第一步驟，把hex6x.exe、tone_hex.cmd（指令檔）、以及tone.out（COFF檔）放在同一個目錄下。在命令列的模式下，輸入「hex6x tone_hex.cmd」執行後，就可產生tone.hex檔案作爲開機程式之用，其中tone_hex.cmd就是轉換的指令檔，底下列出其的內容。

檔名為《tone_hex.cmd》

```
tone.out                                   ;欲轉換的COFF檔
-a                                         ;轉成ASCII hex的輸出檔案
-memwidth  8                               ;輸出檔案以符合8-bit Flash晶片
-map tone_hex.map
-boot                                      ;建立開機程式表
-bootorg 0x64000400                        ;載入的位址與DSK有關
-bootsection .boot_load 0x64000000
                                                    ;.boot_load區塊放到開機區塊

ROMS
{
        FLASH:    org = 0x64000000, len = 0x80000,
                          romwidth = 8, files = {tone.hex}
}
```


經過hex6x.exe轉換之後，產生一個hex格式的檔案，這個轉換後的檔案我們可以以text的型態打開。在tone.hex檔案裡面可以看到兩個部份，如下圖所示：一個部份是開機程式，定義爲「.boot_load」區塊要寫到64000000h位址；另一部份爲應用程式，則必須寫到64000400h位址上。在位址前面有個特殊的識別符號$A，應該是用來辨識位址或是程式碼之用的。

```
$A64000000,
5A A3 80 00 00 80 00 00 00 00 00 00 28 00 82 01 68 00 B2 01 66 36 8C 00
66 36 0C 00 64 36 0C 02 00 40 00 00 12 06 00 30 00 80 00 00 26 36 8C 02
C2 29 00 00 92 01 00 20 12 FF FF 3F 58 A3 80 00 F0 69 8C 30 36 36 90 02
F0 89 8F 32 40 89 94 81 62 03 04 00 00 80 00 00 00 00 00 00 00 00 00 00
$A64000400,
60 15 00 00 C0 14 00 00 00 04 00 00 28 F0 89 02 68 00 80 02 62 13 14 00
28 66 89 01 E8 01 80 01 52 9C FF 07 DA 1F 0C 02 F1 9A 3C 02 FF 32 80 01
29 18 00 03 62 01 83 01 28 F0 89 01 68 00 80 01 62 13 0C 00 42 BD BD 02
2A 7E 09 02 EA 01 00 02 62 01 84 01 F1 18 14 02 28 18 00 03 28 F0 89 01
```

```
68 00 80 01 62 13 0C 00 42 3D BF 02 2A 96 09 02 EA 01 00 02 62 01 85 01
F1 18 14 02 28 18 00 03 28 F0 89 01 68 00 80 01 62 13 0C 00 2A AE 09 02
EA 01 00 02 28 4A 00 02 62 01 86 01 29 18 00 03 B0 9A 3C 02 E2 03 04 02
E3 03 04 02 F2 29 90 02 F2 C9 13 02 A2 03 90 00 EE 25 00 03 00 20 00 00
...
以下省略
```

接下來的動作我們要想辦法將該檔案燒到快閃記憶體裡面，雖然德州儀器也提供燒錄flash memory的工具，叫做FlashBurn。不過本書設計一個簡易的燒錄程式，利用BSL函式庫裡的燒錄函式，將hex檔案的內容寫入快閃記憶體裡，使用上非常簡單。讀者可參考所附光碟裡專案檔（FlashBurn.pjt）的內容。

由於hex檔內的格式是爲了方便德州儀器工具讀取，並不適合用於自行開發的燒錄程式，所以我們要先轉換hex檔變成一個C檔案，這裡提供一個「HexToFlashBurn.exe」工具，只要輸入「HexToFlashBurn *.hex」執行後，此工具會產生一個input.c檔。我們將這個C檔案加入FlashBurn的專案檔裡，編譯之後再利用CCS的開發環境載入DSK板子上執行，這樣就能將開機程式與應用程式寫入快閃記憶體裡了。

產業界的做法是，先利用燒錄器將相關的執行檔燒到快閃記憶體裡面，因此可以大量複製和生產出內含執行檔的快閃記憶體晶片，接下來生產板子的過程再焊上快閃記憶體晶片。這裡乃因爲實驗之故，所以我們才自行寫一個類似燒錄器的小工具。底下附上燒錄的程式碼：

```
#define            BOOT_CODE         DSK6416_FLASH_BASE
#define            APP_CODE          (DSK6416_FLASH_BASE+0x400)

/*
 * main() - Main code routine, initializes BSL
 */

void main()
{
   DSK6416_init();

   //抹除flash的內容
   DSK6416_FLASH_erase(DSK6416_FLASH_BASE,
                        DSK6416_FLASH_SIZE);
```

```
    //寫入開機程式
    DSK6416_FLASH_write((Uint32)boot_code, BOOT_CODE,
                        sizeof(boot_code));

    //寫入應用程式
    DSK6416_FLASH_write((Uint32)app_code, APP_CODE,
                        sizeof(app_code));

    printf("Standalone is ready!!!\n");
}
```

2.3.6 FlashBurn工具的使用

將程式碼燒入DSK上面，除了前面一節所描述的方法之外，德州儀器也提供一項燒錄的工具，名爲FlashBurn，以方便使用者運用。在使用這項工具時，須遵守下列的步驟。

步驟一：

在專案檔（.prj）中，除了原本的程式檔案之外，還要加入boot.asm與userlinker.cmd這兩個檔案，然後一起編譯成爲輸出檔（.out）。其中，boot.asm是用來執行開機後所需的工作，如前一節所列，而該段程式碼在記憶上的配置則定義於userlinker.cmd裡面。

注意：因爲.cdb中的設定也會自動產生一個組譯命令檔（.cmd），此檔案無法由使用者修改其內容，爲了指定boot.asm在記憶上的配置，我們才特別增加另一個userlinker.cmd，其內容如下所示。

檔名為《userlinker.cmd》

```
/*
 * userlinker.cmd
 *
 * This file is a user specified linker command file that adds a logical
 * memory section called .boot_load whose contents should be put in the
 * physical BOOT section specified in the BIOS configuration file post.cdb.
 *
```

CHAPTER 2

```
 * postcfg.cmd is the auto-generated linker command file that reflects
 * the BIOS configuration settings in the file post.cdb.  The main
 * memory section definitions and libraries that need to be linked in are
 * all specified there.  The Code Composer project for the POST uses
 * userlinker.cmd as its linker command file.  Post.cmd in turn includes
 * postcfg.cmd to create a full set of linker definitions.
 */
-l postcfg.cmd

SECTIONS
{
        .boot_load > BOOT
}
```

然而，由於一個專案檔中只允許單一.cmd，所以在編譯前必須將該自動產生的.cmd設成「Exclude file from build」。首先將游標移至該.cmd檔案上，之後按滑鼠右鍵，選擇「File Specific Options」，彈出一個小視窗，如圖2-22所示，再勾選「Exclude file from build」選項。

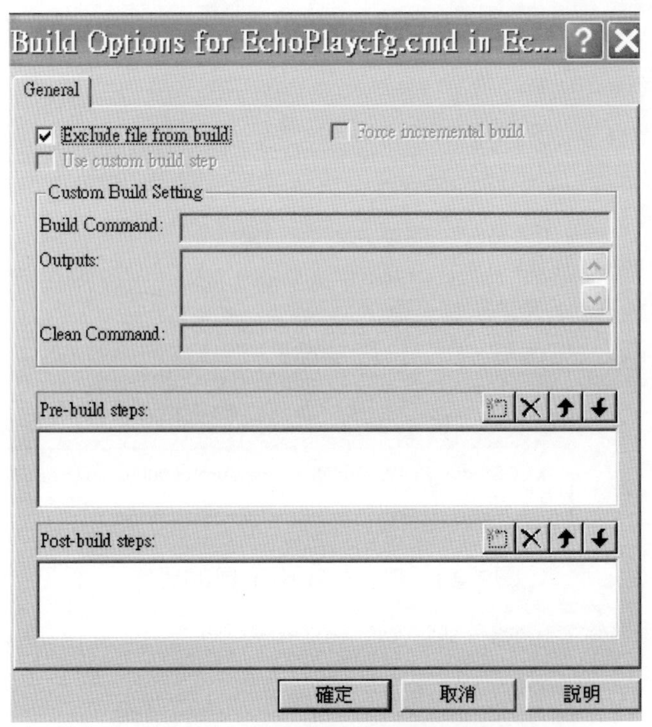

圖2-22　組譯命令檔的特殊配置

步驟二：

編輯一個my_hex.cmd組譯命令檔，其內容與前一節的tone_hex.cmd類似。然後到DOS Command Mode下執行：hex6x my_hex.cmd轉換的動作，則可獲得一個xxx.hex。

步驟三：

在CCS的Tools工具列中執行FlashBurn選項，此時會啓動FlashBurn工具視窗，如圖2-23所示。首先編輯一個配置檔（.cdd），放至「Program」中，接著選「Program Flash」即開始燒錄。

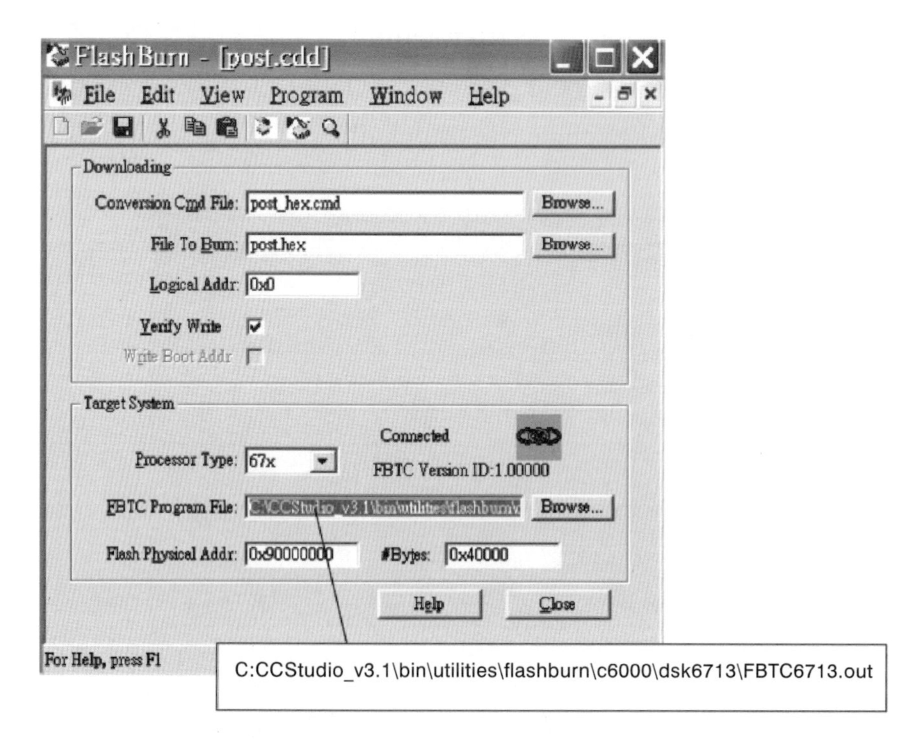

圖2-23　FlashBurn工具的設定

2.4 工業控制平台F2812

德州儀器提供C2000系列的晶片應用在工業控制、監測、量測方面，值得注意的是工業與一般消費電子不同，使用在工業上的晶片必須具有更嚴格的電氣特性，比如溫度容忍、耐電壓、耐電流等等容許值都比消費性電子的標準更加嚴苛。就晶片核心而言，C2000系列晶片爲16 / 32-bit的微控晶片，其中只有24x系列爲16-bit，28x系列都是32-bit的處理器。現今處理器多數都升級到32-bit，因此28x成爲市場上的主力產品。我們在根據運算能力來看，28x系列主要細分成浮點運算的Delfino系列（2833x / 2834x）和定點運算（280x / 281x / 282x）。

C2000系列的Delfino晶片浮點運算時脈最快可達300MHz，而定點運算晶片的時脈則最高只可達150MHz，並不算特別快，比較偏向MCU等級的晶片。另外一個特點，與其他系列比較不同的地方，在於晶片編號前的C與F，依據晶片有無內建快閃記憶體區分成C2x與F2x兩類。其中，C系列『沒有』內建快閃記憶體，F系列則有內建，兩者的價格截然不同。內建快閃記憶體的好處就是開機快速方便，不用從DSP晶片的外部再載入執行檔，我們只要將執行檔燒入到DSP內部即可。

由於F2x系列內建快閃記憶體，可直接存放執行檔，使用上更加便利，本章節特別針對TMS320F2812 DSP晶片介紹。圖2-24是一塊F2812的控制板，圍繞在DSP晶片周邊的IC主要有SRAM、flash memory、網路。這塊控制板可以提供網路的監控、GPIO周邊控制、RS-232/485的控制，還可以再擴充子板，以便增加其他的功能，比如ADC或DAC的量測。

▩下載範例

初學者想要開發C2000平台也不用太擔心，因爲德州儀器有提供晶片的範例程式，只要上公司的網站，進到各類晶片系列的說明，就可以找到底下的軟體資料。

圖2-24 TMS320F2812控制板[6]

- 「C280x, C2801x C/C++ Header Files and Peripheral Examples」，v1.70
- 「C281x C/C++ Header Files and Peripheral Examples」，v1.20
- 「C2833x/C2823x C/C++ Header Files and Peripheral Examples」，v1.31

當我們下載之後，安裝到電腦，便可看到如圖的目錄所示，包含範例程式、暫存器的定義存放在標頭檔裡。在範例目錄底下，德州儀器提供周邊操作的範例工使用者開發，包含的周邊介面有：ADC、GPIO、SCI、SPI、McBSP、PWM等。初學者只要依照範例的說明，花點時間研究，應該很容易上手。

6 漢亞科技所設計

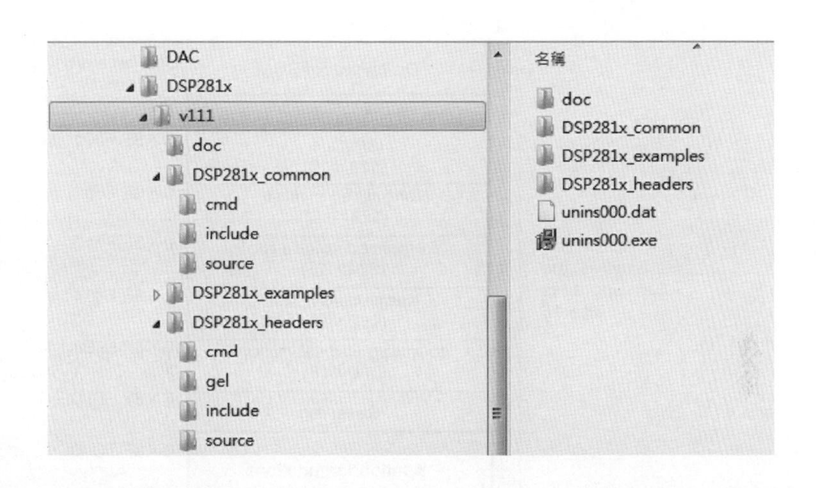

本節主要介紹F2812晶片的使用，因爲內建快閃記憶體，用來存放執行檔，所以初學者要學習如何自行開機運行（standalone）。此外，F2812的週邊介面如何與外部IC的連接和通訊，如同前面章節所說明一樣，給初學者一個概念。

2.4.1 如何自行開機

在F2812內部記憶體配置中，有一塊記憶體ROM被晶片規畫存放開機程式碼之用，而且在F2812晶片出廠時已經燒錄好基本的開機碼了。這塊ROM的起始位址從0x3FF000到0x3FFFFF，總共有4K word的長度。當中，這區塊的開機記憶體又被細分爲數個小區塊，每一小區塊都有特殊的用途，如圖2-25。其中，0x3FFC00起始的位址存放著boot loader程式碼，以及開機模式的選擇。0x3FFFC0的位址存放reset vector，主要是處理一個狀況，就是當DSP晶片被reset之後，晶片內部自動跳到第一個執行的位址。

欲存取這塊記憶體必須將XMP/MC接腳拉爲低電位，如果高電位代表記憶體的位址對應到外部記憶體，於是F2812可以透過Zone-7（類似EMIF中的區塊）存取到外部的記憶空間。一般而言，要作爲standalone的系統，電路設計上都會將XMP/MC接腳接地，因此DSP可以先讀取boot ROM內

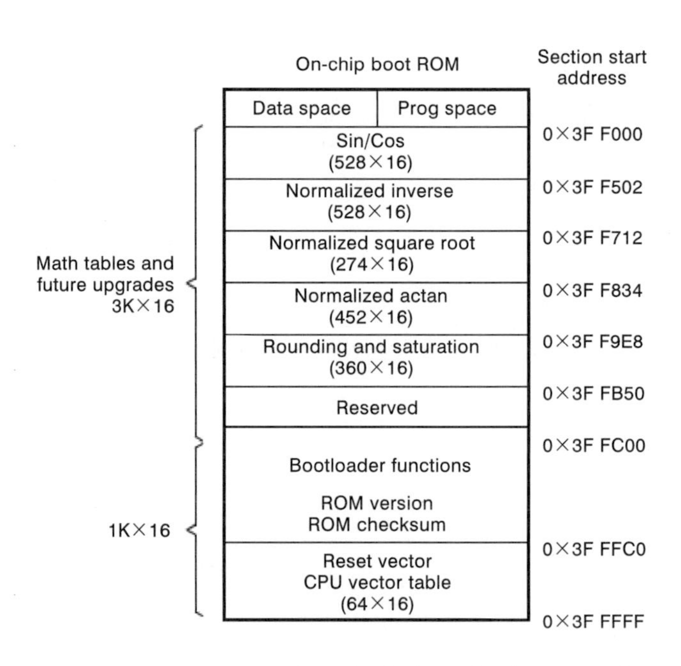

圖2-25　Boot ROM內部規劃的區塊（參考[8]）

的命令。等到開機成功後，我們再去設定XINTCONF2暫存器中的MP/MC欄位為1，切換成存取Zone-7的模式。下一節會說明甚麼是Zone，參考圖2-27。

> MP/MC欄位為0：Micro Computer模式，這塊記憶空間做為BootROM。
>
> MP/MC欄位為1：Micro Processor模式，這塊記憶空間做為Zone-7。

因為硬體電路將XMP/MC接腳接地，開機時Boot ROM會被存取。當電源打開或者DSP晶片被reset之後，晶片內部執行指標會跳到位址0x3FFFC0執行第一個指令，也就是擷取向量表（vector table）的第一個函式位址（InitBoot）之後，如下所示，然後再跳到這個函式執行。

Reset Vector向量表

```
    .sect ".BootVecs" // 用來規劃向量表的起始位址，從0x3FFFC0開始

    .long  _InitBoot  // 開機之後，跳到這個函式
    .long  0x000042
    .long  0x000044
    .long  0x000046
    .long  0x000048
    .long  0x00004a
(省略)
    .long  0x00007c
    .long  0x00007e
```

在重置向量表中，這個InitBoot函式存放在ROM裡面，由晶片出廠時燒入。函式主要的工作有：初始化堆疊指標（SP－Stack Pointer），設定好DSP晶片的工作模式，然後才跳到主程式開始執行。這裡講的主程式可不是我們的main喔，跳到主程式指的是開機程序中的主程式，可別搞錯了。

開機程序主程式的工作就是偵測開機模式，然後執行其中的一個模式。所謂『開機模式』有多種方式可供開發人員選擇，這與整個系統電路設計有關，也就是我們希望把執行檔存放在哪兒，來決定如何開機。比如說，從外部的EEPROM載入執行檔、跳到DSP內部快閃記憶體位址（0x3F7FF6）開始執行、跳到DSP內部的OTP位址執行、或者跳到DSP內部的SARAM位址（0x3F7FF6）開始執行…等等各種選項。整個開機流程如下：

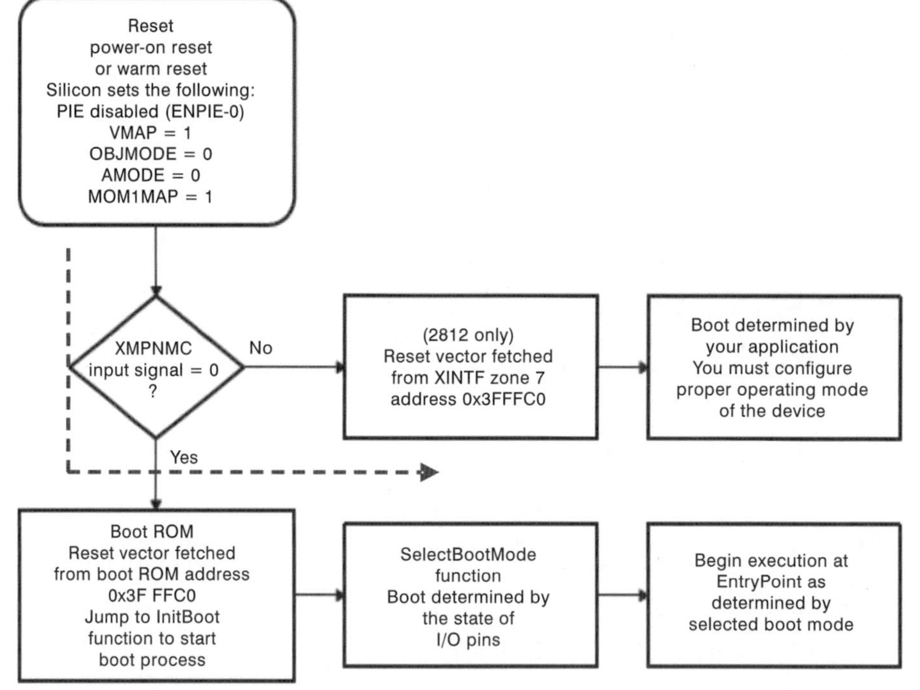

Note: On the F2810 the XMPNMC input signal is tied low internally on the device, and therefore boot from reset is always from the intemal boot ROM.

▩ 開機模式的設定

說到開機模式，我們有六個模式可選擇，哪種模式被執行是根據GPIO-F接腳的狀態來決定的，如下面表2-11所示。第一種、執行開機程式後，直接跳到內部快閃記憶體的位址0x3F7FF6，從這個位址開始執行應用程式。第二種、執行開機程式後，直接跳到內部SRAM的位址0x3F8000。第三種、開機程式之後跳到OTP（ROM的一種）的位址0x3D7800。

表 2-11　如何設定開機模式

BOOT MODE SELECTED	GPIOF 4 (SCITXDA)	GPIOF 12 (MDXA)	GPIOF 3 (SPISTEA)	GPIOF 2 (SPICLK)
GPIO PU slatue⇧	PU	No PU	No PU	No PU
Jump to Flash/ROM address 0x3F 7FFB A branch Instruction must have been programmed here prior to reset to re-direct code execution as deslied.	1	X	X	X
Calt SPI_Boot to load from an extemal serial SPI EEPROM	0	1	X	X
Call SCI_Boot to load from SCI-A	0	0	1	1
Jump to HD SARAM address 0x3F8000	0	0	1	0
Jump to OTP address 0x3D 7800	0	0	0	1
Call Paraliel_Boot to load from GPIO Port B	0	0	0	0

以上三種模式都是將應用程式的執行檔存放在DSP內部的記憶體，所以必須事先把程式燒錄在內部快閃記憶體之中。實際上，CCS套件提供燒錄DSP晶片內部flash memory的工具。只要我們安裝燒錄工具的軟體之後，在工具列的Tools選單裡會出現一個「F28xx On-Chip Flash Programmer」的工具，如下圖所示。DSP F2812內部快閃記憶體的位址是從0x3D8000到0x3F7FFF，該範圍是這工具能夠燒錄的區塊。因此，系統預設的情況是從內部快閃記憶體開始執行應用程式，也就是會從位址0x3F7FF6開始。

另外還有三種開機模式，應用程式碼都是存放在DSP的外部（如：EEPROM），必須透過DSP的通訊介面將應用程式碼載入到DSP晶片的內部，對於初學者來說屬於進階的課程，有興趣研究的話，可以參考[8]。

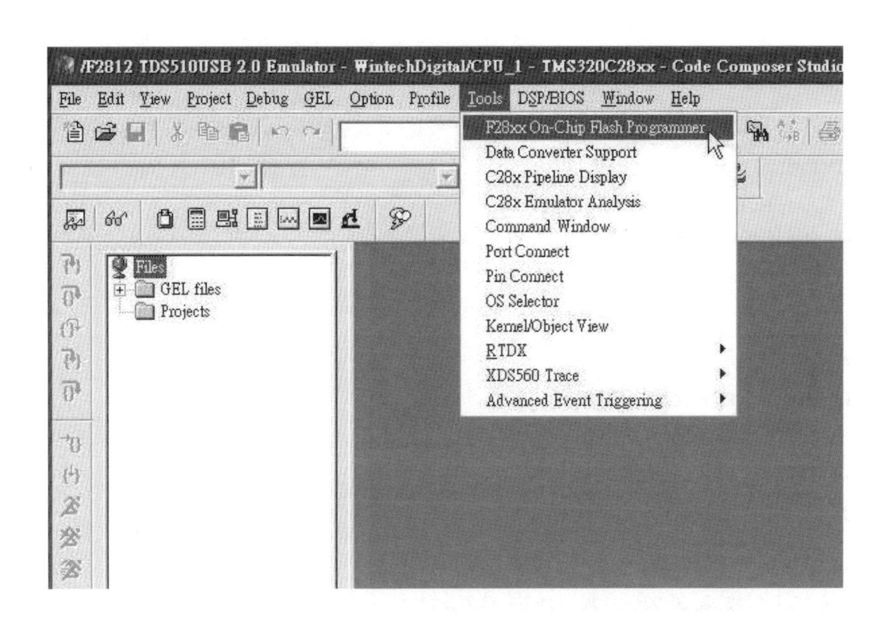

▩ 燒錄流程

打開「F28xx On-Chip Flash Programmer」的工具之後，跳出一個小視窗，如圖所示。我們必須輸入DSP的OSCCLK爲30，然後PLLCR Value設爲10，因此SYSCLKOUT會得到150。

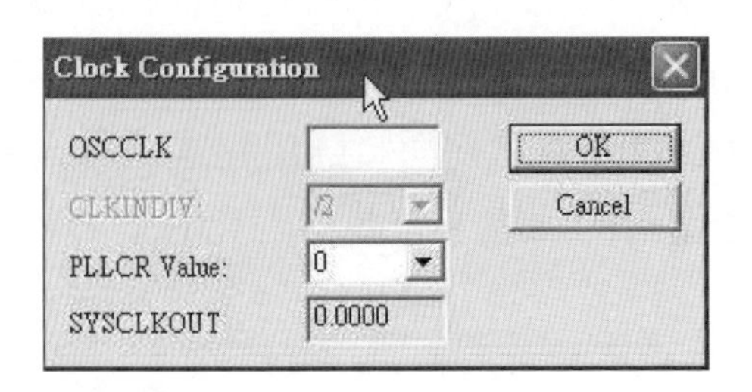

上述的視窗按下OK鍵之後，跳出另一個小視窗，如圖所示。只要設定好Flash API檔案後，按下OK鍵之後我們就可以看到一個大視窗，如圖2-26所示。只要載入欲燒錄的out檔案，然後按下「Execute Operation」之後，燒錄工具便會把out檔案燒到DSP內部flash memory裡面。最後一步，將DSP仿眞器從板子上移除，接著重新開啓電源。按下reset鍵，整個系統就能獨立運作了。

Flash Programmer Settings
Select DSP Device to Program
F2812
Options
Load Symbols
Display Tooltips
Display Diagnostics
Save Clock Settings
OK
Cancel
Help...
Select version of Flash API Interface file:
C:\CCStudio_v3.3\plugins\Flash28xx\Algorithms\2812\FlashAPIInterface2812V2_1
Browse...

千萬記得：先不要設定左方的密碼，以免DSP被鎖住。等到整個開發過程都完成後，我們就可以設定密碼來保護程式碼，以防他人讀取。

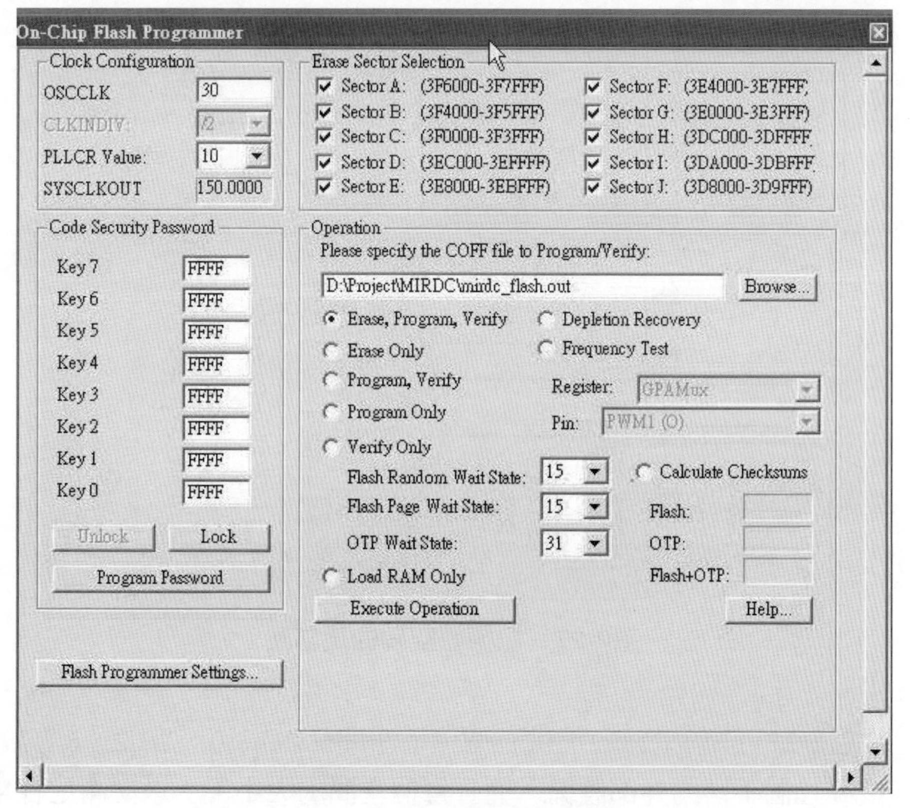

圖2-26　燒錄程式的畫面

2.4.2 周邊介面

F2812晶片有一個介面可做爲擴充之用，像擴充外部記憶體以增加記憶容量、擴充外部的快閃記憶體以增加儲存容量、或者擴充與其他晶片的連接…等通訊的功能。每顆DSP晶片都有擴充介面，但不是每顆記憶體映射都相同，也不一定都支援所有的記憶體。像F2812這個介面只支援非同步性的通訊介面，所以無法與SDRAM這類同步記憶體相連。介面的接腳主要由CS、R/W、WE、RD、位址線與資料線等接腳所組成，如圖2-27所示。其中，資料的匯流排可以提供最大16-bit的傳輸量，位址線有19條，最大可定址219。

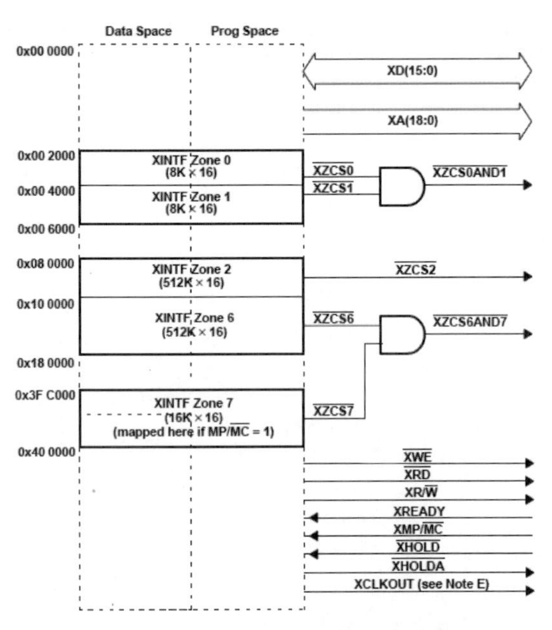

圖2-27　記憶體空間的規劃圖

從圖2-27可知，F2812提供五個位址空間（Zone 0、1、2、6、7）可以連接到五個不同的外部設備，而且每個空間的大小不一以便滿足各類設備的需求。Zone-0/1提供最多8K word（0x004000 - 0x002000＝0x2000）

的記憶空間大小，Zone-2/6提供512K word（0x80000）的記憶空間大小，Zone-7提供16K word的大小。

以本書的工業控制板為例，該控制板將外部快閃記憶體連接到Zone-2。另外，外部的SRAM晶片則連接到Zone-6。其中，快閃記憶體的容量大小為512K words （0x080000~0x0FFFFF），外部的SRAM容量則為256K words （0x10000~0x13FFFF）。由於外接設備的電子特性（如：存取的時間）皆不相同，所以F2812針對每個Zone的特性透過暫存器給予適當的配置。有關暫存器的設定，請參考[10]的第四章。

關於XINTF的暫存器群組，如下表2-12所示。其中，每個Zone都對應一個時脈控制暫存器（XTIMING），我們必須根據外部設備的存取特性，給這個暫存器正確的數值，否則DSP無法順利讀寫控制外部設備。也就是說，通訊介面的時序參數是由這個暫存器所決定的。另外，暫存器（XINTCNF2）則是針對介面的I/O配置，像是XCLKOUT是否輸出、輸出時脈的模式等等。

表2-12　XINTF暫存器群組

Name	Address	Size (×16)	Description
XTIMING0	0x0000-0B20	2	XINTF Timing Register, Zone 0
XTIMING1	0x0000-0B22	2	XINTF Timing Register, Zone 1
XTIMING2†	0x0000-0B24	2	XINTF Timing Register, Zone 2
XTIMING6	0x0000-0B2C	2	XINTF Timing Register, Zone 6
XTIMING7	0x0000-0B2E	2	XINTF Timing Register, Zone 7
XINTCNF2‡	0x0000-0B34	2	XINTF Configuration Register
XBANK	0x0000-0B38	1	XINTF Bank Control Register
XREVISION	0x0000-0B3A	1	XINTF Revision Register

† XTIMING3, XTIMING4, XTIMING5 are reserved for future expansion and are not currenfly used.

‡ XINTCNF1 is reserved and not currently used.

CHAPTER 2

設定XINTCNF2暫存器

```
// All Zones
// Timing for all zones based on XTIMCLK = 1/2 SYSCLKOUT
XintfRegs.XINTCNF2.bit.XTIMCLK = 1; //(75 MHz, i.e., 13.3 ns)
// No write buffering
XintfRegs.XINTCNF2.bit.WRBUFF = 0;
// XCLKOUT is disabled
XintfRegs.XINTCNF2.bit.CLKOFF = 1;
// XCLKOUT = XTIMCLK/2
XintfRegs.XINTCNF2.bit.CLKMODE = 1;
```

程式說明：

XintfRegs是擴充介面的暫存器，對應到位址0x000B20，用來設定Zone的特性。首先，要設定好介面的操作時脈，這個操作時脈是由DSP的內部時脈（SYSCLKOUT）所產生的，在此我們選定內部時脈的一半做爲操作時脈。

▩ 外部SRAM介紹

以本書的控制板爲例，其採用的外部記憶體是非同步性的RAM，不同於常見的DRAM。兩者的比較SRAM的存取速度較快，DRAM因爲需要不斷地對內部充電否則資料匯流失，所以存取速度不像SRAM快。不過，DRAM製造出來的容量比SRAM大。

SRAM製造商[11]提供兩種不同的顆粒，唯一的不同點分別是存取速度10 ns或12 ns。然而，SRAM的讀寫特性請參考[11]的第6頁與第8頁，這將影響底下程式碼裡有關暫存器的配置。至於XTIMING暫存器的LEAD、ACTIVE、TRAIL欄位設定，這裡提供一個時序範例圖，如圖2-28所示。圖中的LEAD、ACTIVE、TRAIL欄位都設爲2，於是XRD/XWE產生如下的時序變化。就電路圖而言，F2812的XRD接腳連到SRAM的OE（Output Enable）接腳，F2812的XWE接腳連到SRAM的WE（Write Enable）接腳。

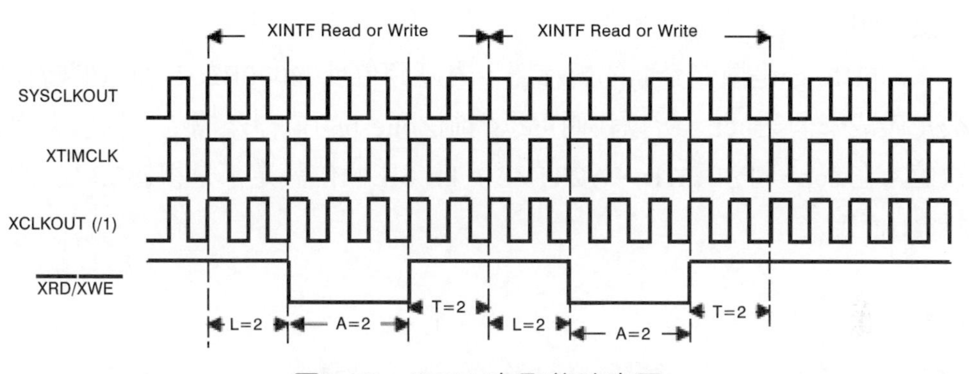

圖2-28 SRAM存取的時序圖

因此，以SRAM讀寫的設定來看，有兩個步驟要注意：

- 先設定好Zone-6的暫存器，參考下面的程式碼。
- 透過Zone-6的位址存取SRAM記憶體。

設定Zone-6的XTIMING6暫存器

```
// Zone 6 (External SRAM) 以10 ns顆粒為例
// When using ready, ACTIVE must be 1 or greater
// Lead must always be 1 or greater
// Zone write timing
XintfRegs.XTIMING6.bit.XWRLEAD = 1;
XintfRegs.XTIMING6.bit.XWRACTIVE = 1;
XintfRegs.XTIMING6.bit.XWRTRAIL = 1;
// Zone read timing
XintfRegs.XTIMING6.bit.XRDLEAD = 1;
XintfRegs.XTIMING6.bit.XRDACTIVE = 1;
XintfRegs.XTIMING6.bit.XRDTRAIL = 1;

// double all Zone read/write lead/active/trail timing
XintfRegs.XTIMING6.bit.X2TIMING = 0;     // (x1)

// Zone will sample XREADY signal
XintfRegs.XTIMING6.bit.USEREADY = 0;     //不使用XREADY
//XintfRegs.XTIMING6.bit.READYMODE = 1;  // sample asynchronous

// Size must be 1,1 - other values are reserved
XintfRegs.XTIMING6.bit.XSIZE = 3;        // 16-bit的資料匯流排
```

程式說明：

XintfRegs是擴充介面的暫存器，對應到位址0x000B20。而這個暫存器被定義成一個struct，所以我們可以控制Zone-6的暫存器欄位，給予適當的數值。在Zone-6的LEAD、ACTIVE、TRAIL欄位設定都是根據SRAM的資料[11]而定。

SRAM存取的測試

```
int TestSram(Uint16 init)
{
        Uint32     i;
        Uint16     *Addr = (Uint16 *) SramStartAddr;
        Uint16     Data;

        // Write to SRAM
        for(i = 0; i < g_iRamSize; i++)
                *(Addr+i) = (i + init) & 0xfff;

        // Read back and compare
        for(i = 0; i < g_iRamSize; i++)
        {
                Data = *(Addr+i);
                if( Data != ((i + init) & 0xfff) )
                        return -1;
        }

        return 0;
}
```

程式說明：

根據Zone-6的位址表，SramStartAddr定義爲SRAM的起始位址，從0x100000到0x140000，容量大小爲0x40000（256K word），每次讀寫的資料以16-bit爲長度。

▩ 外部快閃記憶體介紹

以本書的控制板爲例，其採用的外部快閃記憶體是製造商SST的 8Mb flash memory，該晶片有兩種存取速度的顆粒，分別是70 ns或90 ns，參考[12]。每顆快閃記憶體晶片的儲存單位主要以block或者sector爲主，其中sector是最小的儲存單位，也就是說每次寫入必須以一個sector爲單位。然而block是比sector大些的儲存單位，在清除資料時，可以以sector或block爲單位。

以8Mb flash memory而言，晶片包含256個sectors，每個sector大小爲2K word 。每個block由16個sectors組成，所以每個晶片有16個blocks。不同的flash則有不同個數的sector與block。Flash的讀寫有幾個步驟要注意：

- 先設定好Zone-2的暫存器，參考下面的程式碼。
- 寫入flash memory的時候，以sector為單位。先清除sector的內容，然後才能寫入sector裡。沒有做清除的動作則無法寫入。
- 讀取flash memory的時候，只要從Zone-2對應的位址上就能讀出flash memory的內容。

設定Zone-2的XTIMING2暫存器

```
// Zone 2 (External Flash)
// When using ready, ACTIVE must be 1 or greater
// Lead must always be 1 or greater
// Zone write timing
XintfRegs.XTIMING2.bit.XWRLEAD = 1;  // 1 XTIMCLK cycle
XintfRegs.XTIMING2.bit.XWRACTIVE = 1; // 1 XTIMCLK cycle
XintfRegs.XTIMING2.bit.XWRTRAIL = 3;  // 3 XTIMCLK cycle
// Zone read timing
XintfRegs.XTIMING2.bit.XRDLEAD = 1;             // 1 XTIMCLK cycle
XintfRegs.XTIMING2.bit.XRDACTIVE = 3;  // 3 XTIMCLK cycle
XintfRegs.XTIMING2.bit.XRDTRAIL = 1;   // 1 XTIMCLK cycle

// double all Zone read/write lead/active/trail timing
XintfRegs.XTIMING2.bit.X2TIMING = 0;  // (x1)

// Zone will sample XREADY signal
XintfRegs.XTIMING2.bit.USEREADY = 1;
//XintfRegs.XTIMING2.bit.READYMODE = 1;  // sample asynchronous

// Size must be 1,1 - other values are reserved
XintfRegs.XTIMING2.bit.XSIZE = 3;         // 16-bit的資料匯流排
```

程式說明：

XintfRegs是擴充介面的暫存器，對應到位址0x000B20。而這個暫存器被定義成一個struct，所以我們可以控制Zone-2的暫存器欄位，給予適當的數值。在Zone-2的LEAD、ACTIVE、TRAIL欄位設定都是根據Flash的資料[12]而定。

▩ 讀取目前flash晶片的資料

```
Uint16 FlashChipInfo (void)
{
	volatile int i;
	Uint16	ManuCode, DeviceCode;

	*(FlashStart + 0x5555) = 0xAA; // 寫入特殊的資料，代表讀取資料
	*(FlashStart + 0x2AAA) = 0x55;
	*(FlashStart + 0x5555) = 0x90;

	for(i = 0; i < 100; i++); // 必需等待150 ns
	ManuCode = *(FlashStart + 0);
	DeviceCode = *(FlashStart + 1);

	*(FlashStart + 0x5555) = 0xAA; // 寫入特殊的資料，代表動作結束
	*(FlashStart + 0x2AAA) = 0x55;
	*(FlashStart + 0x5555) = 0xF0;

	if( SST_ID == ManuCode )
	{
		if( SST_39VF400 == DeviceCode ) // 4Mb的快閃記憶體
		{
			g_iSectorNum = 128;  // 128個sectors
			g_iBlockNum = 8;     // 8個blocks
		}
		else if( SST_39VF800 == DeviceCode ) // 8Mb的快閃記憶體
		{
			g_iSectorNum = 256;  // 256個sectors
			g_iBlockNum = 16;    // 16個blocks
		}

		return DeviceCode;
	}

	return 0;
}
```

程式說明：

這個程式的功能是讀取flash memory晶片的基本資料，根據datasheet [12]的第六頁，說明了取得晶片資料的步驟。

1.首先，對flash的位址0x5555寫入0xAA，再對位址0x2AAA寫入0x55，最後在位址0x5555寫入0x90。

2.經過這個特殊的步驟後，製造商的ID存放在位址0x0，晶片的ID則存放在位址0x01。取得了製造商ID與晶片ID之後，才能根據ID設定好sector與block的個數。

3.最後，再對flash memory寫入特殊的資料代表讀取晶片資料的動作已經結束了。

▩ 清除某個sector內的資料

```
int SectorErase (Uint16 SectorNum)
{
        Uint32 SectorAddr = SectorSize * (Uint32)SectorNum;

        if( SectorNum >= g_iSectorNum )
                return Invalid;

        *(FlashStart + 0x5555) = 0xAA; // 清除sector的特殊步驟
        *(FlashStart + 0x2AAA) = 0x55;
        *(FlashStart + 0x5555) = 0x80;
        *(FlashStart + 0x5555) = 0xAA;
        *(FlashStart + 0x2AAA) = 0x55;
        *(FlashStart + SectorAddr) = 0x30; // 設定哪一sector要清除

        //wait for 25 ms
        Wait(3);
        return (OK);
}
```

程式說明：

如同讀取晶片資料一樣，清除sector內容的步驟也是有一個特殊流程。最後必須等待25msec以確定資料清除完畢。底下是快閃記憶體的操作流程圖，其中前兩個是清除資料的方式，另一個是寫入資料的方式。

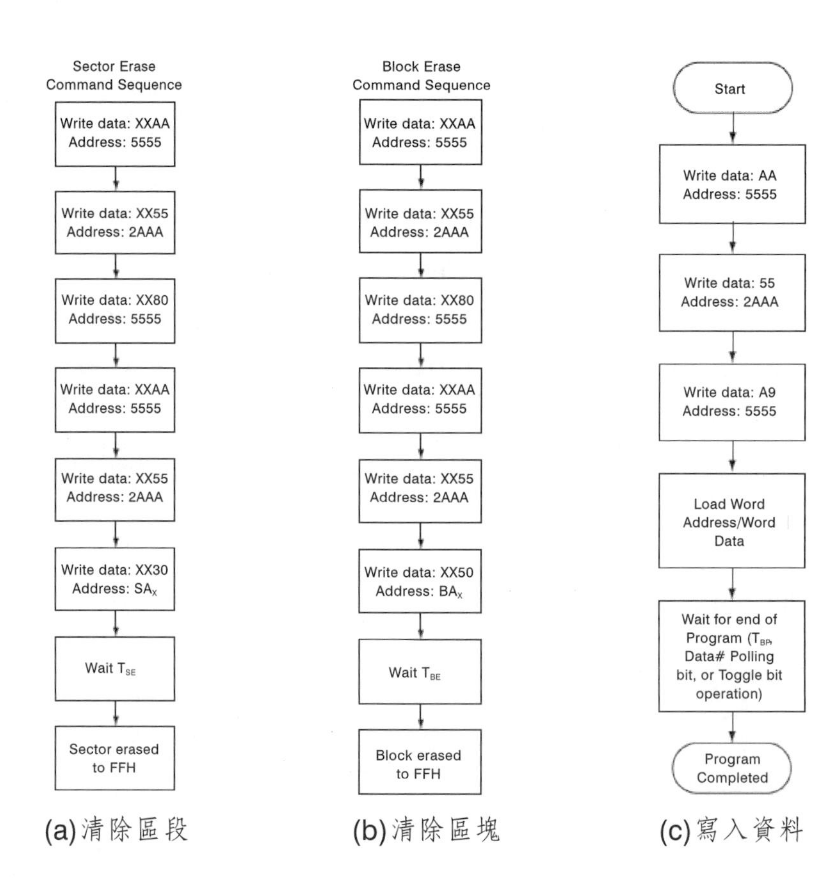

(a)清除區段　(b)清除區塊　(c)寫入資料

清除某個block內的資料

```
int BlockErase (Uint16 BlockNum)
{
        Uint32 BlockAddr = BlockSize * (Uint32)BlockNum;

        if( BlockNum >= g_iBlockNum )
                return Invalid;

        *(FlashStart + 0x5555) = 0xAA; // 清除block的特殊步驟
        *(FlashStart + 0x2AAA) = 0x55;
        *(FlashStart + 0x5555) = 0x80;
        *(FlashStart + 0x5555) = 0xAA;
        *(FlashStart + 0x2AAA) = 0x55;
        *(FlashStart + BlockAddr) = 0x50; // 設定哪一block要清除

        //wait for 25 ms
        Wait(3);
        return (OK);
}
```

程式說明：

如同清除sector內容的步驟一樣。最後也需要等待25msec以確定資料清除完畢。

▩ 清除整顆flash的資料

```
void FlashChipErase (void)
{
        *(FlashStart + 0x5555) = 0xAA;
        *(FlashStart + 0x2AAA) = 0x55;
        *(FlashStart + 0x5555) = 0x80;
        *(FlashStart + 0x5555) = 0xAA;
        *(FlashStart + 0x2AAA) = 0x55;
        *(FlashStart + 0x5555) = 0x10;
        //wait for 100 ms
        Wait(12);
}
```

程式說明：

如同清除sector內容的步驟一樣，唯一要留意的是等待的時間。

▩ 將資料寫入flash晶片的某一sector內

```
int FlashWrite (Uint16 StartSector, Uint16 *src, Uint32 Size)
{
        Uint16    TimeOut, VerifyData, SourceData;
        Uint16    SectorNum;
        Uint32    i, j, Len = 0;

        SectorNum = (Size % SectorSize) ?
                          (Size / SectorSize + 1): (Size / SectorSize);

        for(i = StartSector; i < StartSector+SectorNum; i++)
        {
                // 第一步、清除sector的內容
                if( SectorErase( i ) )
                          return (Incomplete);

                for(j = 0; j < SectorSize; j++)
                {
                          SourceData = *(src + j);
                          // 第二步、資料寫入sector裡
                          *(FlashStart + 0x5555) = 0xAA;
                          *(FlashStart + 0x2AAA) = 0x55;
```

CHAPTER 2

```
                                        *(FlashStart + 0x5555) = 0xA0;
                                        *(FlashStart + i*SectorSize + j) = SourceData;

                                        Len++;
                                        TimeOut = 0;

                                        // 第三步、從sector讀回資料以便確定寫入正確
                                        while( TimeOut++ < VERIFY_TIMES )
                                        {
                                                VerifyData = *(FlashStart + i*SectorSize + j);
                                                if( SourceData == VerifyData ) break;
                                        }

                                        if( TimeOut >= VERIFY_TIMES )
                                                return (VerifyErr);

                                        if( Len >= Size )
                                                return (OK);
                        }
                }

                return (OK);
}
```

程式說明：

寫入flash memory的動作有下列幾項步驟：

- 先計算寫入的資料需要佔用幾個sector。
- 清除sector的內容。
- 參考前面的程式流程圖，將資料寫入sector裡面。
- 從sector讀取資料確保寫入的動作無誤。

2.5 低功耗運算平台C5515

本章節將介紹低功耗運算的平台，低功耗主要應用在手持式裝置、不易取得電源的環境、環境監測量測等等。在C5000超低功耗的晶片系列中，分成C54x與C55x兩大類，C54x屬於早期發展的晶片，現在以C55x系列爲主流。此外，就晶片核心而言，這系列屬於16-bit的數位信號處理晶片，其周邊的匯流排最大的寬度也以16-bit長度爲主。

所謂『低功耗』，指的是在待機狀態下，功耗低於0.15mW，藉此延長電池使用壽命。然而，正常運行下的功耗則小於0.15mW / MHz，這裡的功耗與系統時脈（system clock）有關，也就是說時脈越高功率消耗越多。此外，就運算效能而言，C5000系列的晶片運算時脈最高可達150 MHz，相當於MCU等級的晶片，也具有處理語音方面的能力。接下來的介紹以C55x系列為主。

2.5.1 晶片介紹

初學者在使用C55x平台之前，應該先研究該系列中的DSP晶片在功能上到底有多少差別，以及在周邊上有哪些不同點，或哪些是C55x的特點。做足研究的功課之後，在開發的過程上才會比較好上手。

在C55x系列中，德州儀器在2010年推出C5504/05/14/15四款晶片屬於低功耗的DSP晶片，它們共同的介面主要有EMIF、USB、MMC/SD、SPI等等介面，另外也包含DMA功能。但是它們之間比較大的差別，像C55x5多了LCD介面、ADC（Analog to Digital Convertor）、硬體快速傅立葉（FFT）計算。

此外，另一個較特殊的功能，就是C551x內部有三個regulator[7]，讓晶片可跑在低速又省電的模式。其功能就是將晶片內部的電力使用分成三大『供電區』，如果某一區不需要用到電或者用電較低的話，我們的程式可以設定該供電區的電力配置，這樣才能讓電力使用上更加省電且有效率，這有點類似分區供電或是分區配電的概念。換言之，如果整顆晶片只有一個供電區，那電力配置就不夠有效率了。

表2-13，列出這四款晶片的主要差異，同時比較之間的價差。除此之外，很重要的一點這四顆晶片的pin腳完成相容，因此同樣的電路板可互換這四顆晶片。換言之，四款晶片的pin腳數目相同，pin腳所對應基本的功能也一樣。

---

[7] 電壓調節器（英文regulator，中文則沒有標準的說法）

表2-13　C55x晶片的比較表

比較項目		C5504	C5514	C5505	C5515
硬體pin腳	LCD介面	-	-	V	V
	ADC介面（10bit x 4）	-	-	V	V
	USB	V	V	V	V
晶片內部的功能	FFT計算	-	-	V	V
	regulators	1組	3組	1組	3組
	On-chip RAM	256 KB	256 KB	320 KB	320 KB
價格（以digikey只買單顆的價格）		$12-14	$15-18	$16-19	$20 USD
封裝方式		BGA-196 pin			

由於C55x平台屬於低功耗的平台，為了能節省電耗，晶片可以運作在不同的輸入時脈或者不同的操作電壓。比如說，TMS-320C5515AZCHA12：編號尾數為10，表示晶片可以執行在60或100 MHz，而尾數12表示則可以執行在75 或120 MHz。此外，為了低功耗，如果輸入電壓為1.05V，則只能運行在60或75 MHz，如果電壓升到1.3V，則可跑運行在100或120 MHz。

隨著產品線的擴展，德州儀器之後再推出C553x四款晶片擴大同系列晶片的多樣性。在regulator方面，再細分成1組、2組、3組，所以在供電區的配置多了些彈性。在價格方面，比起C551x則更加便宜，以滿足各類使用者的需求。

表2-14　C553x晶片的比較表

比較項目		C5532	C5533	C5534	C5535
硬體pin腳	LCD介面	-	-	-	V
	ADC介面（10bit x 4）	-	-	-	V
	USB	-	V	V	V
晶片內部的功能	FFT計算	-	-	-	V
	regulators	1組	2組	3組	3組
	On-chip RAM	64 KB	128 KB	256 KB	320 KB
價格（以digikey只買單顆的價格）		$4-6	$6-9	$8-11	$13-16
封裝方式		BGA-144 pin			

CHAPTER 2

▩ 周邊介紹

C55x晶片內部的介面，參考[13]，有記憶體、ROM、和周邊的通訊介面，底下對這些介面提供詳細的說明。

- 內建於晶片的DARAM，大小為64 Kbyte，這記憶體的特性是每個cycle可存取『兩次』，速度比較快。主要適用於資料、程式碼、DMA的存取，對運算要求高的部分可以放在這個記憶體裡面。
- 內建於晶片的SARAM，大小為256 Kbyte，這記憶體的特性是每個cycle可存取『一次』，比DARAM慢。主要適用於資料、程式碼、DMA、USB、LCD的存取。
- 內建於晶片的ROM，大小為128 Kbyte，已經燒入開機時所需的boot-loader程式。因此，當晶片power on之後，開機程序將依序檢查外部的NAND / NOR / EEPROM載入我們的執行檔，並跳到entry point。其中，EEPROM是透過SPI或I^2C介面讀取。
- EMIF介面，如同前面的章節介紹其他晶片一樣，這個介面用來外接SDRAM、SRAM、NOR、NAND等同步或非同步存取晶片，當作對外部的memory-mapped介面。
- 兩組MMC / SD介面、四組10-bit ADC、RTC、USB 2.0（只能當裝置端）。其中，MMC/SD介面與其他介面共用，我們要透過EBSR暫存器的SPxMODE位元來啟用MMC/SD介面，如下圖2-29所示。
- SPI介面，不過SPI的接腳與I^2S、LCD、GPIO pins共用。因此，我們必須透過EBSR暫存器的PPMODE位元來設定共用接腳要哪一種介面，如下圖2-29所示。

15	14–12	11–10	9–8
Reserved	PPMODE	SP1MODE	SP0MODE
R-0	R/W-000	R/W-00	R/W-00

7	6	5	4	3	2	1	0
Reserved	Reserved	A20_MODE	A19_MODE	A18_MODE	A17_MODE	A16_MODE	A15_MODE
R-0	R-0	R/W-0	R/W-0	R/W-0	R/W-0	R/W-0	R/W-0

LEGEND: R/W = Read/Write; R = Read only; -n = value after reset

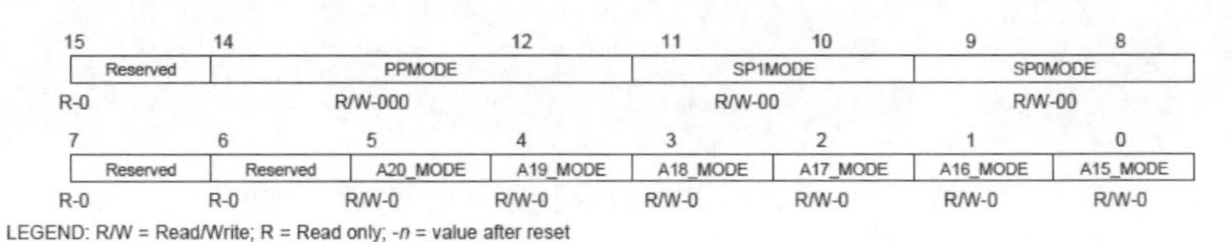

Figure 4-4. External Bus Selection Register (EBSR) [1C00h]

圖2-29 EBSR暫存器欄位圖（取自[13]）

2.5.2 EVM5515開發板

前面介紹了低功耗晶片，讀者應該迫不急待想要試試看這系列的DSP晶片吧！首先，我們上Spectrum Digital公司[8]的網站，他們提供了C5515的開發平台，其中一個是C5515 USB stick，比較便宜但沒有提供豐富的周邊。另一塊是TMS320C5515 evaluation module的開發板，雖然價格較貴但是提供豐富的周邊，可以讓初學者學習，如圖2-30所示。板子上的周邊有LCD、USB、SD卡、RS-232、按鈕、語音I/O等周邊可供我們開發運用。此外，圖中的左上半部是JTAG晶片組，還有JTAG的接頭可和仿真器相連，右上半部是C5515晶片和各類記憶體。

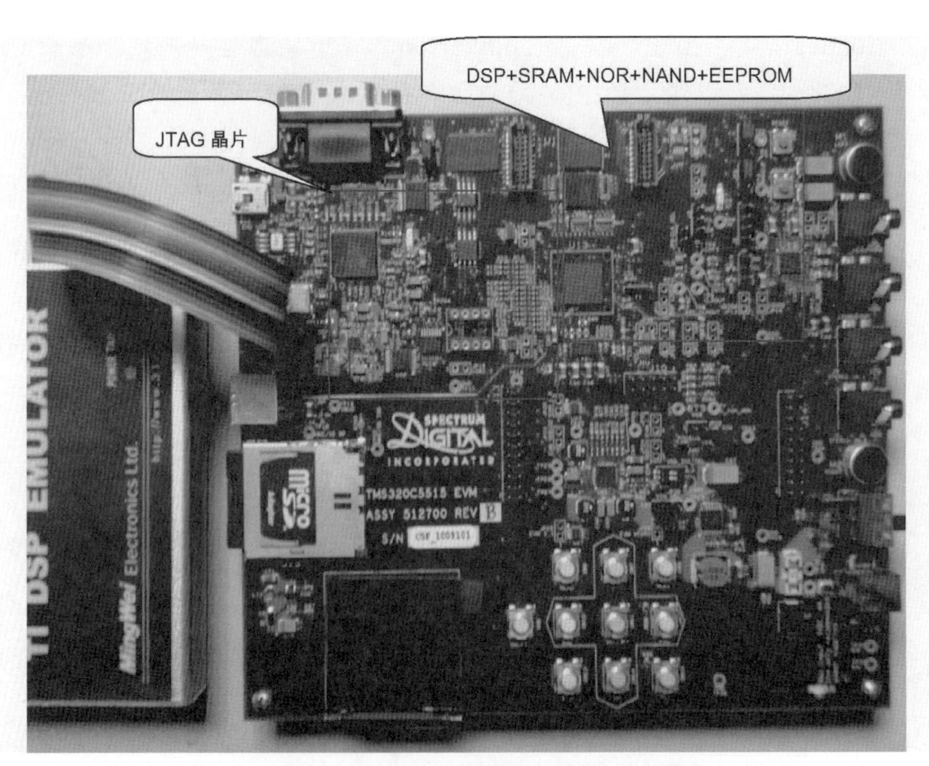

圖2-30　EVM5515開發平台的俯視圖

8 專職德州儀器DSP的第三方開發公司，www.spectrumdigital.com

板子上的JTAG晶片組就是用來模擬仿真器的功能，目的是爲了方便初學者開發。如果使用者沒有購買仿真器的話，可以直接透過USB連上開發板，這樣就能用CCS IDE除錯了。如果我們已經有仿真器的話，基本上不需要用到JTAG晶片組，在板子上有一個JTAG接頭，只要把仿真器接上去就好了，如圖所示。

C5515開發板，我們可以在CCS v3.3或者v4.1上面開發，通常v4.1可支援多數仿真器。不過要注意的是，如果在CCS v3.3上面用TDS-510仿真器連接到JTAG埠進行開發與除錯，可能在v3.3版本上找不到符合支援C5515的仿真器驅動檔案，這時我們只要將CCS設定成C5509A的配置，然後再將evm5515.gel載入，就可以用仿真器了。

▩ 下載範例

上Spectrum Digital公司的網站，他們提供EVM5515開發板的電路圖和範例程式下載。其中，範例程式區分成v3.3和v4.1兩種版本，讀者可根據手邊的CCS版本，下載所需要的範例。安裝後的目錄，如圖所示。裡面包含專爲板子設計的BSL函式庫，還有晶片周邊的範例程式，像LED、OLED螢幕顯示、SD卡、USB、UART、NOR/NAND記憶體的存取等範例。告訴你們，範例程式並沒有寫得很複雜，很適合初學者自行學習研究。

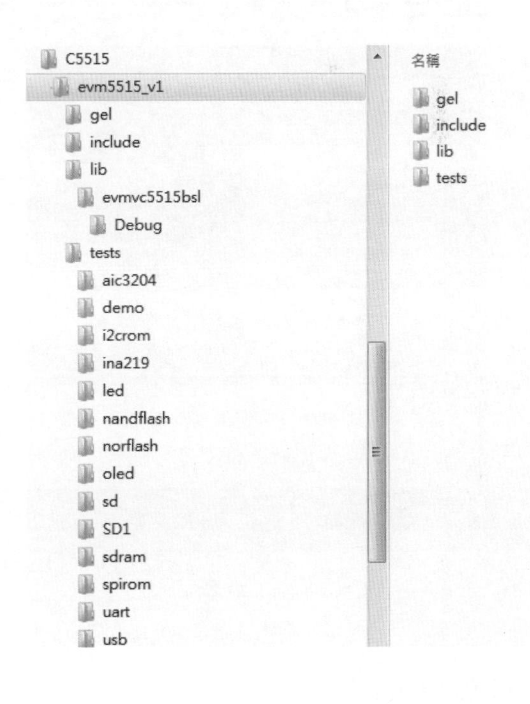

先來個簡單的範例試試看，我們打開LED這個目錄，裡面有CCS專屬的專案檔，編譯後會產生一個led.out的執行檔，載入執行後的結果，可以

發現板子上有顆LED燈會一閃一閃的（位於圖2-30右上方）。另外，我們再打開OLED的範例來試試看，編譯後將產生一個oled.out的執行檔，載入執行後的結果，如圖2-31所示。在CCS開發環境的下方有一個輸出結果的小視窗（Stdout），裡面會列印出執行的結果。然後，板子上的LCD小螢幕會顯示四種顏色，這就表示執行成功了。

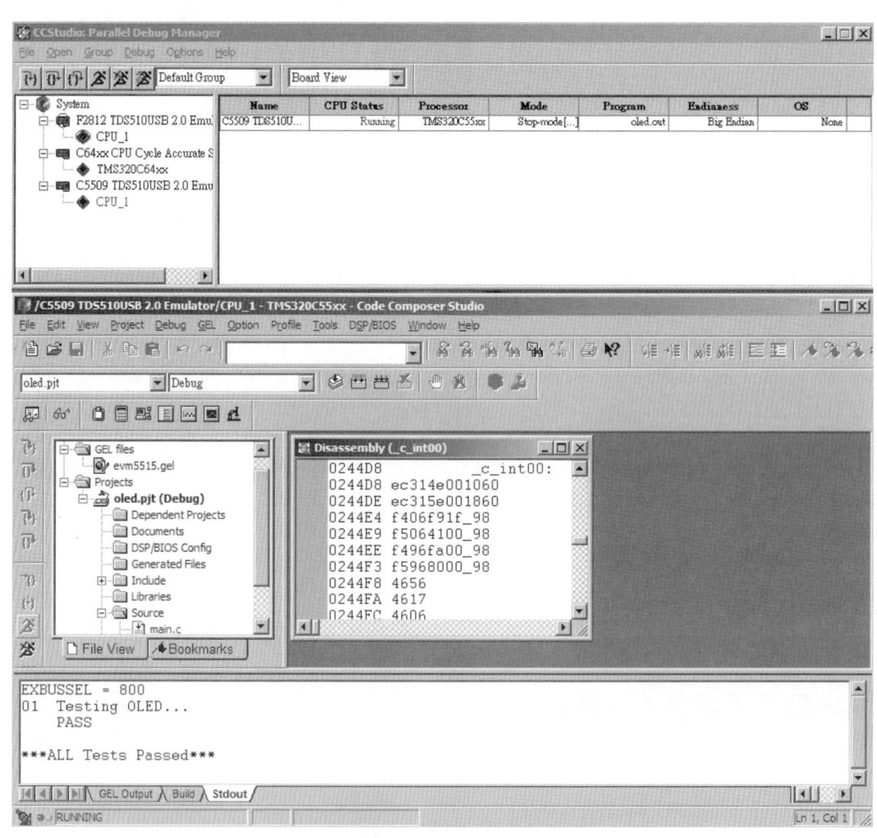

圖2-31　OLED範例

▩ 燒錄程式碼

每次我們在開發板上執行範例程式，都是透過CCS IDE環境載入執行檔，一邊除錯一邊執行，如果想要變成standalone的執行方式，該怎麼做呢？其實，C5515晶片有一套開機流程，參考[14]，如下：

①因為晶片內建ROM，晶片製造商在出廠前已經燒入開機程式在ROM裡面了。每當晶片被reset之後，執行的位址會跳到0xFFFF00，正是開機程式存放的位址。

②首先，開機程式先根據CLK_SEL接腳的高低電位，設定系統的運行時脈，接著初始化相關的暫存器。然後，跳下一步檢查開機模式。

③檢查是否從NOR開機，如果是，則從外部的NOR記憶體載入執行檔。如果不是，繼續檢查是否從NAND開機。如果是，則從外部的NAND記憶體載入執行檔。如果不是，跳下一步。

④檢查是否從SPI介面的EEPROM開機，如果是，則透過SPI介面存取EEPROM來載入執行檔。如果不是，則從I^{2}C介面的EEPROM開機。然而，EVM5515開發板是採用SPI – EEPROM的方式。

從上面的步驟得知，我們必須將編譯後的程式碼轉寫到EEPOM裡面，這樣才能做到standalone。通常，我們編譯後的檔案屬於COFF格式（前面章節已解釋過了），想要放進EEPROM、NOR、NAND必須轉成二進制檔案格式。德州儀器提供一個轉換的程式，爲「hex55.exe」，使用方法請參考help。只要在命令列打入下面的指令參數，就可以轉換出一個二進制檔案格式：

```
> hex55 -boot -v5505 -serial8 -b -o *.bin *.out
```

獲得二進制的檔案之後，我們還是得想辦法燒入EEPROM裡面，要怎麼從EVM5515燒入EEPROM呢？ 在範例的目錄裡，\evm5515_v1\tests\demo目錄下面，有個名稱爲「programmer.out」的執行檔，只要在CCS IDE環境裡載入這個檔案執行，如圖2-32所示。在輸出的視窗中會出現幾個選單，分別是燒入NOR、NAND、SPI EEPROM、I^{2}C EEPROM等。我們只要選擇SPI，然後再把二進制檔案輸入，這個執行檔就會把檔案燒入EEPROM裡面，這樣就完成standalone的開機方式了。記得，重新開機，試試看是否成功執行我們的程式。

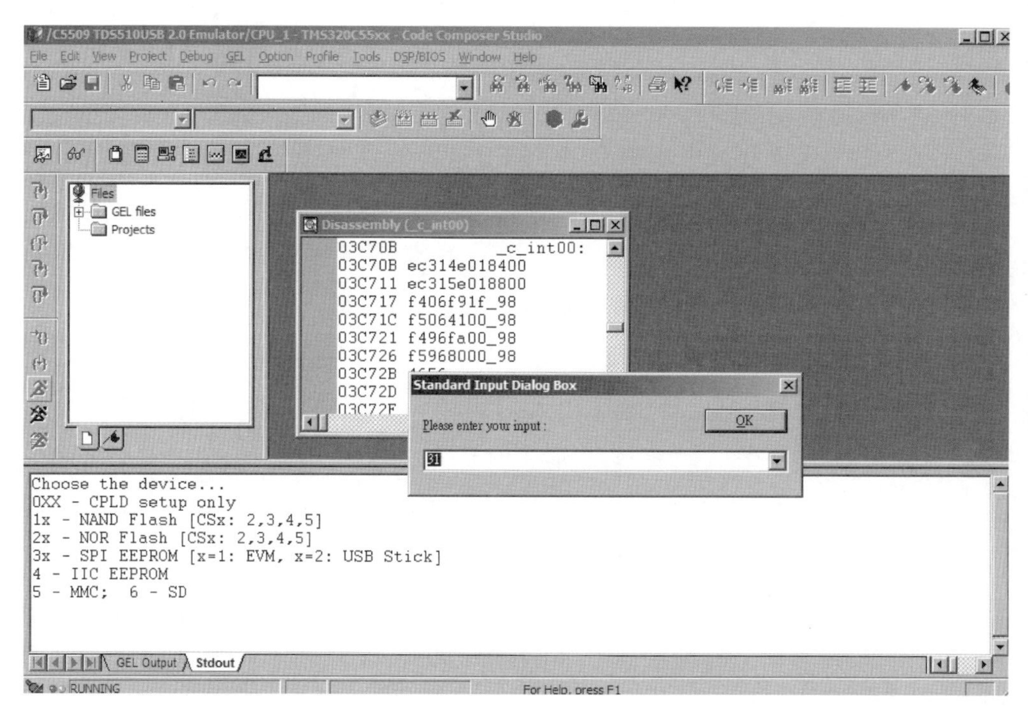

圖2-32　燒錄執行檔的說明

2.6　達文西平台DM6437

達文西平台屬於進階的開發系統，對初學者而言比較困難，因此遇到挫折時也不用心灰意冷。德州儀器提供的多款達文西平台，主要分成單核心CPU（如：DM648與DM643x）與雙核心CPU（如：DM644x與DM646x）兩大類。單核心晶片提供高效能的影像處理，而且能同時處理多個影像通道，所以運算時脈比較高，內部記憶體容量也比較多。然而，雙核心晶片偏重於多媒體應用為主，比如說網路影像監控、影像電話等應用。因此，雙核心的運算時脈比較低以便節省耗電量，內部記憶體容量也比較少。

2.6.1 晶片介紹

達文西的晶片系列，包括OMAP、DM81x SoC、DM37x SoC、DM64x DSP等等都屬於達文西系列。就晶片核心來分，可區分成單核心和雙核心兩大類，不過這裡並不打算介紹所有達文西晶片，我們主要還是以介紹DM64x爲主。DM64x的特點就是具有影像編解碼的能力，例如MPEG4、H.264、JPEG。此外，晶片的週邊介面除了影像介面之外，還包含乙太網路的介面。

▩ 單核心

TMS320DM64x系列：從DM641、DM642、DM647到DM648等晶片，核心CPU是一顆單核心由C64或C64+所組成，時脈大約500 MHz~900 MHz之間，內部的記憶體L2 SRAM[9]大小至少爲128 Kbytes，最大爲512 Kbytes。此外，在第一章我們已說明C64與C64+核心的差異。

TMS320DM643x系列：從DM6433、DM6435、到DM6437等晶片，核心CPU也是一顆由C64+所組成的單核心，時脈大約400 MHz~700 MHz之間，L2 SRAM大小爲128 Kbytes。

▩ 雙核心

TMS320DM644x系列：從DM6441、DM6443到DM6446，核心CPU是一顆雙核心，由C64+核心與ARM9所組成。DSP C64+時脈大約400 MHz~600 MHz之間，ARM9運算時脈大約200 MHz~300 MHz之間。DSP內部的L2 SRAM大小只有64 Kbytes。

TMS320DM646x系列：目前只有DM6467一款，核心CPU也是一顆雙

---

[9] 用來存放程式碼或者資料的記憶體

核心，由C64+與ARM9所組成。DSP C64+時脈大約594 MHz~1000 MHz範圍，ARM9運算時脈大約297 MHz~500 MHz。DSP內部的L2 SRAM大小為128 Kbytes。

在開發系統方面，達文西平台相對於過去的DSP晶片來得複雜，特別是雙核心的平台開發。對於DM641與DM642晶片而言，德州儀器只提供晶片使用的CSL（Chip Support Library）函式庫。但是，對於較為複雜的晶片來說，德州儀器提供了PSP（Platform Support Package）平台支援包給DM648或DM6437等晶片使用者，其中還包含了CSL與DSP/BIOS驅動程式。不過，對於雙核心的開發過程，不只是載入CSL函式庫或PSP支援包而已，開發過程還要複雜，因為除了要開發DSP的程式之外，還要開發ARM9的應用程式。

以開發DM6446為例，雙核心開發流程包含三大部分：ARM9的應用程式、DSP的應用程式與DSP核心演算法，如下圖2-33所示。

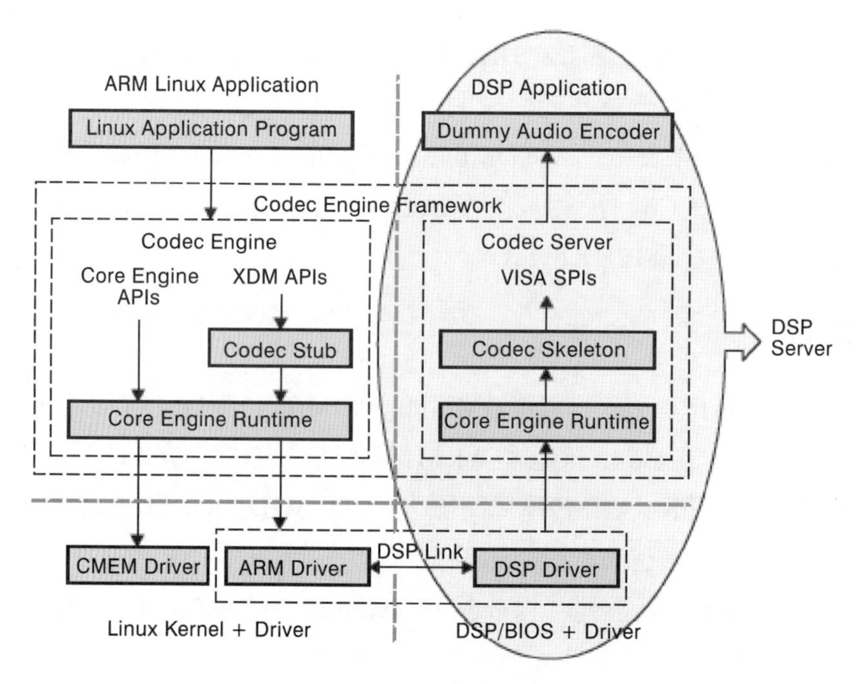

圖2-33 雙核心開發的流程說明

從開發的架構來看，主要分成ARM端與DSP端的軟體架構。舉一個編碼命令的流程為例，如下：

①當ARM的應用程式提出一個DSP編碼的要求時，應用程式先呼叫Codec Engine（簡稱CE）的API，其中這個API介面必須符合xDAIS-DM（簡稱xDM）的規格。

②CE API則呼叫底層的DSP Link驅動程式，並將這個命令要求送給DSP端。當然，DSP這邊也有相對應的DSP Link驅動程式負責處理收到的命令。圖中的CMEM驅動程式負責管理ARM與DSP的共用記憶體。

③命令來到DSP端之後，Codec Engine透過VISA SPI介面再呼叫DSP演算法核心的函式，這樣完成一個編碼命令的流程。

另外，Codec Engine架構中又分成ARM端的子架構與DSP端的子架構，在ARM端稱為codec engine，在DSP端稱為codec server。而CE所提供的呼叫介面都有一定的規範，詳細的規範則定義在eXpress DSP Algorithm Interoperability Standard（簡稱xDAIS）之中。另外，還有一個從xDAIS的延伸規範稱為xDM（Digital Media）。

編譯的環境分軟體與硬體兩部分，我們需要準備的硬體則是DM6446 EVM板子與RS-232連接線，而軟體方面則需要Windows PC與Linux。Linux環境用來編譯ARM應用程式、DSP端應用程式與DSP演算法核心，編譯的工具是XDC tools，它可提供整合性的編譯流程。

編譯ARM程式有下列的過程：

- 產生介面程式碼，負責CE API介面
- 編譯介面程式與codec code，產生obj檔
- 組譯上面的obj檔與CE函式庫，然後產生ARM linux的執行檔

編譯DSP程式有下列的過程：

- 產生介面程式碼，負責CE SPI介面
- 編譯應用程式與介面程式，產生obj檔
- 組譯上面的obj檔與DSP Link、CE函式庫、DSP/BIOS，然後產生

DSP的執行檔

下圖2-34明確地繪出ARM與DSP之間的關係，ARM的應用程式呼叫一個DSP處理函式，這個函式透過Codec Engine架構傳送到DSP端，在DSP端再呼叫演算法裡的函式，完成呼叫整個流程。中間一層屬於CE，透過標準規範的函式介面接收上層的命令，與下層的演算法也有標準規範的函式介面。

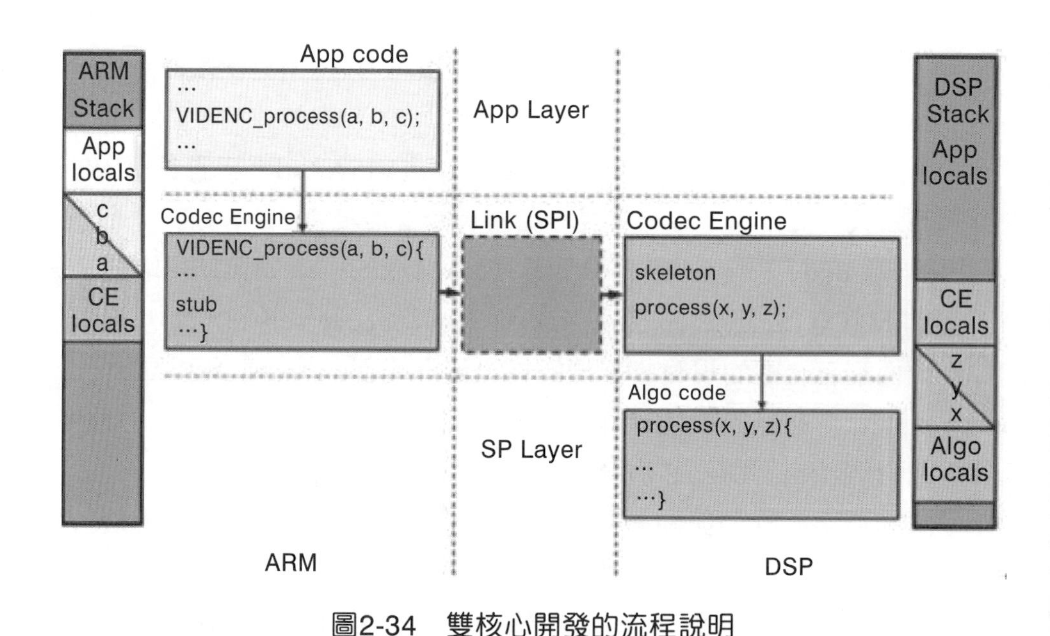

圖2-34　雙核心開發的流程說明

2.6.2　DSP/BIOS簡介

DSP/BIOS是德州儀器提供的作業系統核心，方便使用者規劃記憶體、thread、task、中斷…等排程，可參考user guide的說明。使用這套作業系統之前，我們要留意DSP/BIOS下列幾項前置作業：

- 撰寫script檔案：使用者可以寫個文字型態的Tconf Script檔案，或者用圖型化工具規劃一個DSP/BIOS配置檔案。

▶▶產生DSP/BIOS相關檔案：如果以文字型態產生的Tconf Script檔案，我們可以呼叫一個名為tconf.exe的命令列執行檔，然後自動產生出來下列的檔案，檔名的最前面都以輸入的專案名稱命名。產出的每個檔案都代表不同的意義，其說明如下。

<program>cfg_c.c：定義DSP/BIOS資料結構與屬性的C語言檔案。

<program>cfg.h：定義DSP/BIOS模組的標頭檔，包括一些objects變數的宣告。

<program>cfg.s##：針對DSP/BIOS設定的組合語言程式，##代表開發的平台。

<program>cfg.h##：組合語言程式碼使用的標頭檔。

<program>cfg.cmd：Linker command檔案

<program>cfg.cdb：Configuration Data Base檔案，目前已不再使用。

在圖2-35中，說明哪些檔案是由DSP/BIOS自動產生的，其中灰色方塊圖代表DSP/BIOS產生的，而白色方塊圖是由開發人員必須自行撰寫的，其中主程式的main函式則放在program.c中。

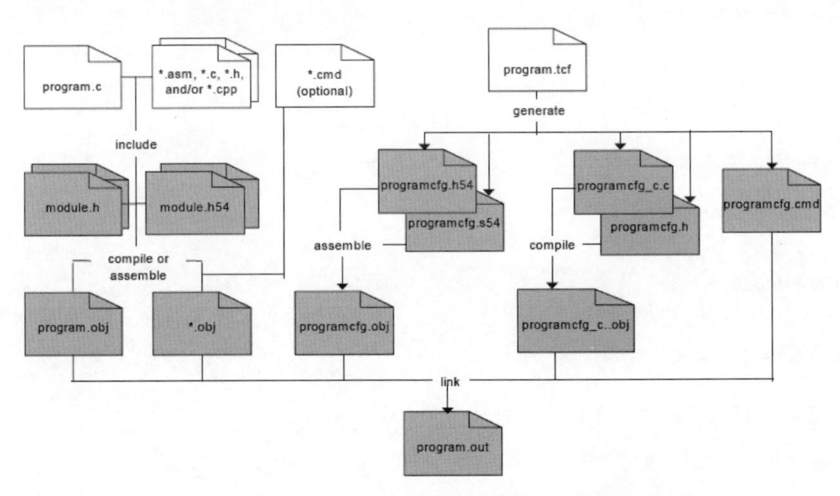

圖2-35 DSP/BIOS自動產生的檔案

當執行tconf命令列時，需要輸入一個參數config.importPath用來告知tconf如何找到載入平台所使用的檔案。在DSP/Bios 5.31目錄下提供各種平台所需的檔案，放在C:\CCStudio_v3.3\bios_5_31_07\packages\ti\platforms目錄下，所以使用tconf的命令列範例，如下：

```
\> tconf -Dconfig.importPath = "C:/CCStudio_v3.3/bios_5_31_07/packages" name.tcf
```

因此，我們需要一個編譯DM6437的tcf檔案，底下僅列出部份tcf檔案內容。此外，這個tcf還需從外面載入三個tci檔案，tci也是script格式。這三個tci檔案則放在PSP目錄下，比如說\pspdrivers\drivers\i2c\sample\目錄下放著dm6437_i2c0.tci，

```
/*
 * Load platform file for DM6437
 */
utils.loadPlatform("ti.platforms.evmDM6437"); // 載入DM6437平台

/* Enable Time Stamp */
bios.LOG.TS = true;

/*
 * Enable common BIOS features used by all examples
 */
bios.enableRealTimeAnalysis(prog);
bios.enableMemoryHeaps(prog);
bios.enableRtdx(prog);
bios.enableTskManager(prog);

/* Enable ECM Handler */
bios.ECM.ENABLE = 1;

/*
 * Import driver TCI files.
 */
utils.importFile("dm6437_i2c0.tci"); // 載入i2c TCI檔案
utils.importFile("dm6437_vpfe0.tci"); // 載入VPFE TCI檔案
utils.importFile("dm6437_vpbe0.tci"); // 載入VPBE TCI檔案
```

完整的命令列，輸入如下：

CHAPTER 2

```
\> tconf -Dconfig.importPath = "C:/CCStudio_v3.3/bios_5_31_07/packages; D:/dvsdk_1_01_00_15/
psp_1_00_02_00/pspdrivers/drivers/i2c/sample; D:/dvsdk_1_01_00_15/psp_1_00_02_00/pspdrivers/
drivers/vpbe/sample; D:/dvsdk_1_01_00_15/psp_1_00_02_00/pspdrivers/drivers/vpfe/sample" dm643
7_evm_rawcapture_st_sample.tcf
```

組譯的過程還需要一些與DSP/BIOS相關的函式庫，像是log8.a64P、lnkrtdx.a64P、drivers.a64P、bios.a64P…等函式庫也要連結進來。然而，這些函式庫都放在C:\CCStudio_v3.3\bios_5_31_07\packages \ti\bios\lib目錄之下。組譯後產生的執行檔，如何讓DSP/BIOS作業系統運行呢，而我們的主程式又怎麼執行呢。其初始化的流程，如下：

- 如何與我們的主程式連結：載入DSP執行檔之後，c_int00為程式的進入點，接著將呼叫BIOS_init函式，這時候便開始初始化DSP/BIOS所需的每個模組。最後，再呼叫我們的主程式main函式。
- 主程式的初始化：在main函式裡，我們會規劃DSP/BIOS模組的設定，例如建立TSK、建立CLK…等，然後再跳去啟動BIOS_start函式。
- 執行TSK：此時，在tcf檔案中所建立的task便開始在OS中執行，於是整個作業系統就運行起來了。

2.6.3 RTSC/XDC簡介

『RTSC』（Real-Time Software Components）的基本概念就是希望做到軟體元件化，以便能重複使用。在嵌入式系統中，軟體重複被使用眞的很難做到，特別是硬體方面，晶片常常因爲升級或更換造成軟體必須要重新改寫，或者整個呼叫方式要修改。因此，身爲設計嵌入式系統的開發人員，我們必須設計出許多可被呼叫的函式，甚至藉由這些函式開發出多種函式庫，最後用於硬體平台上。

這裡並不想要詳細介紹甚麼是RTSC/XDC，我們只是告訴初學者開發達文西平台過程需要安裝哪些工具，如果對這些工具有興趣的讀者，可下載使用說明研讀。當開發DM6437平台的過程中，爲了能使用現有的軟體元件，我們需要安裝德州儀器的軟體套件XDC工具，其安裝過程如下。

▩ 安裝XDC tools

- 設定環境變數：先新增一個變數XDCPATH，然後在PATH變數中加上XDC tools安裝的目錄。當我們安裝TMS320DM6437 EVM之後，XDC tools則安裝在\dvsdk_1_01_00_15\xdc_2_95_02目錄之下。注意，XDCPATH使用「/」做為目錄的分隔號，「^」代表當前的目錄。
- 檢查版本號：我們要檢查XDC tools是否安裝妥當，以及環境變數設定正確。只要打開command視窗，鍵入xs --version，我們應該在命令列中看到xs (XDC Script Interpreter) xdcutils-d00, Jun 25 2007後面的英文數字表示版本號與發布日期，這個與安裝的版本有關。
- 檢查直譯命令：鍵入xs xdc.tools.echo hello world，我們應該在命令列中看到hello world

▩ xDAIS開發者工具

除了XDC工具之外，爲了能重複使用第三方開發的DSP algorithm，XDAIS（eXpress DSP Algorithm Interoperability Standard）定義了標準的介面，提供給第三方開發人員依循。因此，呼叫這些DSP演算法只要透過定義的介面IMOD或IALG（參考自[16]），便可以使用到第三方的函式，它們之間的關連性如下圖2-36所示。

目前，XDAIS所定義的介面主要分爲幾類：Video Encode/Decode、Image Encode/Decode、Speech Encode/Decode、Audio Encode/Decode、Video Transcoding。其中，在文件中將Video/Image/Speech/Audio這四個介面簡稱爲VISA。

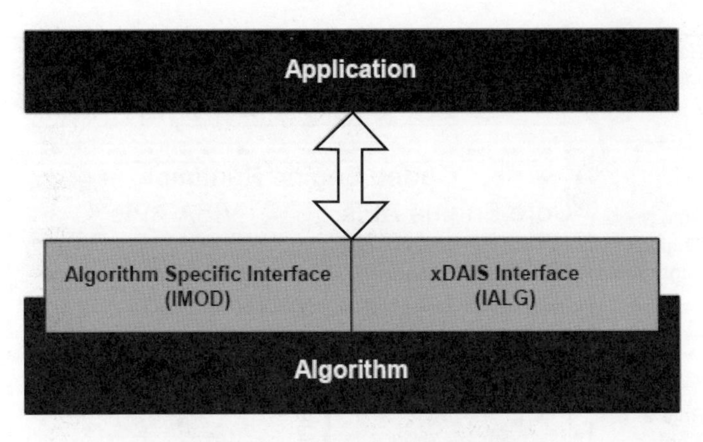

圖2-36　XDAIS介面架構圖

目前，現有的演算法將IALG標準介面擴充到IMOD介面，IALG介面主要負責記憶體的規劃配置，而IMOD介面則負責與演算法相關的函式接口，可參考[16]文件。因此，演算法設計人員必須根據呼叫的需求先定義好IMOD介面接口，例如設計MP3演算法時，必須定義好MP3函式的呼叫接口，使得應用程式可呼叫。載入函式庫之後，上層的應用程式只要透過IMOD介面，便能夠呼叫演算法所提供的函式。

從下圖2-37來看整體開發設計的角色分配，通常開發雙核心系統需要三種角色的工程人員：DSP演算法工程師、DSP系統工程師（包括介面開發、Codec Engine整合）、ARM系統工程師。其中，Codec Engine與上下層之間都是藉由標準規範的函式介面溝通的。這樣的架構下，因此上下層的程式開發便不會直接影響到Codec Engine本身程式碼，只要定義彼此間的呼叫介面就好了。

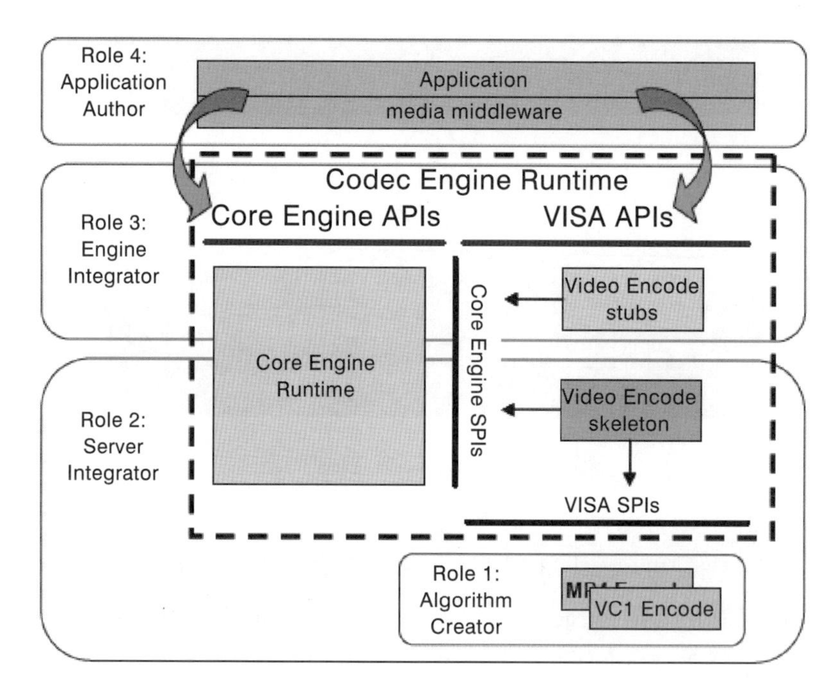

圖2-37　雙核心開發過程中，工程人員的角色分配

▩ 編譯CE範例

在DM6437開發平台中，德州儀器提供了Codec Engine範例，放在\dvsdk_1_01_00_15\codec_engine_1_20_02\examples\ti\sdo\ce\examples目錄之下。這些範例有一套編譯的方式，並非直接使用德州儀器原有的編譯環境（不是全都靠CCS IDE開發套件），範例都必須使用XDC tools來編譯。下面列出整個編譯的過程：

①設定user.bld檔案：在範例的根目錄下，可找到一個user.bld檔案。這個檔案將指出相關的編譯工具放在哪裡，以便XDC tools執行時能正確找到編譯工具。檔案的內容分成兩部份：Build.targets和工具目錄，其說明如下。

▸▸Build.targets用來設定使用的平台，預設值為C64P、MVArm9、

Linux86。

- 工具目錄的設定有四類：C64P.rootDir用來設定C64相關編譯工具的目錄，MVArm9.rootDir用來設定Montavista ARM9編譯工具的目錄，UCArm9.rootDir用來設定uClic-based ARM9編譯工具的目錄，Linux86.rootDir用來設定Linux-x86編譯工具的目錄。

②設定xdcpaths.mak檔案：在範例的根目錄下，還有另一個xdcpaths.mak檔案。這個檔案定義Codec Engine安裝在哪裡、BIOS放在哪裡、XDC tools放在哪裡、各個Codec Engine封裝包在哪裡。檔案打開後有下列的變數需要定義，

```
CE_INSTALL_DIR = 設定codec engine安裝目錄

BIOS_INSTALL_DIR = 設定DSP/BIOS的目錄

XDC_INSTALL_DIR = 設定XDC tools安裝的目錄
```

除了上面三個變數需要定義之外，還有一些變數或許要定義，不過也可以刪除這些變數的檢查。定義與否取決於我們開發的平台有沒有需要這些工具。

```
XDAIS_INSTALL_DIR = d:/dvsdk_1_01_00_15/xdais_5_21

DSPLINK_INSTALL_DIR =

CMEM_INSTALL_DIR =

FC_INSTALL_DIR = 設定Framework Components安裝的目錄，目前尚無支援ARM或x86平台，所以編譯DSP時是必要的工具。

BIOSUTILS_INSTALL_DIR = d:/dvsdk_1_01_00_15/biosutils_1_00_02
```

③上面的步驟做完後，接著開始編譯範例中的codec，和編譯範例中的DSP server。

2.6.4 範例的編譯流程

德州儀器的DM6437開發平台也是由Spectrum Digital公司所設計的，整套平台除了開發板之外，還有四片光碟，分別是Code Composer Studio 3.3 IDE、兩片DVSDK（Digital Video Software Development Kit）、和SoC Analyzer。前兩套光碟是開發時必須安裝的軟體，但是SoC分析軟體則不一定需要安裝。下面列出開發過程所要執行的步驟：

- 安裝開發軟體與DM6437平台的驅動程式
- 安裝範例程式碼與PSP（Platform Support Package）函式庫
- 重新編譯函式庫
- 編譯德州儀器所提供的範例程式
- 將範例程式載入DM6437平台中

編譯DM6437平台的範例程式所需的開發軟體，包括開發環境CCS 3.3.38以上的版本、編譯工具Code Generation Tools 6.0.8以上的版本、作業系統DSP/BIOS 5.31.06以上的版本。另外，還要安裝EVM板子的驅動程式，上述的套件也放在第一片光碟之中。打開第一片光碟，我們可以看到安裝畫面，如圖2-38所示，第一項和第三項必須要安裝。

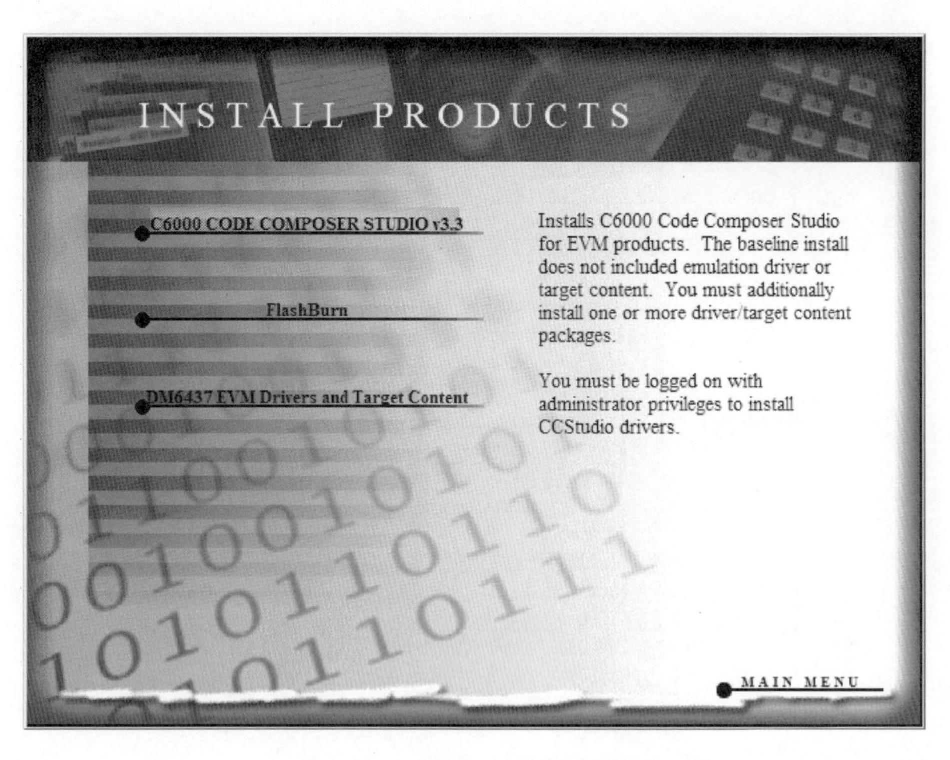

圖2-38　開發光碟的執行畫面

我們安裝了開發軟體CCS v3.3之後，還需要再安裝DSP/BIOS，最好將作業系統的目錄建立在下圖2-38所示的位置，這樣比較方便整個的編譯流程。然而，使用DSP/BIOS的時機，就是當編譯PSP函式庫和tcf檔案的時候，編譯過程將會連結到BIOS目錄。

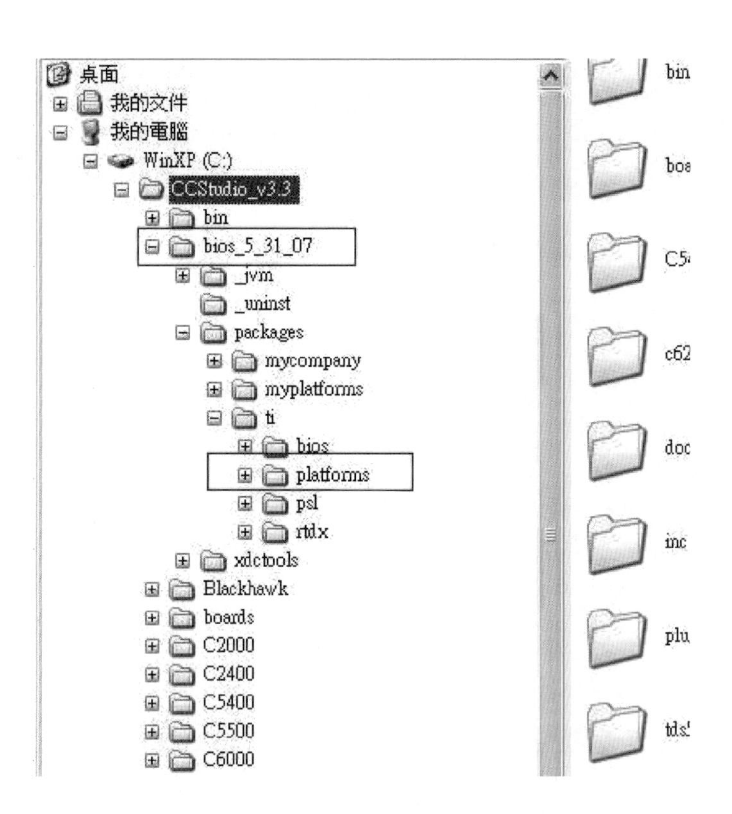

圖2-39　DSP/BIOS安裝的目錄

接下來的步驟是安裝範例程式以及PSP函式庫，我們拿出第二片DVS-DK光碟進行安裝，過程中會產生一個目錄dvsdk_1_01_00_15。在這個目錄底下，包含了最重要的PSP套件，因爲這個套件裡面提供很多DM6437平台相關的函式庫與範例，如圖2-40所示。

圖2-40　PSP平台支援包的目錄

在PSP平台支援包的目錄下，提供數個DM6437平台的範例程式，其中影像範例放在下列的目錄：

```
$DVSDK_DIR\pspdrivers\system\dm6437\bios\dm6437_evm\src\video\sample\
```

其中，這裡的$DVSDK_DIR變數定義爲dvsdk_1_01_00_15\psp_1_00_02_00。另外，這個範例程式需要用到的函式庫，分別放在下列的目錄：

· $DVSDK_DIR\pspdrivers\drivers\

· $DVSDK_DIR\pspdrivers\pal_os\

· $DVSDK_DIR\pspdrivers\pal_sys\

▩ 編譯函式庫

由於範例程式需要呼叫到PSP函式庫中的某些函式，所以我們應該學會重新編譯PSP的函式庫。舉個例子來說明，假設要編譯VPBE函式庫，必須先到 $DVSDK_DIR\pspdrivers\ drivers\vpbe\build目錄下，用CCS IDE開發環境打開vpbe_bios_dm6437_drv_lib.pjt，而所產生的lib檔案則存放在$DVSDK_DIR\pspdrivers\lib\DM6437之下。

當開啓專案檔時，如果發生某些標頭檔案找不到的情況，可能是路徑沒有設定正確，記得在專案檔案中加入下列的路徑，如下圖2-41所示：

C:\CCStudio_v3.3\bios_5_31_07\packages\ti\bios\include

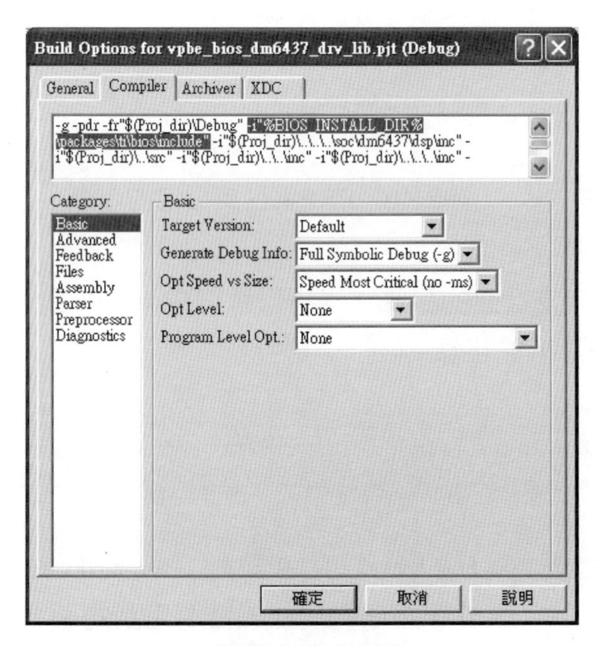

圖2-41　專案檔的路徑設定

▩ 編譯範例程式

當我們學會編譯PSP函式庫之後，我們可以開始編譯範例程式了。留意！每個範例中有兩個檔案與編譯project有關，一個是*.pjt檔，另一個是*.tcf檔。首先，我們要編譯tcf檔案，以便產生DSP/BIOS相關的程式碼。接著，第二步再利用CCS IDE開啓pjt檔案，進行範例程式的編譯。

在編譯tcf檔案時，我們需要在命令列下執行tconf指令，其中這個指令需要加入參數config.importPath，詳細的部分請參考有關DSP/BIOS的說明，或前面章節的範例。萬一在編譯有些範例的tcf檔無法成功，原因通常是載入的路徑不正確，或是沒有載入所需的路徑所造成。編譯過程需要載入下列的路徑：

```
C:/CCStudio_v3.3/bios_5_31_07/packages
D:/dvsdk_1_01_00_15/psp_1_00_02_00/pspdrivers/drivers/????/sample
```

執行tconf的畫面，如下圖2-42所示。

圖2-42　編譯範例程式之tconf的畫面

當成功編譯tcf檔案之後，系統自動產生數個與DSP/BIOS相關的程式碼，如：*cfg.s62、*cfg.h62、*cfg_c.c、*cfg.cmd。接下來，我們就打開範例的pjt檔案，然後開始編譯範例程式碼。在編譯過程有可能會發生link error的問題，這是因為專案檔沒有設定好與link相關的路徑，通常需要載入的路徑，如圖2-43所示：

```
C:\CCStudio_v3.3\bios_5_31_07\packages\ti\bios\lib\

C:\CCStudio_v3.3\bios_5_31_07\packages\ti\rtdx\lib\c6000

D:\dvsdk_1_01_00_15\psp_1_00_02_00\pspdrivers\lib\dm6437\debug
```


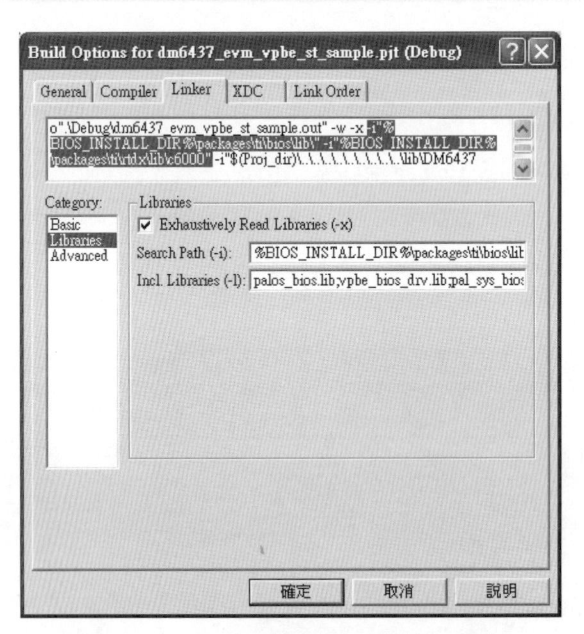

圖2-43　專案檔的函式庫路徑設定

▩ 執行範例程式

學會編譯範例程式之後，我們可以試著將執行檔（out檔）載入開發平台上，看看有何結果。首先，DM6437 EVM板子接上電源，使用USB線連結到EVM板子（板子上有JTAG仿眞晶片組），編譯後的執行檔可以透過USB載入到板子上面。至於影像的I/O方面，CCD camera的輸出要連接到EVM板子的video input埠，然後EVM板子的DAC-3埠連接到LCD螢幕，如圖2-44所示。爲了讓初學者有信心，我們建議從下列兩個範例開始學習。

圖2-44　EVM6437開發板與周邊影像裝置

第一個，史瑞克彩色圖片。

$DVSDK_DIR\pspdrivers\system\dm6437\bios\dm6437_evm\src\video\sample\vpbe的目錄下，是一個學習影像輸出的範例。在vpbe範例中，載入執行檔之後，一張史瑞克的彩色圖片將出現在LCD螢幕上，同時有一條掃描線從上到下掃瞄。

第二個，影像擷取。

$DVSDK_DIR\pspdrivers\system\dm6437\bios\dm6437_evm\src\video\sample\loopback的目錄下，是結合影像輸入出的範例。在loopback範例中，載入執行檔之後，CCD camera擷取的影像將出現在LCD螢幕上。

2.6.5 VPBE範例說明

這個範例的全名爲Video Processing Back End，後端的影像處理，希望初學者能學習到如何使用DSP晶片的VPBE介面。首先，我們將VPBE範例的tcf檔案進行編譯之後，編譯器自動地產生幾個與DSP/BIOS相關的程式碼。接下來，打開VPBE的專案檔，它會自動連結這幾個生成的檔案與範例主程式，如圖2-45所示。首先，要先了解哪些是自動生成的檔案，哪些是範例程式。

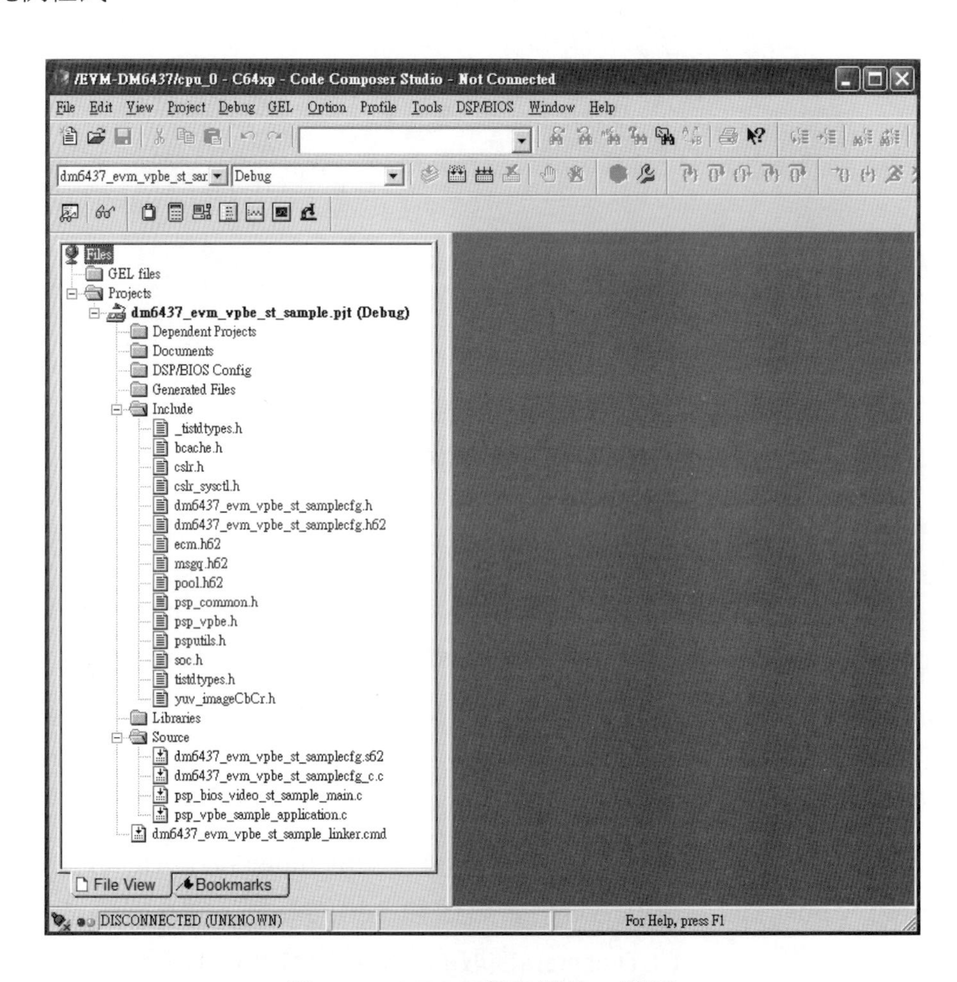

圖2-45 VPBE專案檔的一覽圖

其中，由tcf檔案所生成的程式碼有下面五個檔案：

```
dm6437_evm_vpbe_st_samplecfg.h
dm6437_evm_vpbe_st_samplecfg.h62
dm6437_evm_vpbe_st_samplecfg.s62
dm6437_evm_vpbe_st_samplecfg_c.c
dm6437_evm_vpbe_st_samplecfg.cmd
```

另外，VPBE的主要程式碼包括兩個檔案，如下。其中一個爲圖形標頭檔，存放著史瑞克的圖形資料。

```
psp_vpbe_sample_application.c
yuv_imageCbCr.h，存放史瑞克的圖片
```

此外，範例的主程式爲vpbe_main( )。我們必須從這個範例程式開始學習整個DSP影像後端的處理，下面將一步步地解釋這個範例。

第一個問題是這個影像範例到底怎麼跳到主程式呢？首先，當載入DSP執行檔之後，c_int00爲程式的進入點，接著跳去呼叫BIOS_init函式，此時以便開始初始化DSP/BIOS作業系統的相關模組，然後再呼叫我們的主程式main函式。其中，在main函式裡，通常會規劃DSP/BIOS相關模組的設定，比如說TSK、CLK…等周邊或功能的建立。最後，再執行BIOS_start函式，這個函式將執行每個task，於是一個作業系統就運行了。

此外，在這個範例的tcf檔中（如下的程式碼），定義了一個task稱爲echoTask，這個task的執行函式爲echo，所以當main函式執行之後，便開始執行這個echo函式。

```
/*task configuration*/
bios.TSK.create("echoTask");
bios.TSK.instance("echoTask").stackSize = 16384;
bios.TSK.instance("echoTask").order = 3;
bios.TSK.instance("echoTask").fxn = prog.extern("echo");
bios.TSK.instance("echoTask").comment = "Sample Application";
```

這個echoTask函式的工作就是執行範例主程式start_vpss_test( )，它被定義在psp_vpbe_sample_application.c檔案之中。所以整個呼叫流程如下：echo( ) → start_vpss_test( ) → vpbe_main( )。在主程式中，使用到幾個與作業系統相關的函式。此時，我們有必要先了解一下驅動程式與作業系統之間的架構，才能有助於學習範例程式。

在德州儀器提供的範例中，DSP/BIOS作業系統做爲上層應用程式與下層驅動程式的橋樑，使用它的好處就是容易從CCS環境下除錯，以及取得一些執行時的資訊。下圖2-46所示的就是系統的架構圖（參考[15]），DSP/BIOS作業系統的角色猶如Windows作業系統，提供API介面給上層的應用程式，比如說記憶體的配置、建立控制硬體的handle…等API函式。然而，在DSP/BIOS下面一層則是驅動程式，其中包含三個小層（IOM、DDC、CSL），其中最底層爲CSL（Chip Support Layer）用來直接控制晶片的函式庫。

由於控制硬體的方式與Windows作業系統類似，範例程式使用了幾個API函式，我們列出來研究看看。在VPBE主程式中用到這幾個函式MEM_alloc、MEM_free、FVID_create、FVID_delete，從函式名稱我們知道MEM是記憶體配置的函式，而FVID函式名則有點陌生，這個函式屬於device driver的類型，不過已經被封裝成上層的API，使用者不可能直接接觸到晶片的暫存器。

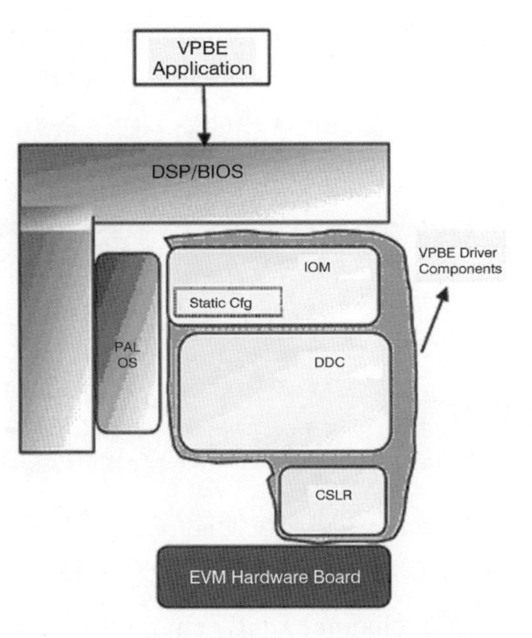

圖2-46　DSP/BIOS作業系統的架構圖

FVID_create這個函式是從DSP/BIOS中的GIO模組衍生出來的，這個函式被定義在$DVSDK_DIR\pspdrivers\inc\fvid.h檔案中，如下：

```
#define FVID_create(name, mode, status, optArgs, attrs) \
        GIO_create(name, mode, status, optArgs, attrs)
```

當中，GIO_create是DSP/BIOS作業系統用來呼叫裝置的entry function，令人好奇的是它如何連結到裝置的驅動程式呢？

在dm6437_evm_vpbe_st_samplecfg.s62檔案中，這個是由tconf工具所產生的檔案裡面，定義了一個名爲VPBE0的裝置名稱，如下表所列。由於DSP/BIOS作業系統提供一個標準的通訊介面，各類裝置透過這個介面發展自己的驅動程式。因此，上層函式可以透過這個介面呼叫到驅動裝置的程式。

這個介面的第一個變數iFxns，指向了一個IOM_Fxns的結構，該結構主要用來呼叫裝置的驅動程式，所以不同的裝置都會藉由這結構指向到所驅動的裝置，也就是這結構與驅動程式相連結。底下會說明這個部份。

```
;; UDEV_Obj VPBE0 (iFxns, driverType, iParams, deviceId, initFxn, deviceGlobalDataPtr)
        .global VPBE0
        .asg _VPBEMD_FXNS, _iFxns
        .asg "DEV_IOMTYPE", _driverType
        .asg 00H, _iParams
        .asg 00H, _deviceId
        .asg 00H, _initFxn
        .asg 00H, _deviceGlobalDataPtr
        UDEV_Obj 1, VPBE0, 0, _iFxns, _driverType, _iParams, _deviceId, _initFxn, _deviceGlobalDataPtr
```

為什麼呼叫FVID_create函式之後便能驅動影像裝置呢？因為我們給了裝置名VPBE0，然後作業系統根據這個裝置名，載入IOM_Fxns結構的聯結，藉此建立影像裝置的channel，開啓channel…等等。接著我們再詳細地研究這個通訊介面中的「IOM_Fxns」結構，這個結構定義在BIOS中的IOM.h檔案，如下所示。

```
/*
 * Function table structure used for actual linkage between the
 * I/O module and each mini-driver.
 */
typedef struct IOM_Fxns
{
   IOM_TmdBindDev                    mdBindDev;
   IOM_TmdUnBindDev                  mdUnBindDev;
   IOM_TmdControlChan           mdControlChan;
   IOM_TmdCreateChan            mdCreateChan;
   IOM_TmdDeleteChan            mdDeleteChan;
   IOM_TmdSubmitChan            mdSubmitChan;
} IOM_Fxns;
```

本章節介紹了DM6437的範例程式，以及程式執行的流程。至於更深入研究的部分無法一一說明，希望初學者能從範例按圖索驥，慢慢學到如何修改程式，設計出自己想要的功能。

CHAPTER 2

2.7 高速運算平台C6670

高速運算C6670平台也是屬於進階的開發系統，開發過程如同達文西平台一樣，對初學者而言比較困難，因此遇到挫折時也不用心灰意冷。由於這款高速運算的晶片內建多個DSP核心處理器，因此適用於高階的通信設備，像4G LTE、WiMAX、WCDMA等電信設備端。

當然想達到高速運算的目的，除了需要內建多核心和高系統時脈之外，更需要具備高速的通訊介面，這樣才能讓整體效能提高。爲什麼呢？如果沒有高速通訊介面，內部核心將會經常處於閒置的狀態，因爲輸入的資料不夠大量，核心運算很快就處理完那些少量的資料，於是經常花時間在等待資料。因此，核心運算能力提高後，相對的通訊介面速度也要提升，這樣整體效能才能一起提高。本章節除了介紹CC6670開發板之外，還將介紹周邊的高速通訊介面，讓初學者對高速運算有基本的認識。

2.7.1 開發前的準備工作

▩ 晶片介紹

TMS320C6670是一顆內建四核心的DSP晶片，參考文件[17]，其操作時脈在1.0~1.2 GHz範圍。以1.2 GHz而言，每個核心處理定點運算最高可達32 GMACS（Giga Multiply-Accumulates per Second），若單單處理浮點運算可達16 GFlops（Giga Floating-point Operations per Second）。再乘上四核心的運算，整個晶片的運算能力相當快，因此能運用在高階的電信設備上。

同時，晶片內建L1/L2 SRAM記憶體增加存取的效能，如果內部記憶體的使用仍不夠的話，還可外接DDR3 SDRAM記憶體。感覺上，與前面章節所介紹的DSP晶片相比，周邊的等級已提高不少。此外，就通訊介面的速度分類，列出晶片上幾個常用的週邊介面：

- 低速通訊 – UART、I²C、SPI
- 高速通訊（SerDes類）– HyperLink、SRIO (Serial RapidIO)、AIF2（Antenna Interface Subsystem 2）
- 高速通訊 – PCIe（PCI express）
- 乙太網路 – EMAC（Ethernet MAC）、MDIO（Management Data I/O）

其中，SerDes指的是高速串列通訊介面的簡稱，全名爲Serializer/De-serializer。在SerDes類的通訊中，HyperLink是德州儀器所自訂的通訊規格（參考[22]），並非工業用的標準。就實體層而言，HyperLink有四個lane，不過在操作時可執行one-lane或者four-lane模式。

▩ 準備工具

- 安裝軟體：Code Composer Studio 5.0.3和BIOS-MCSDK 2.0.x兩種。
  請注意：如果安裝MCSDK在Win7，最好將安裝的目錄設為\TI，否則CCS編譯過程或MCSDK套件使用有可能會出錯。
  CCS 5.0使用前必須先註冊，如下圖2-47所示。不過，EVM6670板子上內建德州儀器的仿真器模組，所以CCS 5.0提供免費的開發環境。如果使用外接式的仿真器，使用CCS 5.0時則需付費註冊。
- EVM硬體設定：必須將DIP-SW設定妥當，再來進行開發。（參考開機程序的配置[18]）
  SW3：1為endian的設定，Off: little/On: big。
  SW3：（2~4）代表開機模式，（off, on, off）為從I2C開機，因為EEPROM存放著bootloader。
  SW4-（1~4）加上SW5-（1~2）代表開機參數，分為NOR、NAND、EMAC，程式碼存放的地方。

SW5：4為I2C位址的設定，Off: 0x51/On: 0x50。

另外，COM埠的選擇有兩種：UART over USB或者over 3-pin連接線。如果選擇3-pin連接線，必須把COM_SEL1的jumper調整為（3&5）和（4&6），這樣可以從PC的終端機看到輸出的訊息。

- JTAG連接：需要數個步驟來完成。首先，建立Target Configuration，接著設定config的檔案名，如：evm6670L.ccxml。然後選擇JTAG連接方式，如：XDS100v1 USB。

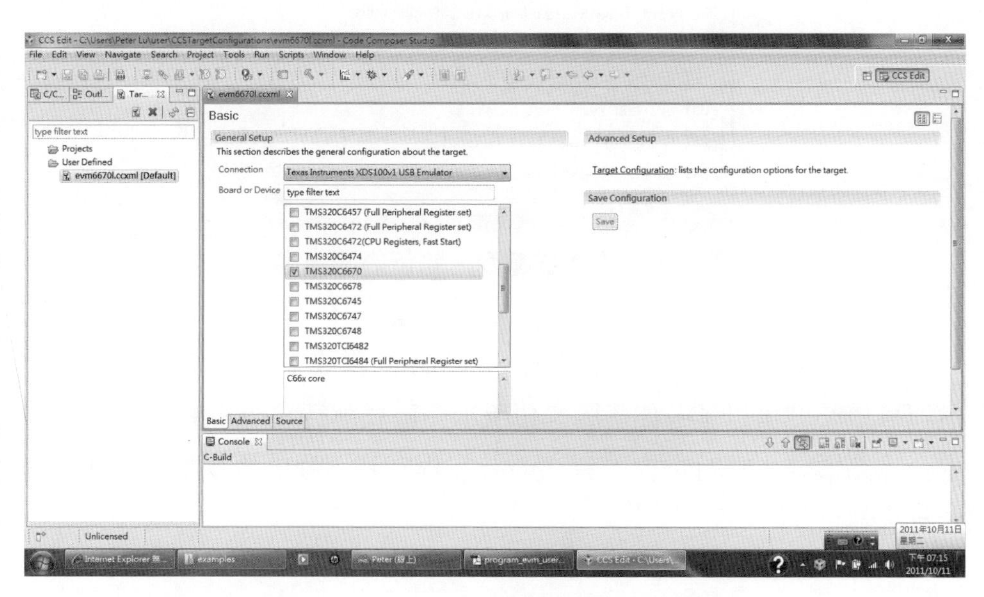

圖2-47　CCS v5.0開發環境的一覽圖

- 尋找範例並載入：MCSDK提供數個範例程式，CCS選單中Project -> Import Existing的功能能幫我們尋找某一目錄下的所有範例專案。

以post_evm專案爲例，首先編譯整個專案之後，再執行Debug模式，則會出現下面畫面。如果沒有出現，請檢查Connect Target、Load GEL file、Load Program…等動作是否完成。

正常情況下，載入且執行POST的結果，如下圖2-48。範例程式中，將針對內部與周邊IC做測試，其中也會對I2C EEPROM做測試，但是發現測試過程始終出現錯誤，所以筆者將有關EEPROM測試的這部分程式碼暫時移除。

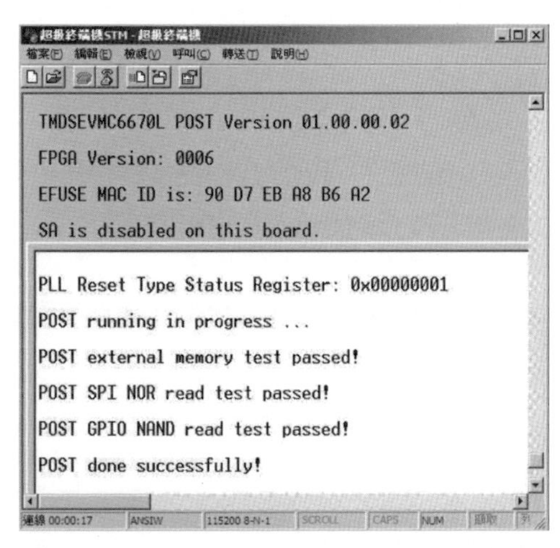

圖2-48　POST範例，執行後的結果

另外，由於C6670爲四核心晶片，在Debug模式下我們可以只要連接某一個運算核心就可以了，如下圖2-49所示（程式執行在C66xx_0上面）。一旦進入除錯模式，執行指標停留在main主程式時，我們可以利用F5/F6功能鍵一步步執行。

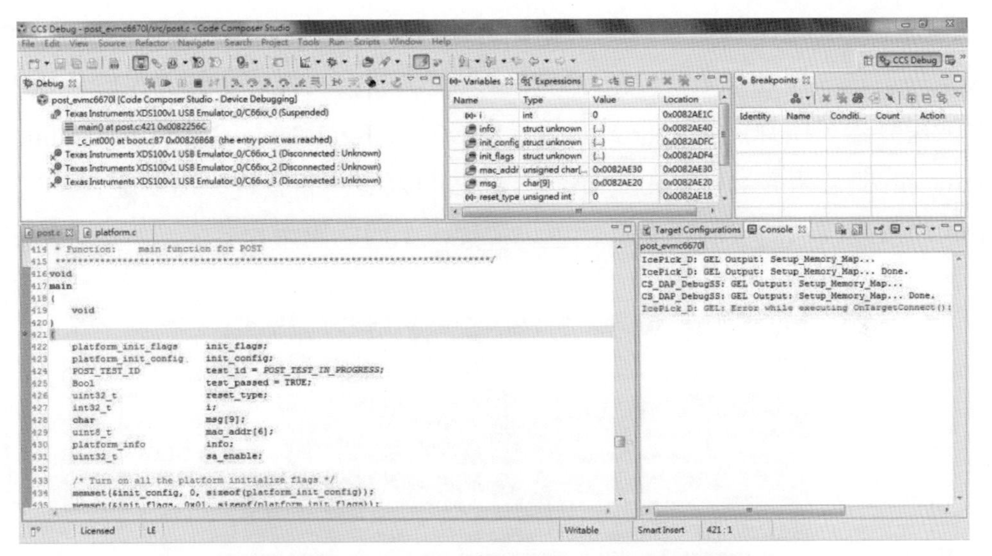

圖2-49　在Debug模式下，執行的畫面

▩開發套件

EVM6670開發盒內附的軟體除了CCS 5.0之外，還提供數個開發套件，如：MCSDK（Multi-core SDK）、PDK（Platform Development Kit）、NDK（Network Development Kit）。安裝後，這些套件分別以mcsdk_##、pdk_##、ndk_##爲目錄名而建立，在這些目錄下可找到很多文件資料。有關MCSDK最新資訊，可參考[19]的網路連結。

此外，PDK套件包含CSL（Chip Support Library）、LLD（Low Level Drivers）與Platform Library，也提供程式源碼，我們可參考底下的目錄：

```
pdk_c6670x_<version>\packages\ti\csl
pdk_c6670x_<version>\packages\ti\drv
```

當中CSL和LLD屬於系統低階的驅動程式，可滿足不同的DSP晶片。在這兩者之上有BIOS、IPC、NDK、演算法函式…等模組，以便組成跨平台的作業系統。整個軟體系統架構圖如下圖2-50所示。在圖右邊的SYS/BIOS模組，這是一個作業系統[20]。另外，為了讓開發的程式碼能適用於各種平台或編譯器，所以開發的程式必須以RTSC[10]（Real-Time Software Component）的概念來設計，其觀念請參考網站的說明。開發時，需要配合XDC-Tool組合成我們所需的作業系統，以便提供上層的應用程式。

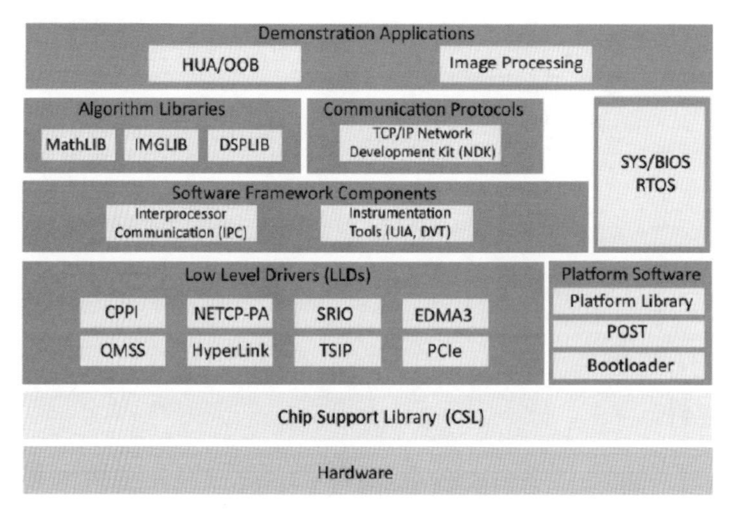

圖2-50　軟體系統的架構圖

SYS/BIOS 6.0提供作業系統中所需的模組，例如：Event、Semaphone、Mailbox、Task…等工具或功能。為了能有效運作於不同平台上，採用RTSC的概念來包裝SYS/BIOS，打包的工具為XDCTool。當我們開發時，只要將所需的模組載入script裡面（稱為配置檔），便可建立一個自己的RTOS。另外，解包裝也是利用XDCTool，這工具根據我們的configuration script來產生相關的檔案（*.h, *.lib, *.obj），同時與我們的程式碼一起編譯，如圖2-51所示。

[10] http://www.eclipse.org/proposals/rtsc/

CHAPTER 2

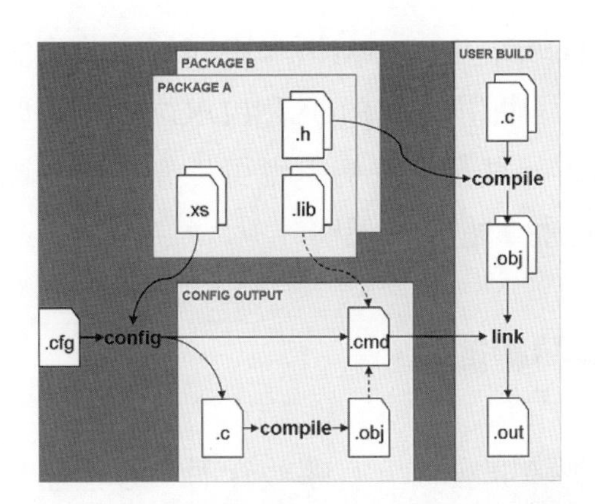

圖2-51　利用XDCTool所生成的檔案

編寫配置檔（*.cfg）可以採用視覺式的XGCONF軟體開發，或者直接寫文字式的cfg檔案。這個配置檔主要的功能就是定義OS模組的屬性，我們可以想像成在寫Visual C++視窗程式時，需要設定視窗裡各種類別Class的屬性，然後VC編譯時會幫我們把視窗類別處理妥當。有關OS的範例，參考[20]第2~4章。當作業系統的模組屬性定義好之後，編譯過程會產生我們所需的檔案，以便組譯之用。

進一步的理解，打開cfg檔案，可以看到loadModule和loadPackage。前者是作業系統使用到的模組，必須在配置檔裡宣告；後者package指的是RTSC由德州儀器提供的驅動程式，表示project會使用到某些周邊的驅動函式。當編譯cfg的過程，將產生一個linker.cmd，之後在組譯過程時會載入驅動程式的library。

▩ 網路範例程式

開發套件提供了多個範例，其中有網路方面的範例，教我們如何設計網路程式。在MCSDK目錄下，提供兩個網路範例程式，名爲helloWord和client。其中，helloWord是一個UDP echo程式，在EVM板卡上開啓一個UDP port = 7，當PC端往這個port送UDP封包，EVM會回傳所收到的封包。

另外一個網路範例，client則是提供TCP和UDP echo程式，當PC端建立

TCP連線，並發送TCP封包，EVM板卡將回傳所收到的封包，UDP封包亦同。這兩個project除了使用SYS/BIOS和PDK之外，還要載入NDK套件才能讓我們使用網路協定。實際上，初學者可以先從這些範例程式開始著手，再慢慢修改程式，進而了解整體架構。

2.7.2 EVM開發板簡介

首先，我們得認識開發板上有哪些介面、哪些晶片、之間如何連接。圖2-52所示為EVM6670開發板的系統方塊圖，板卡右側為AMC（Advanced Mezzanine Card，參考[21]）介面。AMC屬於實體層的硬體連接介面，且遵循PICMG（PCI Industrial Computer Manufacturers Group）規範，常見於工業的通訊背板，研華網站[11]上有說明。其中，EVM板上的AMC介面為170-pin B+型態。

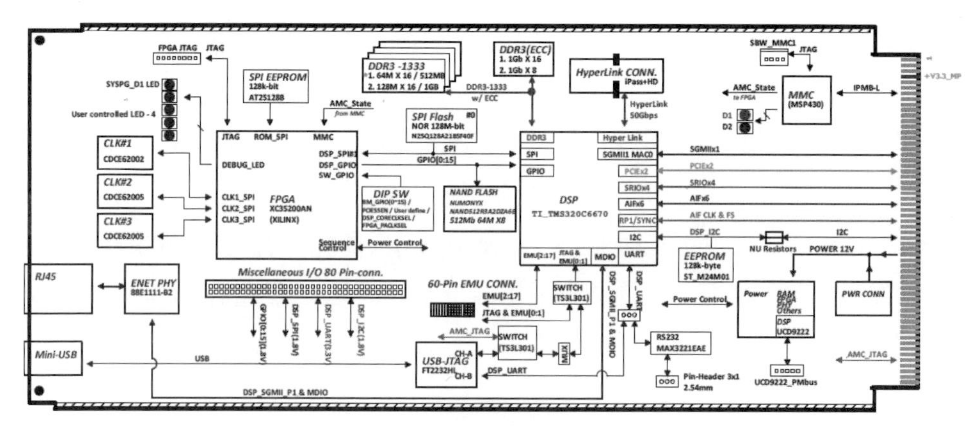

圖2-52　開發板的電路方塊圖

基本上，板卡的高速通訊介面主要都連接在AMC介面上，包括像PCIe、SRIO、AIF2、EMAC等。另外，板子上還有一個HyperLink連接裝

---

[11] http://www.advantech.com/Support/TI-EVM/default.aspx

置可獨立運作（參考[22]），其連接器的規格爲mini-SAS HD+4i (iPass+TM HD：4x9-pin共36-pin)，可上網查詢詳細的資料。

此外，C6670 DSP與HyperLink之間的電路圖，如下圖2-53所示。四組TX/RX的通訊通道、一組TX/RX流量控制，以及一組TX/RX電源管理。

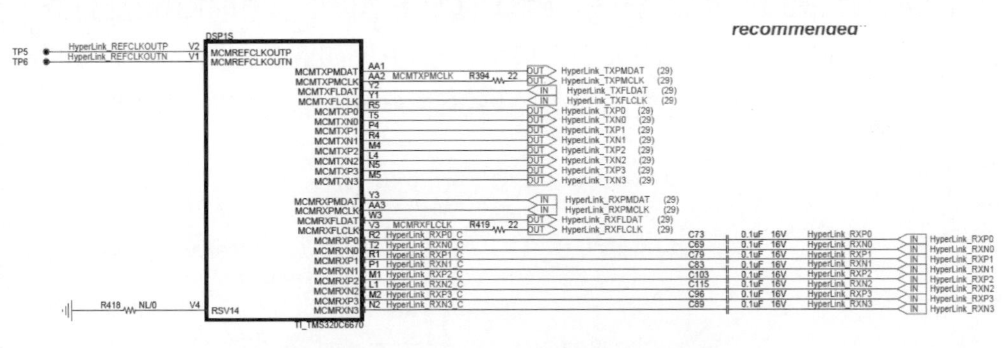

圖2-53　HyperLink訊號線路連接圖

▩ 高速通訊介面

事實上，HyperLink並非工業用的標準規格，只是德州儀器所自訂的規格，屬於封包方式的通訊模式，因此適合連接兩端都是德州儀器的晶片。HyperLink的實體電路有四條lane，每條最高通訊速度爲12.5 Gbaud rate，操作時可設爲one-lane或者four-lane模式。簡化成點對點的方塊圖，如下圖2-54所示。

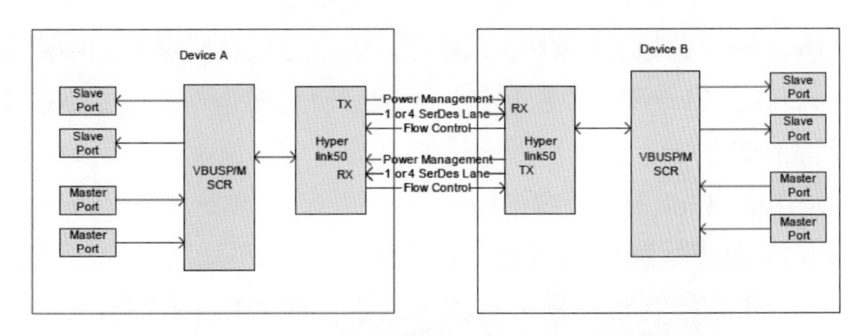

圖2-54　兩個裝置透過HyperLink的連接圖

就通訊協定而言，HyperLink協定可分成三類通訊型態：讀、寫、中斷事件，其中中斷是由特殊封包所運送。一般的封包內容包含一個或兩個控制單元以及數個資料單元，每個單元的基本長度爲64 bits。讀寫的動作需要定址（Addressing），這樣才知道對哪個位址進行讀寫，在HyperLink協定裡提供64個記憶體區間做爲基準位址，每個基準位址須與64KB位址對齊，每個記憶體區間被對應到的大小爲最大256MB，如圖2-55所示。讀寫的過程，存取的位址被轉譯後放到封包的控制單元裡，然後接收端收到後再轉譯回實際位址。

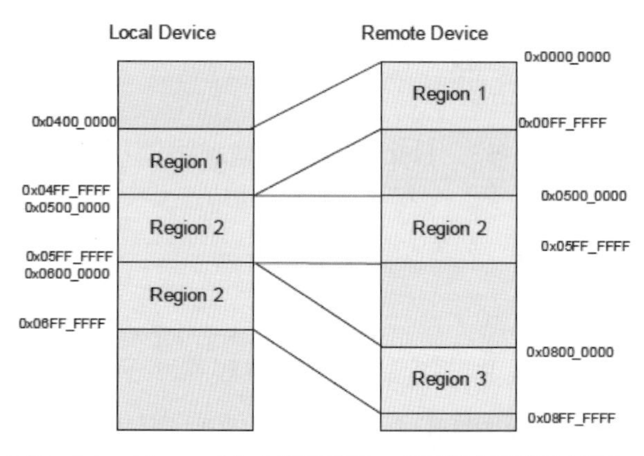

圖2-55　HyperLink存取時，記憶空間對應圖

HyperLink模組提供中斷的處理，中斷分成四個階段：偵測、轉發、對應、產生。『偵測』指的是何種條件下對HyperLink模組發出中斷，可能是某硬體被觸發後或者軟體中斷。『轉發』指的是將這個觸發的中斷事件傳送到HyperLink的另一端（中斷封包），或者將這個事件放到本地的中斷佇列裡，等待被處理。『對應』指的是如何處理來自遠端的中斷封包。『產生』指的是HyperLink產生一個中斷。

當chip reset或軟體reset重置都會將HyperLink模組重置，另外還可以利用HyperLink的控制暫存器來重置。注意：如果HyperLink正在傳送，送出重置的命令可能會造成系統當機。最好的方式是重置之前先設定

serial_stop。另外，HyperLink無法直接觸發EDMA作搬運工作，而EDMA可以送命令給HyperLink要求讀寫。

▩ HyperLink範例程式

MCSDK提供一個HyperLink範例程式，在這個範例中，需要載入PDK、IPC、SYS/BIOS套件。程式分成兩種測試方式：一種爲自己loop-back測試，另一種爲兩張板子的loopback測試。我們可以在hyplnkLLDCfg.h檔定義『hyplnk_EXAMPLE_LOOPBACK』是否要自環測試，或者兩張EVM板子的連接測試。

大致上，本章節只介紹了C6670開發平台的建立，和部分的範例程式，特別介紹HyperLink高速通訊介面。由於C6670的功能多而且複雜，初學者無法快速學習到所有的精隨，只能從範例按圖索驥，慢慢學到如何修改程式，設計出自己想要的功能。當然，累積更多開發C6000平台的經驗，對開發這種C6670多核心的平台也會有幫助。

參考資料

[1] TLC320AD535 Dual Channel Voice/Data Codec Data Manual.

[2] Design Guidelines for the TLC320AD535/545 (SLAA 090)

[3] SN74LVC161284 19-Bit Bus Interface.

[4] TLV320AIC23 Stereo Audio CODEC, 8- to 96-kHz, With Integrated Headphone Amplifier

[5] C6713 DSK Help Document (檔案名C6713DSK.hlp)

[6] C6416 DSK Help Document (檔案名C6416DSK.hlp)

[7] 「數位信號處理平台在嵌入式系統的應用」，文魁資訊，2006

[8] TMS320x281x DSP Boot ROM Reference Guide

[9] Running an Application from Internal Flash Memory on the TMS320F28xxx DSP

[10] TMS320F28x DSP External Interface (XINTF) Reference Guide

[11] 256Kx16 High Speed Asynchronous CMOS Static RAM With 3.3V Supply

[12] 8 Megabit (512K x 16-Bit) Multi-Purpose Flash

[13] TMS320C5515 Fixed-Point Digital Signal Processor (SPRS645)

[14] Application Report, Using the TMS320C5515/14/05/04 Bootloader

[15] DSP/BIOS VPBE Device Driver User's Manual

[16] TMS320 DSP Algorithm Standard API Reference

[17] TMS320C6670 data sheet

[18] http://processors.wiki.ti.com/index.php/TMDXEVM6670L_EVM_Hardware_Setup

[19] http://software-dl.ti.com/sdoemb/sdoemb_public_sw/bios_mcsdk/latest/index_FDS.html

[20] TI SYS/BIOS Real-time Operating System v6.x User's Guide (spruex3j)

[21] http://en.wikipedia.org/wiki/Advanced_Mezzanine_Card

[22] HyperLink User Guide (sprugw8)

3 DSP的實用範例

本章提供DSP實驗以及部分程式範例的說明，目的希望初學者能從這些基本的範例中學習到如何使用數位信號處理器。

學習重點

- 周邊控制
- 設計計時器
- 如何量測MIPS
- 如何產生單音
- 錄音與播放
- 即時處理的IIR濾波器
- 設計Ping-Pong Buffer
- 設計迴音效果
- 傅立葉轉換

本章將提供九個DSP實驗，每個實驗都以C6713與C6416開發板做爲平台。對於實驗之間的規劃，我們依照平台的周邊循序漸進地深入DSP處理器的核心。

- 實驗一：以開發平台的I/O周邊做為學習出發點，讓初學者能夠建立專案檔和記憶體規畫檔，然後再從簡單的周邊控制開始學習。
- 實驗二與實驗三：利用DSP處理器的內建Timer模組，設計一個計時器。接著，再以計時器為基礎，設計一個量測工具，用來估算程式運算所耗費的時間。
- 實驗四與實驗五：以開發平台的語音晶片做為基礎，先學習如何產生一個單音撥放。接下來，再學習錄音與播放的技巧，以便建立一個數位語音處理的基礎。
- 實驗六：以前面的實驗為基礎，在開發平台上設計即時性的IIR濾波器，輸入人聲後觀察濾波器處理的效果。
- 實驗七：學習如何在DSP平台上，設計Ping-Pong Buffer。
- 實驗八：利用Ping-Pong Buffer，設計一個語音的迴音效果。
- 實驗九：學習設計傅立葉轉換。

3.1 周邊控制

實驗目的

在德州儀器的DSK開發板上面，我們很清楚看到一個16段開關，這個可當作輸入之用。另外，還有4個LED燈做爲輸出警示之用。除此之外，板子的HPI擴充槽還有幾組GPIO可供使用者運作，只要將GPIO接腳拉出來，然後由使用者自行設定爲輸出或者輸入之用途。

實驗中，利用DIP的開關控制LED的亮滅，於是將板子上的這四個DIP的開關分別對應到四個LED燈，例如：DIP-1按下去之後，LED-1的燈便會亮起來。實驗的另一個重點，就是GPIO接腳的用法。在DSK開發板上面提供一個HPI擴充槽用來連接外部的電路子板，我們可以學習利用GPIO來控制外部的電路，或者接收外部的訊號。

由於HPI擴充槽的GPIO接腳與其他接腳共用（第二章提到），爲了讓GPIO能在DSK板上致能，首先透過硬體的腳位設定（拉高或拉低）將共用的情況選擇成GPIO模式，再以軟體方式控制GPIO的方向（輸出或輸入）。對於C6713 DSK硬體設定，必須將HD14腳位設爲低電位；對於C6416 DSK，必須將PCI_EN腳位設爲低電位表示使用GPIO的功能。

重點提示

- 控制LED的狀態由CPLD決定，找出控制LED與DIP的位址。
- GPIO接腳與其他接腳共用，如何讓晶片的接腳切換到GPIO的功能。（硬體接腳的電位設定）
- GPIO接腳的功能可設定為輸入型或者輸出型。（軟體改動）
- 利用CSL函式庫中的GPIO模組，呼叫其函式以控制腳位的變化，或讀取腳位的高低。

3.1.1 在C6416 DSK上開發

設計這個實驗的程式，可從下列三項重點開始著手：

- 建立以C6416為平台的專案檔
- 建立以C6416為平台的組譯命令檔，和記憶體規劃檔
- 設計程式碼

建立專案檔

開發程式之前，我們必須先建立一個專案檔（*.pjt）。這個專案檔需要包含至少一個程式碼的C檔案，以及一個命令檔（*.cmd），如圖3-1左半部所示。接著，我們要告訴編譯器（compiler）在編譯過程所要求的參數，這些編譯程式時所相關參數，如圖3-1右半部所示。

設定時，請留意使用C6416 DSK開發板與C6713 DSK的參數不同，這是因為程式中所調用的CSL函式庫將根據我們所定義的參數來套用，比如說C6416必須定義「CHIP_6416」字串，使得在編譯過程CSL函式庫將選用C6416暫存器組並提供相關的函式。另外，選擇編譯平台為C64xx，讓編譯器知道編譯時將以C64為基礎進行最佳化。

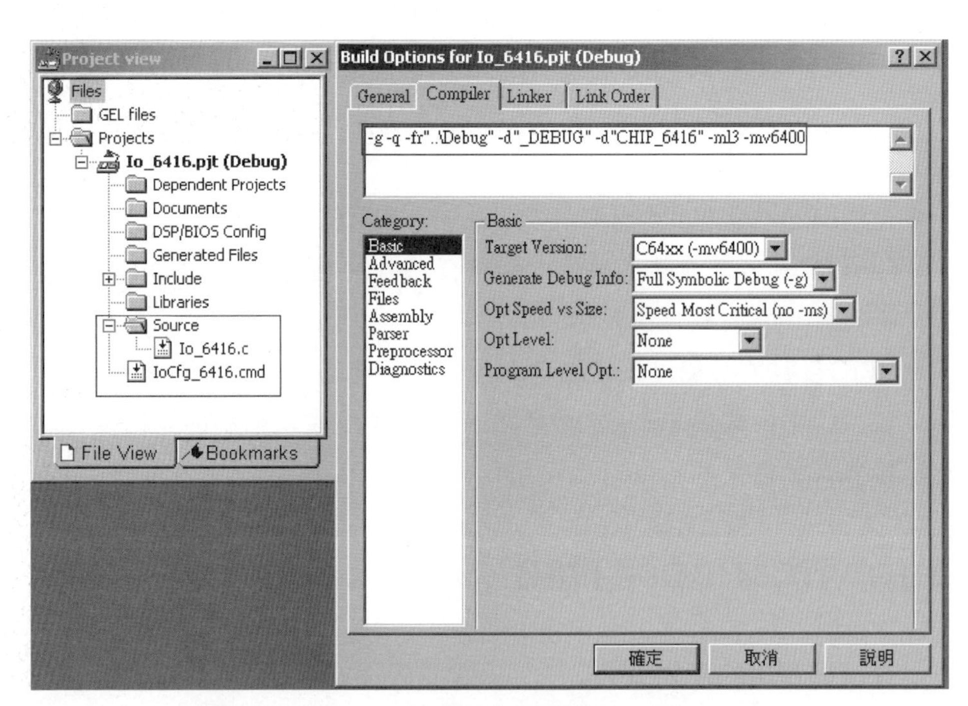

圖3-1　C6416專案檔的相關配置（實驗3-1）

▩ 建立組譯命令檔

命令檔，是組譯時所需要的檔案，它告訴組譯器（linker）這個晶片的記憶體規劃，以及程式與資料區塊該如何配置。在第二章中提到C6416開發板與C6713開發板的記憶體配置方式不盡相同，而且晶片內部記憶體大小與規劃也不同，因此兩者的命令檔（*.cmd）必須個別定義。首先，C6416晶片的內部記憶體有1 Mbytes，然而C6713晶片只有192 Kbytes。其配置的方式，如下列所示：

C6416的內部記憶體分成兩部分，一部份放程式碼，其容量可由使用者自行定義，這裡將存放的記憶容量設為192 Kbytes。另一部份存放資料，我們將剩餘的記憶容量全分配給資料區塊。此外，開發板還外加16 MB的SDRAM，以提供存放程式碼或資料之用，在此我們將16 MB的記憶空間全部配置成資料區塊，如果使用者有需要的話可以自行分配，如內部記憶體的配置一樣。

除了上述的規劃之外，底下的配置則可套用到各類開發板上。我們在位址0h的地方配置一塊中斷向量表，用來存放中斷服務常式（ISR）的指標。此外，在資料區塊中配置一塊堆疊（stack）做為系統之用，先宣告堆疊的大小（可參考下面cmd檔的例子為0x1000），然後這個宣告的堆疊被規劃到ID_MEM區塊。

命令檔 (.cmd)

```
/* 規劃C6416 DSK的記憶體配置 */

/* 配置一塊stack, 大小為0x1000 */
-stack   0x1000

MEMORY
{
        /* 中斷向量表 */
        VECS(RX):              org = 00000000h,    len = 00000300h

        /* 192KB 程式碼記憶體 (SRAM) */
        IP_MEM(RX):            org = 00000300h,    len = 0002FD00h

        /* 832KB 資料記憶體 (SRAM) */
        ID_MEM(RW):       org = 00030000h,    len = 000D0000h

        /* 512KB 快閃記憶體 */
        ROM(RW):               org = 64000000h,    len = 00080000h

        /* 16M 外部記憶體 (SDRAM) */
        DMEM(RW):              org = 80000000h,    len = 01000000h
}
SECTIONS
{
        .vec:                  > VECS
        .text:                 > IP_MEM
        .const:           > ID_MEM
```

CHAPTER 3

```
        .far:                           > ID_MEM
        .stack:                 > ID_MEM
        .cinit:                 > ID_MEM
        .bss:                           > ID_MEM
        .data:                  > ID_MEM
}
```

▩ 程式源碼

```
01      #include <csl.h>
02      #include <csl_gpio.h>
03
04      // C6416 DSK上面CPLD所配置的位址
05      unsigned char *pCPLD = (unsigned char *)0x60000000;
06
07 void main()
08 {
09      Uint16    i;
10      GPIO_Handle         hGpio;
11      unsigned char ver, dip;
12      unsigned char led_prev, led;
13
14      // 初始化CSL函式庫
15      CSL_init();
16      ver = *(pCPLD + 4);
17
18      // 配置GPIO控制
19      hGpio = GPIO_open( GPIO_DEV0, GPIO_OPEN_RESET );
20      GPIO_pinDirection( hGpio,
21                GPIO_PIN9|GPIO_PIN12|GPIO_PIN13|GPIO_PIN15, GPIO_OUTPUT );
22      GPIO_pinEnable( hGpio,
23                GPIO_PIN9|GPIO_PIN12|GPIO_PIN13|GPIO_PIN15 );
24
25      for(;;)
26      {
27                dip = *(pCPLD + 0);
28                led_prev = dip & 0x0F;
29
30                // 檢查DIP-0是否按下？同時設定GPIO-9腳位
31                if( dip & 0x10 )
32                {
33                          led &= ~0x01;
34                          GPIO_pinWrite( hGpio, GPIO_PIN9, 0 );
35                }
36                else
37                {
38                          led |= 0x01;
39                          GPIO_pinWrite( hGpio, GPIO_PIN9, 1 );
```

CHAPTER 3

```
40              }
41
42              // 檢查DIP-1是否按下？同時設定GPIO-12腳位
43              if( dip & 0x20 )
44              {
45                      led &= ~0x02;
46                      GPIO_pinWrite( hGpio, GPIO_PIN12, 0 );
47              }
48              else
49              {
50                      led |= 0x02;
51                      GPIO_pinWrite( hGpio, GPIO_PIN12, 1 );
52              }
53
54              // 檢查DIP-2是否按下？同時設定GPIO-13腳位
55              if( dip & 0x40 )
56              {
57                      led &= ~0x04;
58                      GPIO_pinWrite( hGpio, GPIO_PIN13, 0 );
59              }
60              else
61              {
62                      led |= 0x04;
63                      GPIO_pinWrite( hGpio, GPIO_PIN13, 1 );
64              }
65
66              // 檢查DIP-3是否按下？同時設定GPIO-15腳位
67              if( dip & 0x80 )
68              {
69                      led &= ~0x08;
70                      GPIO_pinWrite( hGpio, GPIO_PIN15, 0 );
71              }
72              else
73              {
74                      led |= 0x08;
75                      GPIO_pinWrite( hGpio, GPIO_PIN15, 1 );
76              }
77
78              if( led_prev != led ) *(pCPLD + 0) = led;
79
80              for(i = 0; i < 5000; i++);
81      }
82 }
```

▩ 程式說明

行號5 – 宣告CPLD在C6416 DSK板子上的位址。

行號15 – 因爲在這個實驗中會呼叫到GIOP模組的函式，呼叫任何CSL函式庫之前，我們必須先執行CSL_init( )，以初始化DSP晶片上所有的周邊模組。

行號19 – 開啓一個GPIO模組，以取得GPIO的資源控制碼。以C6x晶片而言，只有唯一一個「GPIO_DEV0」，因此呼叫GPIO_open函式時，輸入GPIO_DEV0作爲開啓模組的參數，同時將所有GPIO相關的暫存器、接腳都reset。

行號20~21 – 設定GPIO接腳的特性，輸入或是輸出。在此，我們將GPIO9、GPIO12、GPIO13、與GPIO15四根接腳設成輸出的模式。

行號22~23 – 致能GPIO接腳。

行號25–讓DSP執行處於一個無窮迴圈。

行號27~28 – 讀取目前DIP的狀態。

行號31~40 – 檢查DIP-0是否按下。如果按下，則將LED-0點亮，同時GPIO9輸出高電位（3.3V）。否則LED-0熄滅且GPIO9輸出低電位（0V）。

行號43~52 – 檢查DIP-1是否按下。如果按下，則將LED-1點亮，同時GPIO12輸出高電位（3.3V）。否則LED-1熄滅且GPIO12輸出低電位（0V）。

行號55~64 – 檢查DIP-2是否按下。如果按下，則將LED-2點亮，同時GPIO13輸出高電位（3.3V）。否則LED-2熄滅且GPIO13輸出低電位（0V）。

行號67~76 – 檢查DIP-3是否按下。如果按下，則將LED-3點亮，同時GPIO15輸出高電位（3.3V）。否則LED-3熄滅且GPIO15輸出低電位（0V）。

行號78 – 更新LED的狀態。

3.1.2 如何從C6416換到C6713

同樣的實驗，如果想要從C6416平台移植到C6713平台，我們可掌握下列三項重點，再著手進行：

- 修改專案檔的定義，以CHIP_6713為主
- 修改組譯命令檔，以C6713 DSK的記憶體配置為準
- 在程式碼中，修改與硬體位址有關的地方

▩ 建立專案檔

如同C6416專案檔一樣，參照圖3-2所示。使用C6713晶片時必須定義「CHIP_6713」字串，讓CSL函式庫選用C6713相關的定義來編譯。此外，編譯的平台則改選成C671x，這樣編譯的效果會比較好。

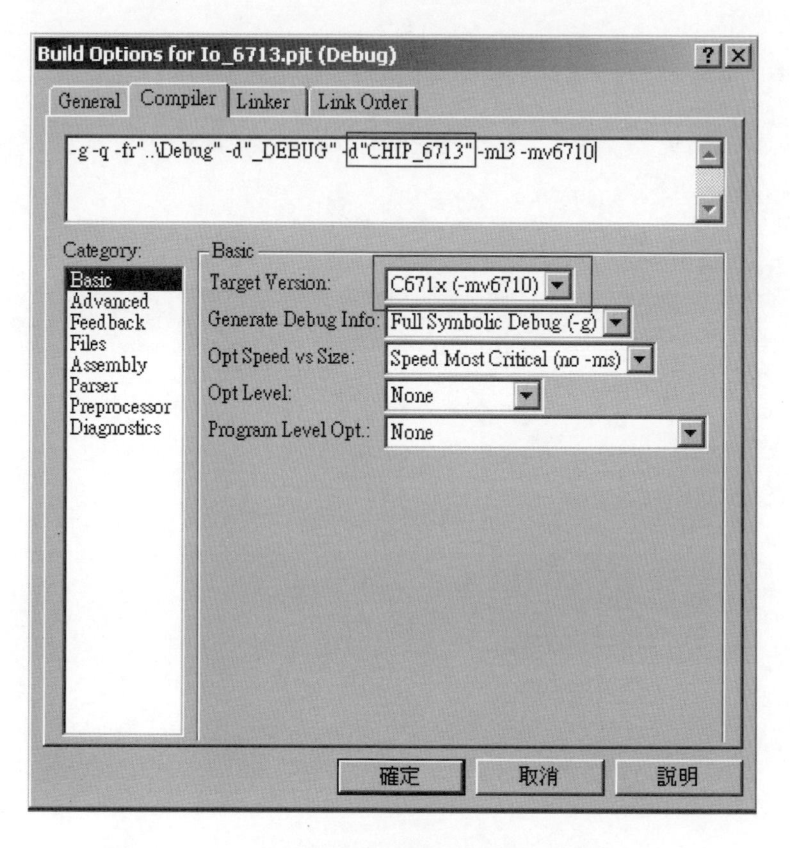

圖3-2　C6713專案檔的相關配置（實驗3-1）

▩ 建立C6713的組譯命令檔

與C6416晶片不同的地方，C6713的內部記憶體也分成兩部分，一部份放程式碼，其容量也是由設計者自行定義，這裡我們將存放的記憶容量固定爲64 Kbytes。另一部份存放資料，於是將剩餘的記憶容量全分配給資料區塊。其餘的記憶體配置，分配的方式與C6416相同。

```
/* 規劃C6713 DSK的記憶體配置 */

/* 配置一塊stack, 大小為0x1000 */
-stack   0x1000

MEMORY
{
        /* 中斷向量表 */
        VECS(RX):                    org = 00000000h,    len = 00000300h

        /* 64KB 程式碼記憶體 (SRAM) */
        IP_MEM(RX):                  org = 00000300h,    len = 0000FD00h

        /* 128KB 資料記憶體 (SRAM) */
        ID_MEM(RW):          org = 00010000h,    len = 00020000h

        /* 16M 外部記憶體 (SDRAM) */
        DMEM(RW):                    org = 80000000h,    len = 01000000h

        /* 512KB 快閃記憶體 */
        ROM(RW):                     org = 90000000h,    len = 00080000h
}

SECTIONS
{
        .vec:                        > VECS
        .text:                       > IP_MEM

        .const:              > ID_MEM
        .far:                        > ID_MEM
        .stack:              > ID_MEM
        .cinit:              > ID_MEM
        .bss:                        > ID_MEM
        .data:               > ID_MEM
}
```

CHAPTER 3

▩ 程式源碼修改的地方

就這個實驗而言，程式碼需要修改的地方就是行號5，必須把CPLD的位址指到90080000h。因爲C6416 DSK與C6713 DSK定義的位址不一樣，在移植程式碼的時候要留意硬體的位址是否正確。

```
01    #include <csl.h>
02    #include <csl_gpio.h>
03
04    // C6713 DSK上面CPLD所配置的位址
05    unsigned char *pCPLD = (unsigned char *)0x90080000;
```

3.2 設計計時器

▩ 實驗目的

每顆DSP晶片內都提供多個計時器，也可稱爲計數器。C6713內建2個，而C6416則內建3個計時器。它的功能可以很容易地理解，主要是利用輸入計時器之訊號的時脈來計算時間或次數。另外一個功能是可以產生週期性訊號，這個訊號從晶片的接腳輸出給其他晶片當作clock使用。

關於計時器的輸入訊號，其來源有兩種可以選擇：一個是來自DSP本身內部的時脈，另一個是來自外部電路輸入的訊號。使用者可以透過暫存器的設定，選擇其中之一做爲計時器的輸入訊號來源。要注意一點，如果選擇DSP內部時脈的話，這個時脈的頻率與CPU的操作時脈有關。例如對於C62x/C67x DSP而言，輸入計時器的內部時脈是CPU操作時脈的四分之一；而C64x計時器的輸入時脈則只有CPU操作時脈的八分之一，換句話說若C64x DSP採用600 MHz的時脈，則計時器輸入的內部時脈爲75 MHz。

這個實驗的目的是希望利用計時器產生一個週期爲1 msec的方波信號，並在每1 msec產生一個中斷通知CPU。每當CPU收到1000次中斷訊號後，執行LED燈的閃爍一次，因此相當於LED燈每隔1秒鐘閃爍一次。另外，我們利用DIP-0開關來啟動或暫停計時器輸出週期信號與中斷。當計時器暫停輸出時，LED燈停止閃爍，當計時器繼續輸出時，LED燈則恢復每秒閃爍。

▩ 重點提示

- 選擇一個Timer模組作為計時器，採用DSP內部時脈做為計時器的輸入。
- 也可以採用外部時脈作為輸入，檢查可從DSK板子上的哪個接腳輸入。
- 利用CSL函式庫中的TIMER模組，呼叫其函式以設定週期。
- 每當計數暫存器值（輸入訊號的cycles數目）累積到所設定的週期暫存器值時，發出一個中斷以通知CPU。
- 參考圖3-3，計時器的內部運作圖。

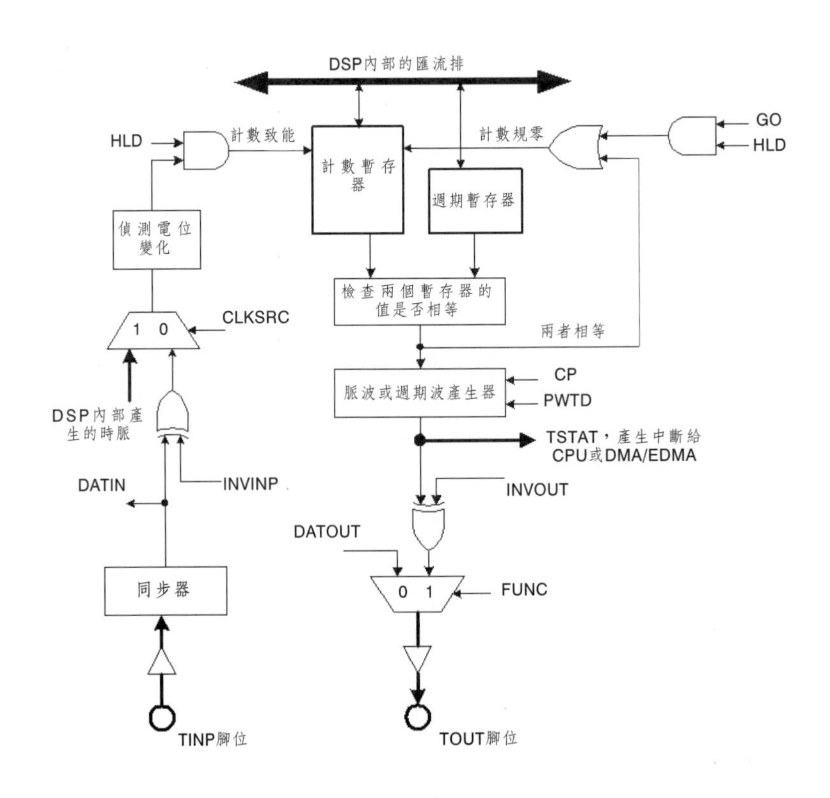

圖3-3 計時器內部方塊圖

3.2.1 在C6416 DSK上開發

建立專案檔

如同前一節，我們必須建立一個專案檔（*.pjt），該專案包含了一個計時器的主程式之外，還有一個中斷服務常式的檔案（intr_a.asm），外加一個命令檔，如圖3-4左半部所示，程式檔案如下。

intr_a.asm – 建立中斷服務向量表

Timer_6416.c – 主程式，與計時器的設定

至於編譯程式的相關參數，如圖3-4右半部所示。在這個實驗中使用到計時器中斷，我們將編譯的最佳化等級設爲2，主要原因是希望中斷服務常式的指令盡量越節省越好，以免中斷過於頻繁影響到主程式的運算。

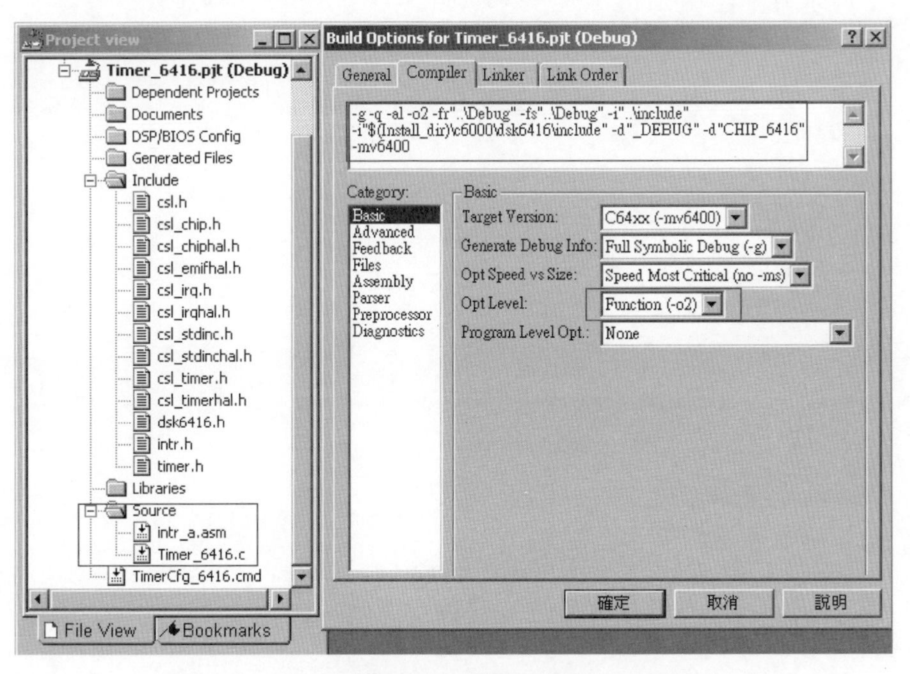

圖3-4 C6416專案檔的相關配置（實驗3-2）

建立組譯命令檔

此組譯命令檔的內容，與3-1-1節所使用的命令檔相同。

程式源碼

```
01      #include "dsk6416.h"
02      #include "timer.h"
03      #include "intr.h"
04
05      volatile unsigned int tickCount = 0;
06      unsigned char                    *pCPLD = (unsigned char *)0x60000000;
07      unsigned int                                 SleepTime;
08      int                                          TimerState = -1;
09      TIMER_Handle                     hTimer;
10
11      // 中斷向量表
12      unsigned int isr_jump_table[16] =
13      {
14      (unsigned int) c_int00,           (unsigned int) NMI,
15      (unsigned int) RESV1,             (unsigned int) RESV2,
16      (unsigned int) unexp_int04, (unsigned int) unexp_int05,
17      (unsigned int) unexp_int06, (unsigned int) unexp_int07,
18      (unsigned int) unexp_int08, (unsigned int) unexp_int09,
19      (unsigned int) unexp_int10, (unsigned int) unexp_int11,
20      (unsigned int) unexp_int12, (unsigned int) unexp_int13,
21      (unsigned int) c_int14,           (unsigned int) unexp_int15
22      };
23
24      void main()
25 {
26      CSL_init();
27      DSK6416_init();
28
29      IRQ_resetAll();
30      IRQ_globalEnable();
31      IRQ_nmiEnable();
32
33      InitTimer();
34      CtrlTimer( START_TIMER );
35      SleepTime = tickCount + 1000;
36      *(pCPLD + 0) = 0x01;
37
38      for(;;)
39      {
40              if( *(pCPLD + 0) & 0x10 )
41                      CtrlTimer( RESUME_TIMER );
42              else
43                      CtrlTimer( PAUSE_TIMER );
44      }
45 }
```

CHAPTER 3

```
46
47      void InitTimer()
48 {
49      TIMER_Config cfgTimer =
50      {
51              TIMER_FMKS(CTL,CLKSRC,CPUOVR8) |
52              TIMER_FMKS(CTL,CP,CLOCK) |
53              TIMER_FMKS(CTL,FUNC,TOUT),
54              TIMER_FMKS(PRD,PRD,OF(PERIOD_600M)),
55              0x00000000
56      };
57
58      if( DSK6416_getVersion() != 1 )
59              cfgTimer.prd = TIMER_FMKS(PRD,PRD,OF(PERIOD_720M));
60
61      hTimer = TIMER_open( TIMER_DEV0, TIMER_OPEN_RESET );
62      TIMER_config( hTimer, &cfgTimer );
63      IRQ_clear( IRQ_EVT_TINT0 );
64      IRQ_enable( IRQ_EVT_TINT0 );
65 }
66
67      void CtrlTimer( int ctrCode )
68 {
69      if( TimerState != ctrCode )
70      {
71              TimerState = ctrCode;
72
73              if( ctrCode == START_TIMER )
74                      TIMER_start( hTimer );
75              else if( ctrCode == PAUSE_TIMER )
76                      TIMER_pause( hTimer );
77              else if( ctrCode == RESUME_TIMER )
78                      TIMER_resume( hTimer );
79              else if( ctrCode == STOP_TIMER )
80              {
81                      TIMER_FSETH(hTimer, CTL, HLD, 0);
82                      TIMER_FSETH(hTimer, CTL, GO, 0);
83              }
84      }
85 }
86
87      interrupt void c_int14( void )
88 {
89      unsigned char       led;
90
91      tickCount++;
92
93      if( SleepTime == tickCount )
94      {
95              led = *(pCPLD + 0) & 0x0F;
96
97              led <<= 1;
98              if( led == 0x10 ) led = 0x01;
99
```

```
00                  *(pCPLD + 0) = led;
01                  SleepTime = tickCount + 1000;
02         }
03 }
```

▩ 程式說明

《主程式》

行號12~22 – 宣告新的中斷向量表，舊的向量表的位址放在0h，我們可以檢視組合語言檔案「intr_a.asm」以及組譯命令檔的區塊「.vec」。舊的向量表會將中斷重新指到我們所宣告的中斷向量表，於是執行向量表上面的中斷服務常式（ISR），其中CPU14指向我們設計的中斷服務常式。

另外，如果沒有修改DSP的中斷選擇器，預設的CPU中斷14來自於Timer 0，CPU中斷15來自於Timer 1，所以我們也可以選擇Timer 1該實驗的計時器。

行號26 – 因為在這個實驗中會呼叫到TIMER模組的函式，呼叫任何CSL函式庫之前，我們必須先執行CSL_init( )，以初始化DSP晶片上所有的周邊模組。

行號27 – 執行DSK6416_init( )，以初始化C6416 DSK板子上所有的周邊模組。

行號29~31 – 初始化DSP中斷，致能中斷旗標。

行號33~34 – 設定計時器的暫存器，同時啓動計時器的計數。

行號38~44 – 讓DSP執行處於一個無窮迴圈，當DIP-0按下後，則暫停計時器的計數。當DIP-0釋放後，則繼續計時器的計數。

《計時器的初始化》

行號49~56 – 宣告一個計時器的配置結構，同時給定計時器的參數值。

TIMER_FMKS(CTL,CLKSRC,CPUOVR8) 表示輸入的時脈來自於DSP

內部時脈，而且頻率只有八分之一。

TIMER_FMKS(CTL,CP,CLOCK) 表示計時器輸出的波形爲方波。

TIMER_FMKS(PRD,PRD,OF(PERIOD_600M)) 設定輸出方坡的週期，其計算公式如下：

$$方波週期 = \frac{2 \times 週期暫存器值（PRD）}{輸入訊號之頻率}.$$

因爲我們要求輸出方波的週期爲1 msec，而且對於600 MHz的DSP而言輸入訊號的頻率爲75 MHz（∵DSP時脈的8分之一），所以週期暫存器的值等於方波週期×輸入訊號的頻率÷2，即：

$$PRD = 0.001 \times 75\ MHz \div 2 = 37500.$$

相當於輸入訊號在每37500個cycles後輸出一個方波，或計數暫存器值累積到37500後輸出一個方波。

行號58~59 – 如果DSK採用720 MHz的時脈作爲DSP輸入，輸入計時器的頻率變成90 MHz，那我們必須修改一下週期暫存器的值，算式如下：

$$PRD = 0.001 \times 90\ MHz \div 2 = 45000.$$

行號61 – 開啓一個TIMER模組，以取得計時器的資源控制碼。這個實驗以Timer-0爲例，呼叫TIMER_open函式之後，計時器的所有暫存器與內部狀態都會被重置。

行號62 – 設定計時器的暫存器值。

行號63~64 – 計時器0所產生的中斷會觸發CPU中斷14，所以我們先清除中斷14的旗標，再致能中斷14，這樣子CPU中斷14每隔1 msec會被觸發一次。

《計時器的工作模式》

行號73~83 – 計時器的工作模式有四種：啓動、暫停、繼續、停止，而CSL函式庫提供這四種模式的API，只要輸入計時器的資源控制碼，就能設定工作模式。

《CPU中斷》

行號87 – 這是一個中斷服務常式（ISR）。函式最前面有一個關鍵字『interrupt』，編譯器用來識別中斷服務常式或一般函式。此外，這個ISR每隔1 msec會被呼叫一次，觀察暫存器的變化與中斷的關係，如圖3-5所示。

圖中第一個的訊號代表輸入訊號，下面第二與第三訊號代表輸出訊號，輸出訊號的波形分成兩種模式（脈波和方波）。要注意的一點，這兩種波形所產生的中斷週期相差一倍。

行號91 – tickCount作爲計數的滴答，每次將滴答數加1。也就是說，這個滴答的單位爲msec。

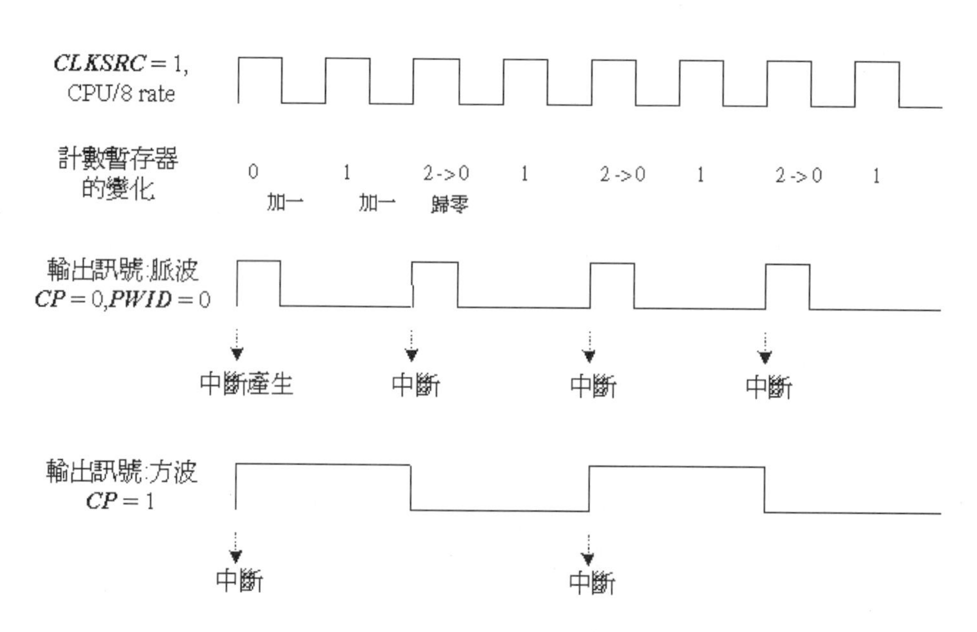

圖3-5 中斷產生與輸入訊號的關係

行號93~102 – 宣告SleepTime變數，用來執行每秒LED閃爍一次。目前SleepTime設定為1000個等待的滴答數，我們也可以調整成我們所需要的等待時間。

3.2.2 轉到C6713平台

修改專案檔

參考3-1-2節，如圖3-2所示。重點在於修改專案檔裡頭的定義字串，以及選擇編譯的平台。

建立C6713的組譯命令檔

採用3-1-2節的組譯命令檔。

程式源碼修改的地方

C6416與C6713 DSK除了CPLD的位址定義不相同之外，兩顆DSP晶片輸入的時脈也不一樣，C6713的輸入時脈為225 MHz，這會影響到計時器的輸入頻率。另外，C6713的計時器對輸入頻率的除頻倍數也與C6416不一樣，C6713採用四分之一的除頻倍數。

行號1 – 修改header檔案名稱。

行號6 – 修改CPLD的位址為90080000h。

行號27 – 修改DSK函式庫的名稱，執行DSK6713_init( )，以初始化C6713 DSK板子上所有的周邊模組。

行號51 – 修改輸入頻率的除頻倍數。

行號54 – 修改週期暫存器的值，算式如下：

PRD的值 = 0.001×56.25 MHz $\div 2 = 28125$.

```
01      #include "dsk6713.h"
...
05      volatile unsigned int tickCount = 0;
06      unsigned char       *pCPLD = (unsigned char *)0x90080000;
07      unsigned int                    SleepTime;
27      DSK6713_init();
...
47      void InitTimer()
48 {
49      TIMER_Config cfgTimer =
50      {
51              TIMER_FMKS(CTL,CLKSRC,CPUOVR4) |
52              TIMER_FMKS(CTL,CP,CLOCK) |
53              TIMER_FMKS(CTL,FUNC,TOUT),
54              TIMER_FMKS(PRD,PRD,OF(PERIOD_225M)),
55              0x00000000
56      };
57
```


3.3 如何量測MIPS

▩ 實驗目的

在設計DSP系統程式的時候，有時需要估算某一塊模組執行所花費的時間，這有助於我們計算DSP需要消耗多少個MIPS（Million Instructions Per Second）在這個模組上。同時根據這樣的方式，我們才能進一步找到最消耗MIPS的模組，然後針對這個模組進行程式架構的最佳化。這樣的方法在業界開發系統的過程顯得極為重要，所以我們希望設計一個MIPS量測工具。

實驗中，我們想量測「memcpy」這個函式在複製記憶體資料（也就是資料搬移）所耗的時間。其中，記憶體的大小為1000 DWORD，由內部記憶體複製到外部記憶體，估算使用這個函式所耗費的時間。當知道耗費多少時間後，我們便可以思考如果自行寫一個複製的函式，能否比原本函式庫裡的memcpy更有效率。

▩ 重點提示

- 使用3-2節的實驗，選擇一個Timer模組作為計時器，採用DSP內部時脈作為計時器的輸入。另外，每1 msec產生一次中斷。
- 利用CSL函式庫中的TIMER模組，取得計數暫存器的值，以及耗費多少個滴答數。
- 計算出經過多少個滴答數與時脈數，估算實際耗費的時間。

3.3.1 在C6416 DSK上開發

▩ 建立專案檔

專案檔所包含的檔案詳列於圖3-6的左半邊，專案檔裡面包含兩個程式檔案：

intr_a.asm – 建立中斷服務向量表

Mips_6416.c – 主程式

編譯的參數則顯示在圖的右半邊。爲了在執行時方便我們一步一步地除錯，也就是能成功地設定執行時的中斷點，我們將最佳化的等級設爲None。

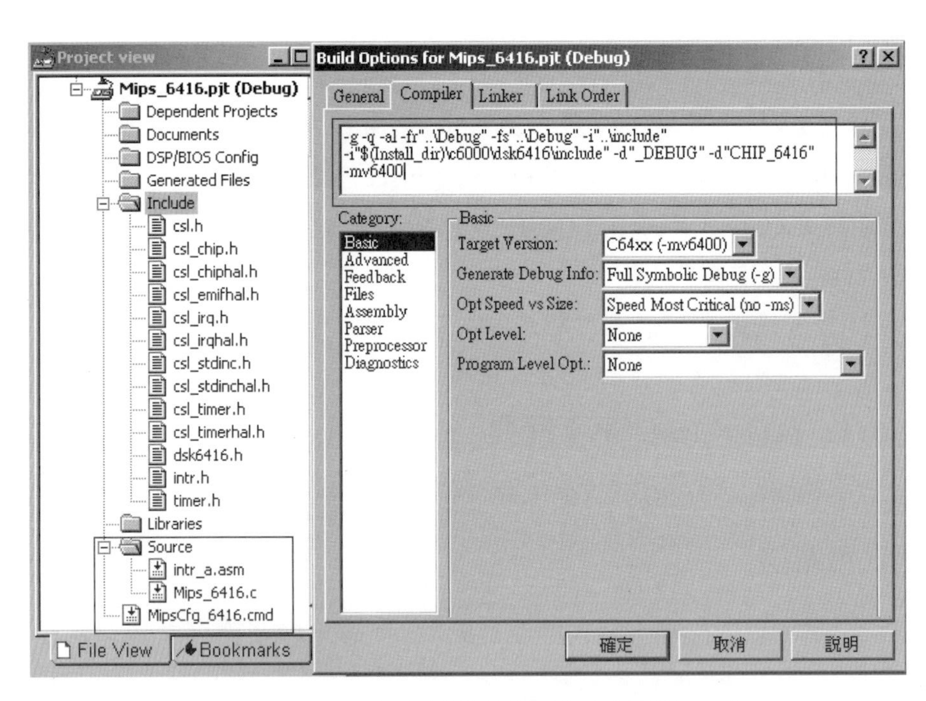

圖3-6　C6416專案檔的相關配置（實驗3-3）

▩ 建立組譯命令檔

此組譯命令檔的內容與實驗一所使用的命令檔有兩處不同，即增加兩個資料區塊：一塊在內部記憶體，另一塊在外部記憶體。

```
/* 規劃C6416 DSK的記憶體配置 */

/* 配置一塊stack, 大小為0x1000 */
-stack   0x1000

MEMORY
{
        /* 中斷向量表 */
        VECS(RX):                org = 00000000h,   len = 00000300h

        /* 192KB 程式碼記憶體 (SRAM) */
        IP_MEM(RX):         org = 00000300h,   len = 0002FD00h

        /* 832KB 資料記憶體 (SRAM) */
        ID_MEM(RW):         org = 00030000h,   len = 000D0000h
```

```
        /* 512KB 快閃記憶體 */
        ROM(RW):                    org = 64000000h,    len = 00080000h

        /* 16M 外部記憶體 (SDRAM) */
        DMEM(RW):                   org = 80000000h,    len = 01000000h
}
SECTIONS
{
        .vec:                       > VECS
        .text:                      > IP_MEM

        .const:             > ID_MEM
        .far:                       > ID_MEM
        .stack:             > ID_MEM
        .cinit:             > ID_MEM
        .bss:                       > ID_MEM
        .data:              > ID_MEM

        .inbuf:                     > ID_MEM            /* 內部記憶體 */
        .extbuf:                    > DMEM  /* 外部記憶體 */
}
```

程式源碼

```
01      #include "dsk6416.h"
02      #include "timer.h"
03      #include "intr.h"
04
05      #define BUF_SIZE    1000
06
07      #pragma DATA_SECTION( BufA, ".inbuf" )
08      #pragma DATA_SECTION( BufB, ".extbuf" )
09
10      Uint32                      BufA[BUF_SIZE], BufB[BUF_SIZE];
11      volatile Uint32             tickCount = 0;
12      Uint32                      CurrPeriod;
13      TIMER_Handle                hTimer;
14
15      // 中斷向量表
16      unsigned int isr_jump_table[16] =
17 {
18      (unsigned int) c_int00,         (unsigned int) NMI,
19      (unsigned int) RESV1,           (unsigned int) RESV2,
20      (unsigned int) unexp_int04, (unsigned int) unexp_int05,
21      (unsigned int) unexp_int06, (unsigned int) unexp_int07,
22      (unsigned int) unexp_int08, (unsigned int) unexp_int09,
23      (unsigned int) unexp_int10, (unsigned int) unexp_int11,
24      (unsigned int) unexp_int12, (unsigned int) unexp_int13,
```

CHAPTER 3

```
25      (unsigned int) c_int14,             (unsigned int) unexp_int15
26 };
27
28      void main()
29 {
30      TIME_CTXtimeCtx1, timeCtx2;
31
32      CSL_init();
33      DSK6416_init();
34
35      IRQ_resetAll();
36      IRQ_globalEnable();
37      IRQ_nmiEnable();
38      InitTimer();
39
40      GetCurrTime( &timeCtx1 );
41      memcpy( BufB, BufA, sizeof(BufA) ); // 欲量測的函式
42      GetCurrTime( &timeCtx2 );
43
44      CurrPeriod = TIMER_getPeriod( hTimer );
45      CurrPeriod = CurrPeriod / 1000;
46      timeCtx1.uSec = timeCtx1.tick / CurrPeriod;
47      timeCtx1.nSec =
        (timeCtx1.tick - timeCtx1.uSec * CurrPeriod) * 1000 / CurrPeriod;
48
49      timeCtx2.uSec = timeCtx2.tick / CurrPeriod;
50      timeCtx2.nSec =
        (timeCtx2.tick - timeCtx2.uSec * CurrPeriod) * 1000 / CurrPeriod;
51 }
52
53      void InitTimer()
54 {
55      TIMER_Config cfgTimer =
56      {
57                  TIMER_FMKS(CTL,CLKSRC,CPUOVR8) |
58                  TIMER_FMKS(CTL,CP,PULSE) |
59                  TIMER_FMKS(CTL,FUNC,TOUT),
60                  TIMER_FMKS(PRD,PRD,OF(PERIOD_600M)),
61                  0x00000000 /* cnt */
62      };
63
64      if( DSK6416_getVersion() != 1 )
65                  cfgTimer.prd = TIMER_FMKS(PRD, PRD, OF(PERIOD_720M));
66
67      hTimer = TIMER_open( TIMER_DEV0, TIMER_OPEN_RESET );
68      TIMER_config( hTimer, &cfgTimer );
69      TIMER_start( hTimer );
70
71      IRQ_clear( IRQ_EVT_TINT0 );
72      IRQ_enable( IRQ_EVT_TINT0 );
73 }
74
75      void GetCurrTime(TIME_CTX *pCtx)
76 {
```

```
77      pCtx->tick = TIMER_getCount( hTimer );
78      pCtx->mSec = tickCount;
79 }
80
81      interrupt void c_int14( void )
82 {
83      tickCount++;
84 }
```

▩ 程式說明

《主程式》

行號7~8 – 宣告兩塊記憶體，每塊記憶體的大小為1000 DWORD。其中，記憶體A定義在內部，記憶體B定義在外部。

行號16~26 – 宣告中斷向量表，其中CPU14指向我們設計的中斷服務常式（ISR）。如果沒有修改DSP的中斷選擇器，預設的CPU中斷14來自於Timer 0，CPU中斷15來自於Timer 1，所以我們也可以選擇Timer 1該實驗的計時器。

行號32 – 因為在這個實驗中會呼叫到TIMER模組的函式，呼叫任何CSL函式庫之前，我們必須先執行CSL_init( )，以初始化DSP晶片上所有的周邊模組。

行號33 – 執行DSK6416_init( )，以初始化C6416 DSK板子上所有的周邊模組。

行號35~37 – 初始化DSP中斷，致能中斷旗標。

行號40 – 測量前，取得目前的時間（單位msec），以及計數暫存器內的值。

行號41 – 欲量測的memcpy函式。

行號42 – 測量後，取得目前的時間（單位msec），以及計數暫存器內的值。

行號44~47 – 將計數暫存器裡的數值換算成時間，這個數值記錄了輸入訊號的cycle數目。以這個實驗爲例，輸入訊號的頻率爲75 MHz，也就是每個cycle的時間相當於13.3 nsec（1/75 MHz）。每13.3 nsec計數暫存器裡面的數值就加1，直到其值與週期暫存器值相等時才又被歸零，同時產生一個CPU中斷。因此，計數暫存器值所代表的時間爲：

微秒（μsec）= 計數×500÷週期暫存器.

奈秒（nsec）=（計數–微秒的計數）×5×10^5÷週期暫存器.

《計時器的設定》

行號53~73 – 設定計時器Timer-0的暫存器，以DSP的時脈作爲輸入計時器的頻率，輸出一個1 kHz頻率（1 msec週期）的脈波，同時每1 msec產生CPU中斷。與前面的計時器實驗不同的地方是這裡輸出採用脈波，相關設定如下：

TIMER_FMKS(CTL,CP,PULSE) 表示計時器輸出的波形爲脈波。

《取得滴答數》

行號75~79 – 記錄目前計時器的計數暫存器值，同時取得目前已經產生幾次CPU中斷。因爲每隔1 msec產生一次中斷，變數tickCount代表從計時器啓動後到目前爲止經過了多少毫秒。

《CPU中斷》

行號83 – 這是一個中斷服務常式（ISR）。函式最前面有一個關鍵字「interrupt」，編譯器用來識別中斷服務常式或一般函式。此外，這個ISR每隔1 msec會被呼叫一次。我們也可以試著用Timer-1當作計時器，這樣的話就得改爲CPU中斷15，而非CPU中斷14。

▩ 實驗結果

以C6416晶片爲例，輸入訊號的頻率爲75 MHz（以600 MHz的開發板爲言），也就是每個cycle的時間相當於13.3 nsec。實驗的結果，如圖3-7所示，執行memcpy函式之前的計數暫存器爲11，而執行memcpy函式之後的計數暫存器爲2143，也就是複製的動作耗費了2132個cycles。我們可換算cycle數爲時間單位，相當於複製的動作耗費約2132×13.3 = 28355.6 nsec ≅

28.36 μsec。每次實驗的結果都會些微的誤差，這是正常且合理的。

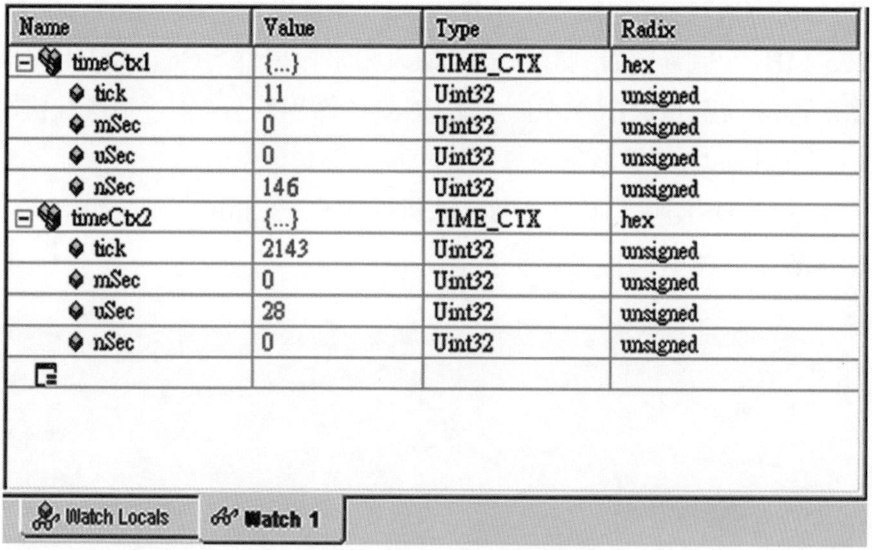

Name	Value	Type	Radix
⊟ timeCtx1	{...}	TIME_CTX	hex
tick	11	Uint32	unsigned
mSec	0	Uint32	unsigned
uSec	0	Uint32	unsigned
nSec	146	Uint32	unsigned
⊟ timeCtx2	{...}	TIME_CTX	hex
tick	2143	Uint32	unsigned
mSec	0	Uint32	unsigned
uSec	28	Uint32	unsigned
nSec	0	Uint32	unsigned

Watch Locals | Watch 1

圖3-7 C6416實驗的結果

3.3.2 換到C6713平台

▩ 修改專案檔

參考3-1-2節，如圖3-2所示。重點在於修改專案檔裡頭的定義字串，以及選擇編譯的平台。另外，將最佳化的等級設爲None。

▩ 建立C6713的組譯命令檔

採用3-1-2節的組譯命令檔。

▩ 程式源碼修改的地方

C6416與C6713這兩顆DSP晶片輸入的時脈也不一樣，C6713的輸入時脈為225 MHz，這會影響到計時器的輸入頻率。另外，C6713的計時器對輸入頻率的除頻倍數也與C6416不一樣，C6713採用四分之一的除頻倍數。

行號1 – 修改header檔案名稱。

行號33 – 修改DSK函式庫的名稱，執行DSK6713_init( )，以初始化C6713 DSK板子上所有的周邊模組。

```
01      #include "dsk6713.h"
...
33      DSK6713_init();
...
47      void InitTimer()
48 {
49      TIMER_Config cfgTimer =

50      {
51                  TIMER_FMKS(CTL,CLKSRC,CPUOVR4) |
52                  TIMER_FMKS(CTL,CP,PULSE) |
53                  TIMER_FMKS(CTL,FUNC,TOUT),
54                  TIMER_FMKS(PRD,PRD,OF(PERIOD_225M)),
55                  0x00000000
56      };
57
```

▩ 實驗結果

以C6713晶片為例，輸入訊號的頻率為56.25 MHz（i.e., 225 MHz/4），也就是每個cycle的時間相當於17.78 nsec（1/56.25 MHz）。實驗的結果，如圖3-8所示，執行memcpy函式之前的計數暫存器為29，而執行memcpy函式之後的計數暫存器為693，也就是複製的動作耗費了664個cycles。我們可換算cycle數為時間單位，相當於複製的動作耗費約11.8 μsec。每次實驗的結果都會些微的誤差，這是正常的。

比較C6416與C6713的結果，反而是C6713比較快。從內部記憶體搬運到外部記憶體的動作，所耗費的時間通常取決於外部記憶體的存取速度。因爲DSP運算的速度與外部記憶體相比，DSP執行速度遠高於外部，如果外部記憶體存取慢了，反而拖累了DSP，所以我們一定盡量調整DSP和外部之間的通訊介面參數，使得兩者通訊效能最高。實際上，爲了解決搬運資料而拖累DSP核心的問題，通常會採用DMA方式。

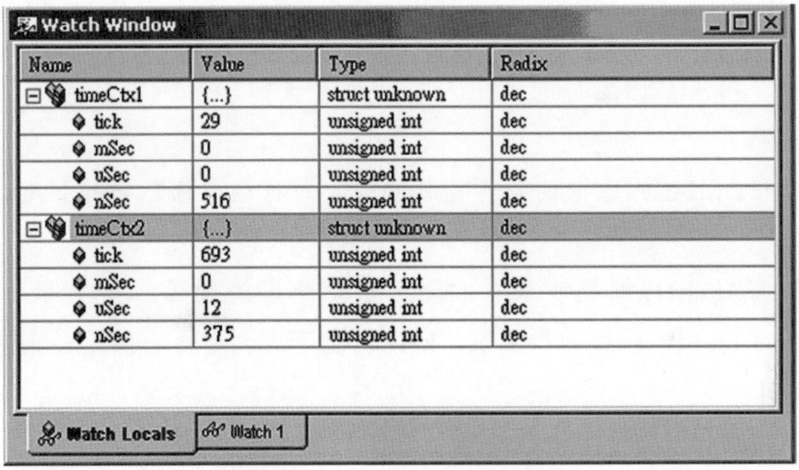

Watch Window

Name	Value	Type	Radix
timeCtx1	{...}	struct unknown	dec
tick	29	unsigned int	dec
mSec	0	unsigned int	dec
uSec	0	unsigned int	dec
nSec	516	unsigned int	dec
timeCtx2	{...}	struct unknown	dec
tick	693	unsigned int	dec
mSec	0	unsigned int	dec
uSec	12	unsigned int	dec
nSec	375	unsigned int	dec

Watch Locals | Watch 1

圖3-8 C6713實驗的結果

3.4 如何產生單音

▩ 實驗目的

從這實驗中，希望讓初學者學習到DSP晶片與語音晶片之間的控制方式，進而調整語音晶片的暫存器，比如說改變取樣頻率、聲音的增益、濾波器…等等特性。一般而言，語音晶片的取樣頻率範圍，從8 kHz到96 kHz之間。另外爲了調整聲音的增益，我們也可以分別控制晶片上左右聲道的音量大小。

這實驗分成兩個子實驗，第一個設定取樣頻率為48 kHz，產生1 kHz單頻（single tone）的聲音，然後從耳機埠輸出。第二個設定取樣頻率為8 kHz，同樣產生1 kHz單頻的聲音，然後從耳機埠輸出。在兩個不同的取樣頻率下，要如何產生相同單頻的聲音，這就是實驗的目的。此外，我們利用調整雙聲道的音量大小，試著產生環繞的音效。

▩ 重點提示

- 先了解AIC23晶片的使用，每個暫存器的功用與設定。（第二章有說明）
- 利用DSK函式庫中的語音控制函式，將每個取樣點傳輸到AIC23晶片裡。
- 觀察48 kHz取樣率與1 kHz正弦波頻率的關係，建立單一週期的tone table。同樣地，對於8 kHz取樣率，也建立一個單一週期的tone table。
- 利用Matlab®軟體指令建立正弦波的數值表。

3.4.1 在C6416 DSK上開發

▩ 建立專案檔

專案檔所包含的檔案詳列於圖3-9的左半邊，專案檔裡面包含一個程式檔案：Tone_6416.c為主程式，以及1 kHz頻率的tone table。此外，編譯的參數則顯示在圖的右半邊。

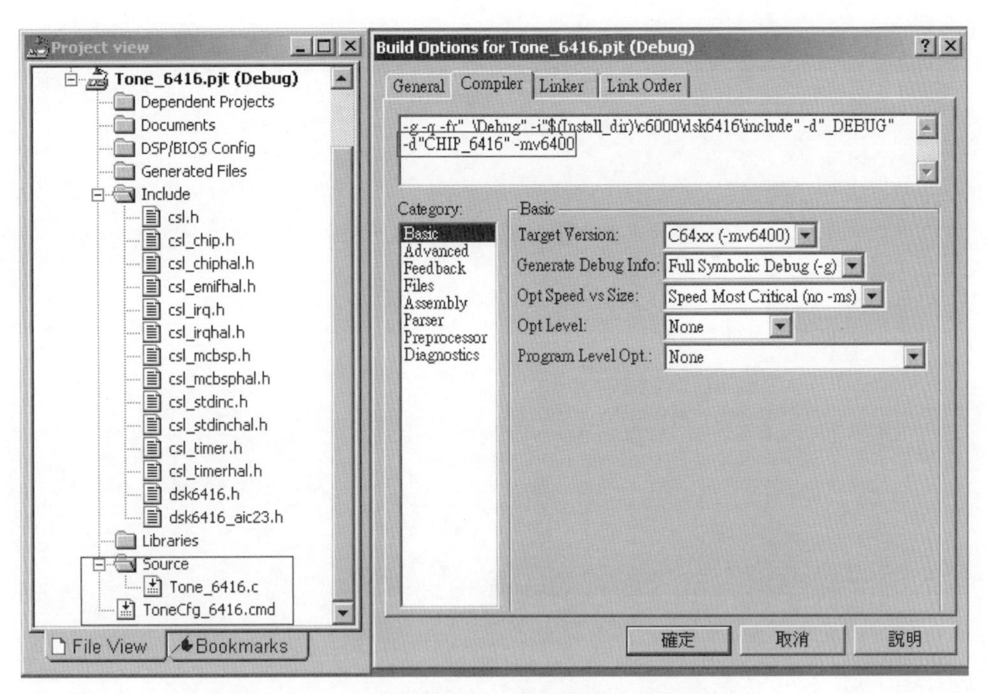

圖3-9　C6416專案檔的相關配置（實驗3-4）

▩ 建立命令檔

此命令檔的內容與實驗一所使用的命令檔相同。

▩ 程式源碼

```
01        #include "dsk6416.h"
02        #include "dsk6416_aic23.h"
03
04        void GenTone_48K();
05        void GenTone_8K();
06
07        /* Length of sine wave table */
08        #define TONE_DURATION                10          // 10 sec
09
10        /* Codec configuration settings */
11 DSK6416_AIC23_Config config_48K =
12 {
13        0x0097,  // 0 Line-in左聲道的輸入靜音
```

CHAPTER 3

```
14        0x0097,  // 1 Line-in右聲道的輸入靜音
15        0x0079,  // 2 耳機左聲道輸出 0 dB
16        0x0079,  // 3 耳機右聲道輸出 0 dB
17        0x0016,  // 4 選擇耳機訊號, 耳機輸入靜音
18        0x0000,  // 5 未使用濾波器
19        0x0000,  // 6 啟動所有的電源
20        0x0043,  // 7 DSP的傳輸模式
21        0x0081,  // 8 輸入主時脈來自USB, 48kHz取樣頻率
22        0x0001   // 9 傳輸介面致能
23 };
24
25 DSK6416_AIC23_Config config_8K =
26 {
27        0x0097,  // 0 Line-in左聲道的輸入靜音
28        0x0097,  // 1 Line-in右聲道的輸入靜音
29        0x0079,  // 2 耳機左聲道輸出 0 dB
30        0x0079,  // 3 耳機右聲道輸出 0 dB
31        0x0016,  // 4 選擇耳機訊號, 耳機輸入靜音
32        0x0000,  // 5 未使用濾波器
33        0x0000,  // 6 啟動所有的電源
34        0x0043,  // 7 DSP的傳輸模式
35        0x008d,  // 8 輸入主時脈來自USB, 8kHz取樣頻率
36        0x0001   // 9 傳輸介面致能
37 };
38
39 void main()
40 {
41        DSK6416_init();
42
43        // 以48K取樣率, 產生1KHz的tone
44        //GenTone_48K();
45
46        // 以8K取樣率, 產生1KHz的tone
47        GenTone_8K();
48 }
49
50 void GenTone_48K()
51 {
52        #define SINE_TABLE_SIZE_48K                    48
53
54        DSK6416_AIC23_CodecHandle hCodec;
55        Uint16      i, msec, sample;
56
57        /* Pre-generated sine wave data, 16-bit signed samples */
58        Int16 sinetable[SINE_TABLE_SIZE_48K] =
59        {
60                  0x0000, 0x10b4, 0x2120, 0x30fb, 0x3fff, 0x4dea, 0x5a81, 0x658b,
61                  0x6ed8, 0x763f, 0x7ba1, 0x7ee5, 0x7ffd, 0x7ee5, 0x7ba1, 0x76ef,
62                  0x6ed8, 0x658b, 0x5a81, 0x4dea, 0x3fff, 0x30fb, 0x2120, 0x10b4,
63                  0x0000, 0xef4c, 0xdee0, 0xcf06, 0xc002, 0xb216, 0xa57f, 0x9a75,
64                  0x9128, 0x89c1, 0x845f, 0x811b, 0x8002, 0x811b, 0x845f, 0x89c1,
65                  0x9128, 0x9a76, 0xa57f, 0xb216, 0xc002, 0xcf06, 0xdee0, 0xef4c
66        };
67
```

```
68      // 配置一個語音通道
69      hCodec = DSK6416_AIC23_openCodec(0, &config_48K);
70
71      for(i = 0; i < 4; i++)
72      {
73              /* Generate a 1KHz sine wave */
74              for(msec = 0; msec < 1000*TONE_DURATION; msec++)
75              {
76                      for(sample = 0; sample < SINE_TABLE_SIZE_48K; sample++)
77                      {
78                              /* Send a sample to the left channel (turn off) */
79                              while( !DSK6416_AIC23_write(hCodec, 0) );
80
81                              /* Send a sample to the right channel */
82                      while( !DSK6416_AIC23_write(hCodec, sinetable[sample]) );
83                      }
84              }
85
86              for(msec = 0; msec < 1000*TONE_DURATION; msec++)
87              {
88                      for(sample = 0; sample < SINE_TABLE_SIZE_48K; sample++)
89                      {
90                              /* Send a sample to the left channel (turn on) */
91                      while( !DSK6416_AIC23_write(hCodec, sinetable[sample]) );
92
93                              /* Send a sample to the right channel */
94                      while( !DSK6416_AIC23_write(hCodec, sinetable[sample]) );
95                      }
96              }
97      }
98
99      /* Close the codec */
100     DSK6416_AIC23_closeCodec(hCodec);
101 }
102
103 void GenTone_8K()
104 {
105     #define SINE_TABLE_SIZE_8K          8
106
107     DSK6416_AIC23_CodecHandle hCodec;
108     Uint16      i, msec, sample;
109
110     /* Pre-generated sine wave data, 16-bit signed samples */
111     Int16 sinetable[SINE_TABLE_SIZE_8K] =
112     {
113             11515, 16284, 11515, 0, -11515, -16284, -11515, 0
114     };
115
116     // 配置一個語音通道
117     hCodec = DSK6416_AIC23_openCodec(0, &config_8K);
118
119     for(i = 0; i < 4; i++)
120     {
121             /* Generate a 1KHz sine wave */
```

```
122            for(msec = 0; msec < 1000*TONE_DURATION; msec++)
123            {
124                    for(sample = 0; sample < SINE_TABLE_SIZE_8K; sample++)
125                    {
126                            /* Send a sample to the left channel (turn off) */
127                            while( !DSK6416_AIC23_write(hCodec, 0) );
128
129                            /* Send a sample to the right channel */
130                    while( !DSK6416_AIC23_write(hCodec, sinetable[sample]) );
131                    }
132            }
133
134            for(msec = 0; msec < 1000*TONE_DURATION; msec++)
135            {
136                    for(sample = 0; sample < SINE_TABLE_SIZE_8K; sample++)
137                    {
138                            /* Send a sample to the left channel (turn on) */
139                    while( !DSK6416_AIC23_write(hCodec, sinetable[sample]) );
140
141                            /* Send a sample to the right channel */
142                    while( !DSK6416_AIC23_write(hCodec, sinetable[sample]) );
143                    }
144            }
145    }
146
147    /* Close the codec */
148    DSK6416_AIC23_closeCodec(hCodec);
149 }
```


▩ 程式說明

《主程式》

行號11~23 – 宣告以48 kHz爲取樣率的數値，用來設定AIC23暫存器。

行號25~37 – 宣告以8 kHz爲取樣率的數値，用來設定AIC23暫存器。以下說明這幾個暫存器的用法：

- 第一和第二個暫存器（Left/Right line input channel volume control）主要控制Line-in的增益，可以設定左右兩聲道從Line-in輸入訊號的增益。這裡我們將Line-in的左右輸入都關閉，避免發生cross-talk現象。
- 第三和第四個暫存器（Left/Right channel headphone volume con-

trol）則控制耳機輸出的增益，可以設定耳機左右聲道輸出的增益。這裡我們將耳機的左右輸出增益設為0 dB，等於原音重現。

- 第五個暫存器（Analog audio path control）提供編碼的選擇，因為這顆AIC23晶片只能允許一組訊號源作A/D和D/A，所以我們只能選定語音編碼的來源是由耳機埠或者是Line-in/out埠，兩者其中之一，這裡我們選擇編碼的來源是耳機埠。
- 第六個暫存器（Digital audio path control）提供濾波器的服務，這裡我們希望語音在編碼前被過濾掉一些低頻的雜訊。目前，該暫存器不使用任何高通濾波器的運作。
- 第七個暫存器（Power down control）主要是晶片電源的控制，針對沒有用到的模組，我們可以強制讓晶片關閉該模組的電源，以節省耗電量。
- 第八個暫存器（Digital audio interface format）用來設定編碼後的語音資料如何傳送到DSP上。因為AIC23晶片與DSP晶片透過McBSP介面傳送資料，所以暫存器的欄位FOR[1:0]必須設定為DSP模式，語音資料長度為16-bit，這些設定都是固定不變的。
- 第九個暫存器（Sample rate control）設定取樣頻率，以及晶片的輸入時脈。因為DSK板子輸入給AIC23晶片的主時脈，已經固定為來自USB模式的12 MHz，我們除了可以調整取樣頻率的暫存器欄位SR[3:0]之外，其餘欄位都是固定數值。有關取樣頻率的設定，參考表3-1。

表3-1　AIC23的取樣頻率（以USB模式，輸入時脈為12 MHz）

取樣頻率（kHz）		暫存器欄位SR[3:0]			
ADC	DAC	SR3	SR2	SR1	SR0
96	96	0	1	1	1
48	48	0	0	0	0
32	32	0	1	1	0
8	8	0	0	1	1

取樣頻率（kHz）		暫存器欄位SR[3:0]			
ADC	DAC	SR3	SR2	SR1	SR0
48	8	0	0	0	1
8	48	0	0	1	0

行號41 – 執行DSK6416_init( )，以初始化C6416 DSK板子上所有的周邊模組。

行號58~66 – 以48 kHz取樣頻率為基準，建立一個1 kHz單頻的聲音。所謂1 kHz的單音，就是每秒產生1000個正弦波，相當於每毫秒產生一個正弦波。如果以48 kHz為取樣率，一毫秒則有48個取樣點，因此我們建立的tone table大小為48。至於一個正弦波數值為何，我們可利用Matlab?軟體算出，並製作成一個tone table，指令如下：

```
t = sin(2*pi*(0:47)'  /48);
tone48 = fix(t*(2^14 - 1))
```

行號111~114 – 同樣的觀念，以8 kHz取樣頻率為基準，建立一個1 kHz單頻的聲音。如果以8 kHz為取樣率，一毫秒則有8個取樣點，因此我們建立的tone table大小為8。至於產生一個正弦波週期，用Matlab幫我們製作出tone table的內容，指令如下：

```
t = sin(2*pi*(0:7)'  /8);
tone8 = fix(t*(2^14 - 1))
```

行號69–針對語音通道配置一個資源控制碼，利用DSK6713_ AIC23_open Codec將暫存器的數值傳入AIC23晶片上。有關這個函式的程式碼，放在DSK6416目錄下的檔案\C6000\dsk6416\lib\ dsk6416_aic23_ open-codec.c裡，因為AIC23晶片與DSP晶片利用McBSP-1介面傳送暫存器的設定，McBSP-2介面傳送語音資料。DSK提供的函式已經將控制AIC23寫成一個函式庫，我們只要呼叫函式就行了，如果對於控制碼有興趣研究的話，仔細看看DSK6416目錄下的程式碼。

行號76~83 – AIC23是一顆雙聲道的語音晶片，要先透過McBSP-2通道輸入左聲道的語音資料給AIC23，再輸入右聲道的語音資料，我們利用DSK6713_AIC23_write函式將語音資料傳送給AIC23。此外，連續對左右聲道各送入48個取樣點，這樣也才花1 msec而已。

不過爲了驗證我們有辦法控制左右聲道，將0輸入到左聲道裡面，而右聲道則撥放1 kHz的單音。因此，我們應該能清楚聽到左聲道沒聲音，而右聲道有單音，這樣的情況持續10秒鐘。

行號88~95 – 延續前面的情況，這時候將1 kHz的單音輸入到左聲道裡面，而右聲道則仍舊撥放1 kHz的單音。因此，我們應該能清楚聽到左聲道發出單音，而右聲道持續有單音，這樣的情況同樣持續10秒鐘。

行號71~97 – 左聲道交互有無單音的狀態，而右聲道持續發出單音，這種情況重複4次。

行號100 – 釋放已經開啓的資源控制碼。

行號119~145 – 如同48 kHz取樣率一樣，我們也可以應用到8 kHz取樣率。

▩ 實驗結果

實驗時間的總長度爲80秒：

- 第一個10秒左聲道沒有聲音，右聲道有聲音。
- 第二個10秒左聲道有聲音，右聲道有聲音。
- 第三個10秒左聲道沒有聲音，右聲道有聲音。
- 第四個10秒左聲道有聲音，右聲道有聲音。
- 重複前面的週期

3.4.2 移植到C6713平台

▩ 修改專案檔

參考3-1-2節，如圖3-2所示。重點在於修改專案檔裡頭的定義字串，以及選擇編譯的平台。

▩ 建立C6713的組譯命令檔

採用3-1-2節的組譯命令檔。

▩ 程式源碼修改的地方

C6416 DSK與C6713 DSK這兩塊開發板卡在語音編碼的處理採用相同的晶片（AIC23），所以控制晶片的方式都相同，暫存器的數值也相同。DSK套件提供BSL函式庫，我們只要修改函式的名稱就可以將程式碼在這兩塊開發板互相使用了。

行號1~2 – 修改header檔案名稱。

行號41 – 修改DSK函式庫的名稱，執行DSK6713_init( )，以初始化C6713 DSK板子上所有的周邊模組。

行號69 – 修改函式名稱爲DSK6713_AIC23_openCodec。

行號79、82、91、94 – 修改函式名稱爲DSK6713_AIC23_write。

行號100 – 修改函式名稱爲DSK6713_AIC23_closeCodec。

```
01      #include "dsk6713.h"
02      #include "dsk6713_aic23.h"
...
41      DSK6713_init();
...
50 void GenTone_48K()
51 {
...
54      DSK6713_AIC23_CodecHandle hCodec;
...
69      hCodec = DSK6713_AIC23_openCodec(0, &config_48K);
```

```
...
79                                    while( !DSK6713_AIC23_write(hCodec, 0) );
...
82                      while( !DSK6713_AIC23_write(hCodec, sinetable[sample]) );
...
91                      while(!DSK6713_AIC23_write(hCodec, sinetable[sample]) );
...
94                      while(!DSK6713_AIC23_write(hCodec, sinetable[sample]) );
...
100     DSK6713_AIC23_closeCodec(hCodec);
101 }
...
```

▩ 實驗結果

與C6416的實驗結果相同。

3.5 錄音與播放

▩ 實驗目的

前一個實驗學習到產生單音的技巧，使用者已學會從DSK板子上撥放出聲音。由此延伸，我們希望從這節的實驗能學習到錄音的方式。首先，我們可以改變輸出的取樣率，或輸入的取樣率。當然，兩者的取樣率也不一定要相同。另外，還有學習調整輸出入的增益，學會這些功能的控制之後，大致上AIC23晶片的輸出入方式也就完全懂了。此外，這個實驗要將從AIC23輸入的聲音存放到flash memory裡，或者將flash memory的聲音從AIC23輸出。

這實驗分成兩個子實驗，第一個利用DIP選擇錄音的功能，同時在LED上顯示錄音狀態。同時採用各種取樣率做實驗，以及計算出DSK開發板的快閃記憶體可以錄多久。第二個利用DIP選擇放音的功能，然後從耳機埠輸出，同時在LED上顯示放音狀態。

重點提示

- 根據3-1節的實驗，利用DIP開關來選擇錄音或放音，同時用LED燈號顯示錄音狀態或放音狀態。
- 根據3-4節的實驗，實作DSK開發板的語音輸出，以及語音的輸入。
- 快閃記憶體的特性，在寫入的時候，必須先抹除（erase）才能寫入。寫入的動作以sector為基本單位，讀取則無此限制。

3.5.1　在C6416平台上開發

建立專案檔

專案檔所包含的檔案詳列於圖3-10的左半邊，專案檔裡面包含一個程式檔案：Rec_6416.c爲主程式、讀寫flash的程式、以及包括錄音與放音的程式。此外，編譯的參數則顯示在圖的右半邊，我們也可將最佳化的等級設爲其他等級。

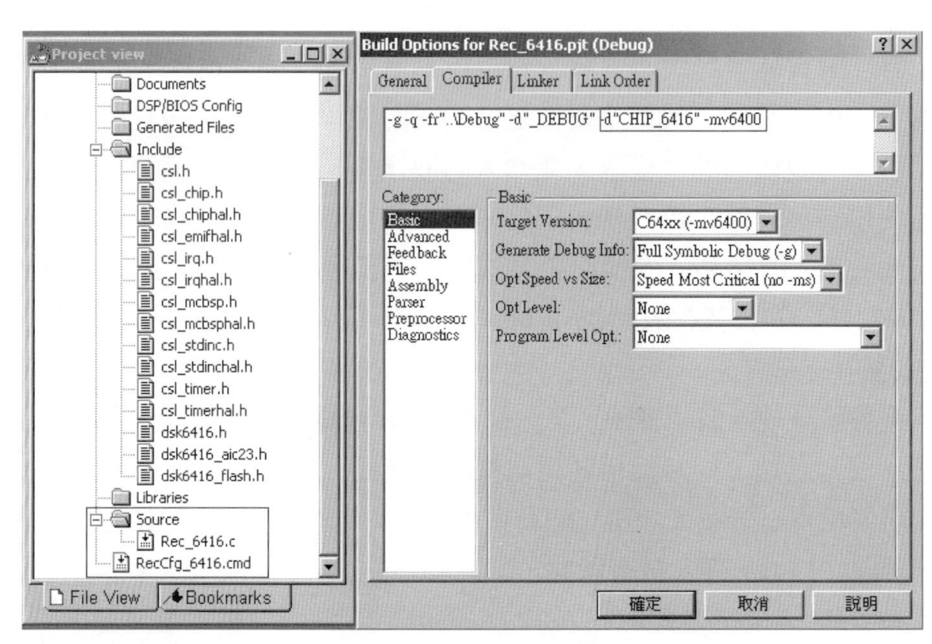

圖3-10　C6416專案檔的相關配置（實驗3-5）

建立命令檔

此組譯命令檔的內容與實驗一所使用的命令檔有些許不同。在這個實驗中，增加一個資料區塊用來暫時存放語音資料，這塊區域宣告在外部記憶體。

```
/* 規劃C6416 DSK的記憶體配置 */

/* 配置一塊stack, 大小為0x1000 */
-stack   0x1000

MEMORY
{
        /* 中斷向量表 */
        VECS(RX):                    org = 00000000h,    len = 00000300h

        /* 192KB 程式碼記憶體 (SRAM) */
        IP_MEM(RX):             org = 00000300h,len = 0002FD00h

        /* 832KB 資料記憶體 (SRAM) */
        ID_MEM(RW):             org = 00030000h,len = 000D0000h

        /* 512KB 快閃記憶體 */
        ROM(RW):                org = 64000000h,len = 00080000h

        /* 16M 外部記憶體 (SDRAM) */
        DMEM(RW):               org = 80000000h,len = 01000000h
}

SECTIONS
{
        .vec:                   > VECS
        .text:                  > IP_MEM

        .const:         > ID_MEM
        .far:                   > ID_MEM
        .stack:         > ID_MEM
        .cinit:         > ID_MEM
        .bss:                   > ID_MEM
        .data:          > ID_MEM

        .VoiceBuf       > DMEM  /* 用來存放語音的記憶體區塊 */
}
```

CHAPTER 3

▩ 程式源碼

```
01        #include "dsk6416.h"
02        #include "dsk6416_aic23.h"
03        #include "dsk6416_flash.h"
04
05        #define    BUF_SIZE (DSK6416_FLASH_SIZE/sizeof(Int16))
06
07        #pragma DATA_SECTION( RecVoiceLeftBuf, ".VoiceBuf" )
08        Int16 RecVoiceLeftBuf[BUF_SIZE];
09
10        /* Codec configuration settings */
11        DSK6416_AIC23_Config config =
12        {
13        0x0097, // 0 Line-in左聲道的輸入靜音
14        0x0097, // 1 Line-in右聲道的輸入靜音
15        0x0079, // 2 耳機左聲道輸出 0 dB
16        0x0079, // 3 耳機右聲道輸出 0 dB
17        0x0015, // 4 選擇耳機訊號, 耳機輸入 20 dB
18        0x0001, // 5 使用高通濾波器
19        0x0000, // 6 啟動所有的電源
20        0x0043, // 7 DSP的傳輸模式
21        0x008d, // 8 輸入主時脈來自USB, 8kHz取樣頻率
22        0x0001  // 9 傳輸介面致能
23        };
24
25 void main()
26 {
27        Uint32     i, Addr, temp;
28        DSK6416_AIC23_CodecHandle hCodec;
29        Uint8      dip;
30        Uint8      *pCPLD = (Uint8 *)0x60000000;
31
32        memset( RecVoiceLeftBuf, 0, sizeof(RecVoiceLeftBuf) );
33
34        /* Initialize the board support library, must be called first */
35        DSK6416_init();
36
37        /* Start the codec */
38        hCodec = DSK6416_AIC23_openCodec(0, &config);
39
40        dip = *(pCPLD + 0);
41
42        if( dip & 0x10 )
43        {
44                  // Save voice to RecVoiceBuf
45                  for(i = 0; i < BUF_SIZE; i++)
46                  {
47                            if( (i % 8000) == 0 )
48                            {
49                                      dip = (*(pCPLD + 0)) & 0x0F;
50
51                                      if( dip == 0 )          dip = 0x01;
```

```
52                          else                            dip <<= 1;
53
54                          *(pCPLD + 0) = dip & 0x0F;
55                  }
56
57                  // Recv a sample to the left channel
58                  while( !DSK6416_AIC23_read(hCodec, &temp) );
59                          RecVoiceLeftBuf[i] = (Int16) temp;
60
61                  // Recv a sample to the right channel
62                          while( !DSK6416_AIC23_read(hCodec, &temp) );
63          }
64
65          // Erease all sectors
66          *(pCPLD + 0) = 0x01;
67          for(i = 0; i < DSK6416_FLASH_PAGES; i++)
68          {
69                  Addr = DSK6416_FLASH_BASE + i*DSK6416_FLASH_PAGESIZE;
70                  DSK6416_FLASH_erase(Addr, DSK6416_FLASH_PAGESIZE);
71          }
72
73          *(pCPLD + 0) = 0x02;
74          DSK6416_FLASH_write( (Uint32)RecVoiceLeftBuf,
75                          DSK6416_FLASH_BASE,
76                          sizeof(RecVoiceLeftBuf) );
77      }
78      else
79      {
80          // Load voice from RecVoiceBuf
81          *(pCPLD + 0) = 0x01;
82          DSK6416_FLASH_read( DSK6416_FLASH_BASE,
83                          (Uint32)RecVoiceLeftBuf,
84                          sizeof(RecVoiceLeftBuf) );
85
86          for(i = 0; i < BUF_SIZE; i++)
87          {
88                  if( (i % 8000) == 0 )
89                  {
90                          dip = (*(pCPLD + 0)) & 0x0F;
91
92                          if( dip == 0 )          dip = 0x01;
93                          else                            dip <<= 1;
94
95                          *(pCPLD + 0) = dip & 0x0F;
96                  }
97
98          // Send a sample to the left channel
99          while( !DSK6416_AIC23_write(hCodec, RecVoiceLeftBuf[i]) );
00
101         // Send a sample to the right channel
102         while( !DSK6416_AIC23_write(hCodec, RecVoiceLeftBuf[i]) );
103         }
104     }
105
```

CHAPTER 3

```
106     *(pCPLD + 0) = 0x0F;
107
108     /* Close the codec */
109     DSK6416_AIC23_closeCodec(hCodec);
110 }
```

▩ 程式說明

行號5 – 定義一塊暫存語音資料的記憶體，其大小用來存放到512 Kbytes的快閃記憶體，每筆語音的大小為16-bit。

行號7~8 – 宣告一塊暫存語音資料的記憶體，我們規劃這塊位址在DSP的外部記憶體。

行號10~23 – 宣告AIC23內部暫存器的配置，相關的數值與前一個實驗大致相同，唯一要考量的是取樣頻率。由於flash的大小一定，如果取樣率高的話，儲存空間所能允許的錄音長度就比較短，如果取樣率低的話，所能允許的錄音長度就比較長。

行號32 – 暫存語音的記憶體清除為零。

行號35 – 執行DSK6416_init( )，以初始化C6416 DSK板子上所有的周邊模組，包括EMIF介面、McBSP介面。

行號38–針對語音通道配置一個資源控制碼，利用DSK6713_AIC23_ open-Codec將暫存器的數值傳入AIC23晶片上。

行號42 – 當DIP-0按下的話，啓動錄音機制，將麥克風收到的語音錄進flash裡面。

行號47~55 – 錄音過程讓4個LED燈閃爍有如跑馬燈一樣。

行號57~62 – 利用DSK6416_AIC23_read函式將每一個取樣點的語音資料從McBSP介面讀取下來，而來自AIC23的左右聲道語音，我們僅將左聲道的語音放到記憶體上，右聲道的語音丟棄不用，也就是說，因為記憶體空間的考量，我們只有錄製單聲道。不過如果flash夠大的話，錄製雙聲道也是沒問題的。

行號67~71 – 利用DSK6416_FLASH_erase函式清除flash的內容。清除快閃記憶體的內容是以sector（或稱為page）為單位，以C6416 DSK上面的快閃記憶體而言，總共有8個sector，每個sector大小為64 Kbytes。因為我們規劃整塊flash都作為錄音之用，所以一次就把整塊flash的內容清除掉以便錄製語音。

行號74~76 – 利用DSK6416_FLASH_write函式將暫存記憶體的語音寫入flash。

行號78 – 當DIP-0釋放開的話，啓動放音機制，將flash裡面的語音輸出到耳機埠。

行號82~84 – 利用DSK6416_FLASH_read函式將讀取flash的內容，然後寫入暫存記憶體的語音。

行號86~96 – 放音過程讓4個LED燈閃爍有如跑馬燈一樣。

行號98~102 – 利用DSK6416_AIC23_write函式將暫存記憶體的語音撥放到AIC23的耳機埠。

行號106 – 錄放音結束後，讓LED全亮。

行號109 – 釋放已經開啓的語音資源控制碼。

▩ 實驗結果

- DSK開發板重置之後，按下DIP-0開始錄音。
- DSK開發板重置之後，釋放DIP-0則開始放音。
- 錄音的長度與取樣頻率有關，也與單聲道錄音或雙聲道錄音有關，時間的長短如表3-2所列。

表3-2　錄音長度與取樣率的關係

取樣頻率 (kHz)	僅錄單聲道 (sec)	雙聲道 (sec)
8	32	16
32	8	4
48	5.33	2.67
96	2.67	1.33

3.5.2 移植到C6713平台

修改專案檔

參考3-1-2節，如圖3-2所示。重點在於修改專案檔裡頭的定義字串，以及選擇編譯的平台。

建立C6713的組譯命令檔

採用3-1-2節的組譯命令檔。

程式源碼修改的地方

C6416 DSK與C6713 DSK套件提供BSL函式庫，我們只要修改函式的名稱就可以將程式碼在這兩塊開發板互相使用了。

行號1~3 – 修改header檔案名稱。

行號35 – 修改DSK函式庫的名稱，執行DSK6713_init( )，以初始化C6713 DSK板子上所有的周邊模組。

行號38 – 修改函式名稱為DSK6713_AIC23_openCodec。

行號58、62 – 修改函式名稱為DSK6713_AIC23_read。

行號99、102 – 修改函式名稱為DSK6713_AIC23_write。

行號70、74、82 – 有關flash的函式名稱，修改為DSK6713_FLASH_。

行號109 – 修改函式名稱為DSK6713_AIC23_closeCodec。

```
01    #include "dsk6713.h"
02    #include "dsk6713_aic23.h"
03    #include "dsk6713_flash.h"
04
05    #define    BUF_SIZE (DSK6713_FLASH_SIZE/sizeof(Int16))
...
11    DSK6713_AIC23_Config config =
...
35    DSK6713_init();
...
38    hCodec = DSK6713_AIC23_openCodec(0, &config);
```

```
...
58                    while( !DSK6713_AIC23_read(hCodec, &temp) );
...
62                                    while( !DSK6416_AIC23_read(hCodec, &temp) );
...
67            for(i = 0; i < DSK6713_FLASH_PAGES; i++)
68            {
69                    Addr = DSK6713_FLASH_BASE + i*DSK6713_FLASH_PAGESIZE;
70                    DSK6713_FLASH_erase(Addr, DSK6713_FLASH_PAGESIZE);
71            }
...
74            DSK6713_FLASH_write( (Uint32)RecVoiceLeftBuf,
75                            DSK6713_FLASH_BASE,
...
82            DSK6713_FLASH_read( DSK6713_FLASH_BASE,
...
99            while( !DSK6713_AIC23_write(hCodec, RecVoiceLeftBuf[i]) );
...
102           while( !DSK6713_AIC23_write(hCodec, RecVoiceLeftBuf[i]) );
...
109     DSK6713_AIC23_closeCodec(hCodec);
```


▩ 實驗結果

與C6416的實驗結果相同，但是因爲DSK提供的flash函式只能使用一半的容量，所以表3-2的錄音時間都要減半。至於flash函式只能使用一半容量的原因，在第二章已經說明了。

3.6 即時處理的IIR濾波器

▩ 實驗目的

從3-1節到3-5節的實驗，初學者已經了解了控制DSK開發板上的各項功能，例如AIC23語音、flash讀寫、LED、DIP開關…等周邊功能。因此，這個實驗主要目的希望能在DSK開發板上面實現數位信號處理系統，相當於設計濾波器。在理論課程上，我們設計濾波器都僅止於紙上計算，或利用數學方面的軟體設計出FIR（Finite Impulse Respone）濾波器，或IIR（Infinite Impulse Respone）濾波器，這裡考慮在DSK開發板上實現出能夠即時處理的濾波器。

實驗分成兩部分，第一個先設計一個低通濾波器的IIR，第二個再設計一個高通濾波器的IIR。然後，我們用語音來驗證濾波器是否運作正常。從DSK上的麥克風埠輸入訊號，經過DSP的濾波器處理之後，再由耳機埠輸出訊號，然後比較兩者訊號在頻譜上的差別，看看是否依照濾波器的頻率響應。

▩ 重點提示

- 如同前面的實驗，設定AIC23晶片的暫存器數值也相同。
- IIR濾波器有很多類型，如：Elliptic、Butterworth、Chebyshev…等，這裡我們選用Elliptic濾波器。
- 濾波器的參數，如：order、cut-off frequency、stopband frequency…等，實驗中選用order為6，cut-off frequency可自行定義。
- 取樣頻率會影響濾波器的係數，實驗中以8 kHz為主。接著，利用Matlab計算出濾波器的所有係數，並將係數載到我們的DSP程式裡面。
- 一個order為N階的Elliptic濾波器，其頻率響應公式如下：

$$H_z = \prod_{k=1}^{N/2} \frac{b_{k,0} + b_{k,1}z^{-1} + b_{k,2}z^{-2}}{1 - a_{k,1}z^{-1} - a_{k,2}z^{-2}}$$ ，其中（a，b）為濾波器的係數。

- 如果是C6416 DSK應該考慮定點運算，所有的小數點要改為Q表示法。若C6713 DSK則定點或浮點運算都可採用。

3.6.1 在C6416平台上開發

建立專案檔

專案檔所包含的檔案詳列於圖3-11的左半邊，專案檔裡面包含兩個程式檔案：

IIR.c – 包含elliptic濾波器的所有程式

Main_6416.c – 主程式，以及濾波器的係數

編譯的參數則顯示在圖的右半邊。為了在執行時方便我們一步一步地除錯，也就是能成功地設定執行時的中斷點，我們將最佳化的等級設為None。設計無誤之後，可以提高最佳化的等級。

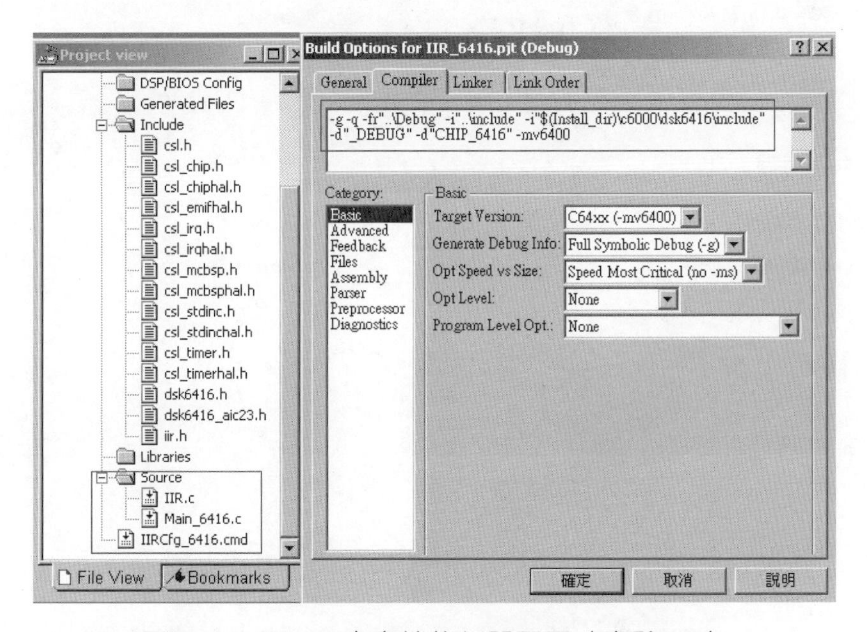

圖3-11 C6416專案檔的相關配置（實驗3-6）

▩ 建立命令檔

此命令檔的內容與實驗一所使用的命令檔相同。

▩ 主程式源碼

```
01        #include "dsk6416.h"
02        #include "dsk6416_aic23.h"
03        #include "iir.h"
04
05        #define DURATION              60          // 60 sec
06
07        /* Codec configuration settings */
08 DSK6416_AIC23_Config config =
09 {
10        0x0097,  // 0 Line-in左聲道的輸入靜音
11        0x0097,  // 1 Line-in右聲道的輸入靜音
12        0x0079,  // 2 耳機左聲道輸出 0 dB
13        0x0079,  // 3 耳機右聲道輸出 0 dB
14        0x0014,  // 4 選擇耳機訊號, 耳機輸入 0 dB
15        0x0001,  // 5 使用高通濾波器
16        0x0000,  // 6 啟動所有的電源
17        0x0043,  // 7 DSP的傳輸模式
18        0x008d,  // 8 輸入主時脈來自USB, 8kHz取樣頻率
19        0x0001   // 9 傳輸介面致能
20 };
21
22 /*
23 Actual stop Fs = 712.9
24
25 [B A] = ellip(6, 0.1, 33, 635/4000)
26 */
27 short lpfa[IIR_ORDER] =
28 {
29        11838, -4556,
30        13205, -6690,
31        13989, -7863
32 };
33
34 short lpfb[IIR_ORDER] =
35 {
36        2442,       -1032,
37        2442,       -3830,
38        2442,       -4117
39 };
40
41 /*
42 Actual stop Fs = 668
43
44 [B A] = ellip(6, 0.1, 33, 750/4000,  'high' )
45 */
```

CHAPTER 3

```
46 short hpfa[IIR_ORDER] =
47 {
48      7723,      -2503,
49      11910,     -6362,
50      13463,     -7830
51 };
52
53 short hpfb[IIR_ORDER] =
54 {
55      6312,      -10972,
56      6312,      -11438,
57      6312,      -12395
58 };
59
60 IIR_Context      iirCtx;
61
62 /*
63 *  main() - Main code routine, initializes BSL and IIR filter
64 */
65
66 void main()
67 {
68      DSK6416_AIC23_CodecHandle hCodec;
69      Uint32      msec, temp;
70      Int16       sample_in, sample_out;
71
72      // Initialize the board support library, must be called first
73      DSK6416_init();
74
75      // 配置一個語音通道
76      hCodec = DSK6416_AIC23_openCodec(0, &config);
77
78      IIR_Init( &iirCtx, lpfa, lpfb, 1 );
79
80      for(msec = 0; msec < 8000*DURATION; msec++)
81      {
82              // Recv a sample to the left channel
83              while( !DSK6416_AIC23_read(hCodec, &temp) );
84              // Recv a sample to the right channel
85              while( !DSK6416_AIC23_read(hCodec, &temp) );
86              sample_in = (Int16) temp;
87
88              // 以8K取樣率, 兩個取樣點之間的時間為125us, 所以IIR濾波器必須在
89              // 這個時間內完成, 否則無法做到即時性.
90              IIR_Filter( &iirCtx, &sample_in, &sample_out );
91
92              // Send a sample to the left channel
93              while( !DSK6416_AIC23_write(hCodec, sample_out) );
94              // Send a sample to the right channel
95              while( !DSK6416_AIC23_write(hCodec, sample_out) );
96      }
97
98      /* Close the codec */
99      DSK6416_AIC23_closeCodec(hCodec);
00 }
```

▩ 程式說明

《主程式》

行號7~20 – 宣告以8 kHz為取樣率的數值，用來設定AIC23暫存器。

行號22~39 – 宣告低通濾波器的係數，cut-off頻率設定在635 Hz，所以低於635 Hz的頻率可通過。不過，實際stopband頻率是在712.9 Hz附近，介於635 Hz與712.9 Hz之間的訊號還是可通過，但是能量已經衰減不少了。

行號41~58 – 宣告高通濾波器的係數，cut-off頻率設定在750 Hz，所以高於750 Hz的頻率可通過。不過，實際stopband頻率是在668 Hz附近，介於668 Hz與750 Hz之間的訊號還是可通過，但是能量已經衰減不少了。底下會教大家如何設計elliptic濾波器。

行號73 – 執行DSK6416_init( )，以初始化C6416 DSK板子上所有的周邊模組，包括EMIF介面、McBSP介面。這是一個必須執行的動作，只要使用DSK開發任何程式，不能忘的動作之一。

行號76–針對語音通道配置一個語音資源控制碼，利用DSK6713_AIC23_openCodec將暫存器的數值傳入AIC23晶片上。

行號78 – 初始化濾波器，輸入濾波器係數（a，b）陣列、濾波器每次處理的長度為一個取樣點。

行號80~96 – 每當從AIC23晶片接收到一個取樣點，輸入到IIR_Filter函式裡面。經過濾波器處理後，將訊號輸出到AIC23的耳機埠。要留意的一點，以8 kHz的取樣率，兩個取樣點之間的時間為125 μsec，所以IIR濾波器必須在這個時間內完成，否則無法做到即時性。

行號99 – 釋放已經開啓的語音資源控制碼。

《Matlab工具的使用》

▸▸在Matlab命令列下，輸入「sptool」打開SPTool工具，設計濾波器的係數與屬性。如圖3-12所示。

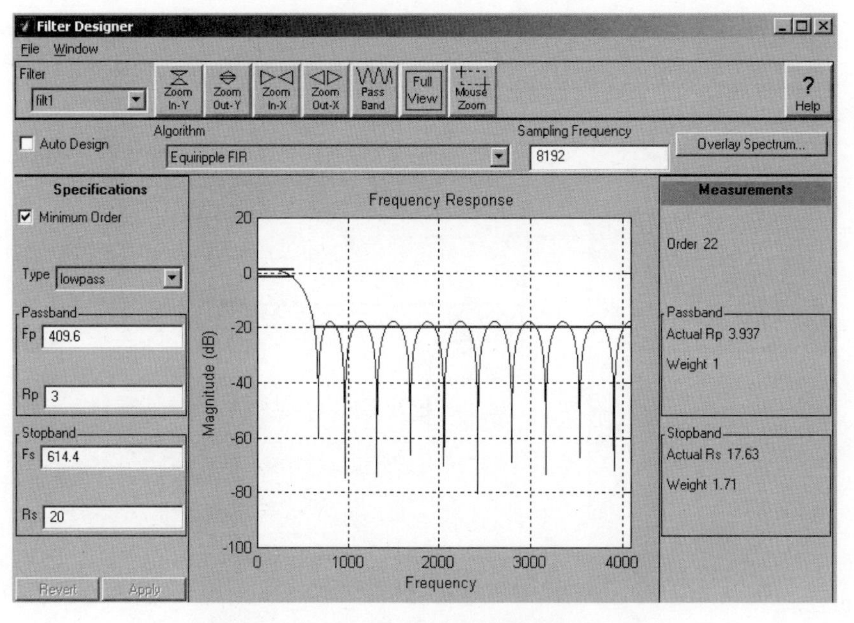

圖3-12　Matlab設計濾波器的工具

- 我們要調整工具上的參數，以取樣頻率為8000、order為6的elliptic濾波器為例，passband設定在635 Hz，可容忍的ripple大小設為0.1 dB，stopband的訊號強度必須低於33 dB以上，各項參數設定後如圖3-13所示。
- 從圖3-13的結果，根據上述的參數所設計出來的濾波器，實際上的stopband落在712.9 Hz左右。
- 同樣地，以相同的參數設計一個高通濾波器，passband設定在750 Hz，其餘參數都一樣，所產生的頻率響應圖如圖3-14所示。從圖中得知，實際上的stopband落在668 Hz左右。

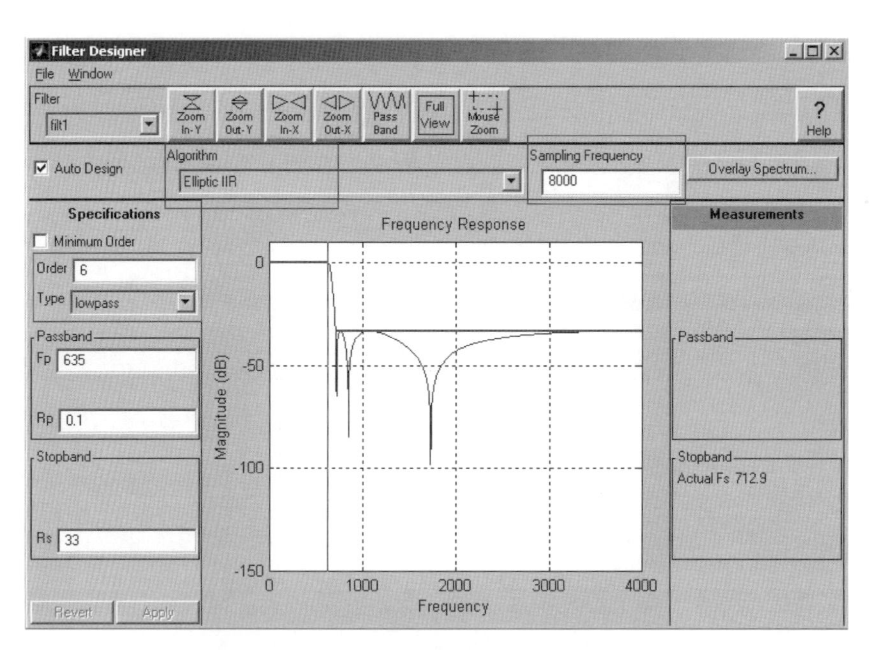

圖3-13　低通濾波器的相關參數設定

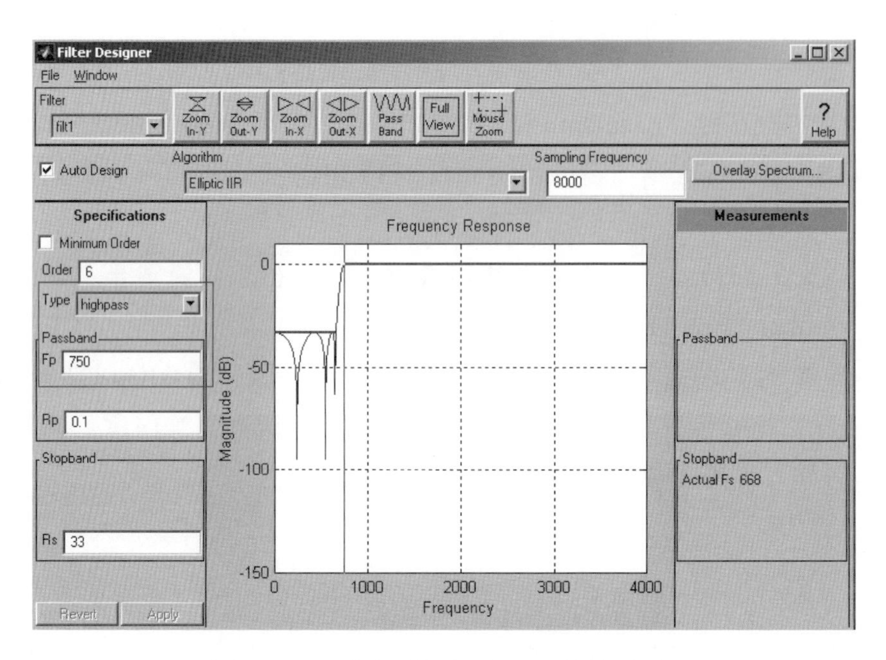

圖3-14　高通濾波器的相關參數設定

《計算濾波器的係數》

▸▸從前面Matlab工具的協助，我們可以清楚知道所設計的濾波器頻率響應圖。接下來，要計算出濾波器的係數，Matlab提供一個產生elliptic濾波器係數的指令，指令的說明如圖3-15所示。

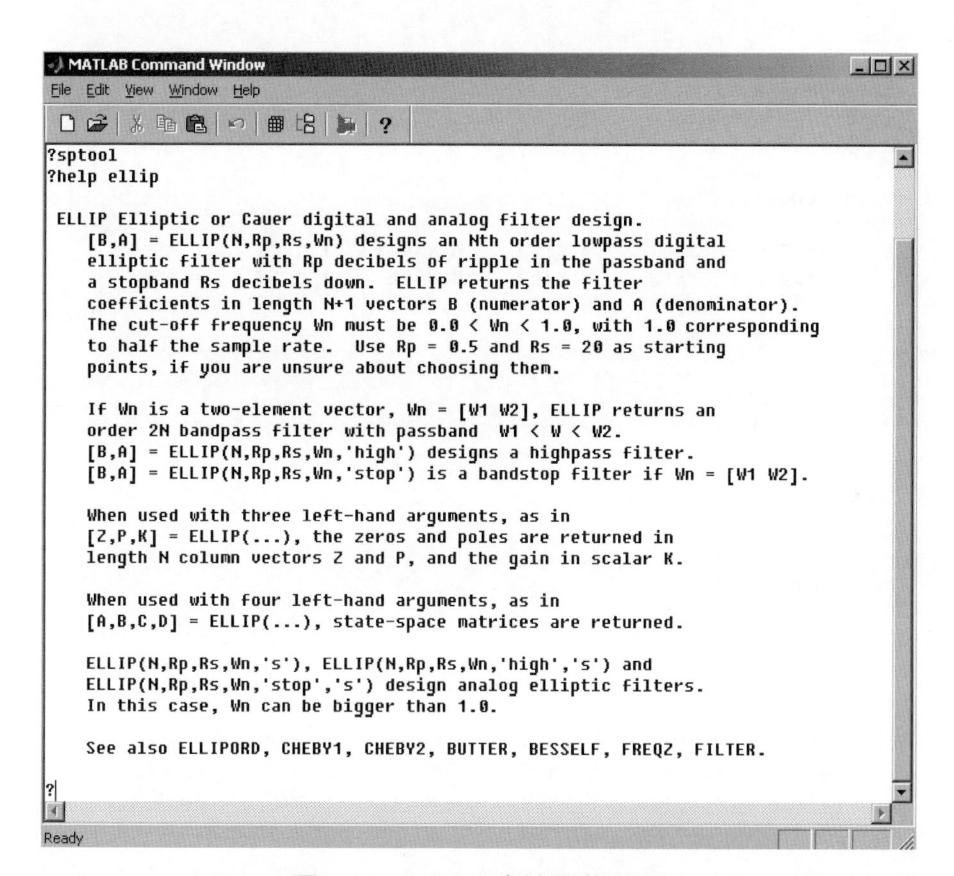
```
MATLAB Command Window
File Edit View Window Help
?sptool
?help ellip

 ELLIP Elliptic or Cauer digital and analog filter design.
    [B,A] = ELLIP(N,Rp,Rs,Wn) designs an Nth order lowpass digital
    elliptic filter with Rp decibels of ripple in the passband and
    a stopband Rs decibels down.  ELLIP returns the filter
    coefficients in length N+1 vectors B (numerator) and A (denominator).
    The cut-off frequency Wn must be 0.0 < Wn < 1.0, with 1.0 corresponding
    to half the sample rate.  Use Rp = 0.5 and Rs = 20 as starting
    points, if you are unsure about choosing them.

    If Wn is a two-element vector, Wn = [W1 W2], ELLIP returns an
    order 2N bandpass filter with passband  W1 < W < W2.
    [B,A] = ELLIP(N,Rp,Rs,Wn,'high') designs a highpass filter.
    [B,A] = ELLIP(N,Rp,Rs,Wn,'stop') is a bandstop filter if Wn = [W1 W2].

    When used with three left-hand arguments, as in
    [Z,P,K] = ELLIP(...), the zeros and poles are returned in
    length N column vectors Z and P, and the gain in scalar K.

    When used with four left-hand arguments, as in
    [A,B,C,D] = ELLIP(...), state-space matrices are returned.

    ELLIP(N,Rp,Rs,Wn,'s'), ELLIP(N,Rp,Rs,Wn,'high','s') and
    ELLIP(N,Rp,Rs,Wn,'stop','s') design analog elliptic filters.
    In this case, Wn can be bigger than 1.0.

    See also ELLIPORD, CHEBY1, CHEBY2, BUTTER, BESSELF, FREQZ, FILTER.

?
Ready
```

圖3-15　elliptic濾波器的說明

▸▸以低通濾波器為例，我們在Matlab命令列輸入底下的指令：

```
[B A] = ellip(6, 0.1, 33, 635/4000);
[SNum SDen] = tf2sos(B,A);
aa = SNum*8192;
t = (SDen^0.333)*8192;        % 這裡0.333為1/3次方
bb = SNum*t;
```

▸aa矩陣的第五欄與第六欄作為a的係數，並以Q13為表示法的定點數，如圖3-16(a)所示。

▸bb矩陣的第一欄與第二欄作為b的係數，以Q13為表示法的定點數，如圖3-16(b)所示。

```
?aa = SNum*8192

aa =

  1.0e+004 *

    0.8192   -0.3462    0.8192    0.8192   -1.1838    0.4556
    0.8192   -1.2848    0.8192    0.8192   -1.3205    0.6690
    0.8192   -1.3811    0.8192    0.8192   -1.3989    0.7863

?
Ready
```

(a)濾波器的a係數

```
?bb = SNum*t

bb =

  1.0e+003 *

    2.4456   -1.0335    2.4456    2.4456   -3.5341    1.3600
    2.4456   -3.8355    2.4456    2.4456   -3.9419    1.9973
    2.4456   -4.1230    2.4456    2.4456   -4.1761    2.3474

?
Ready
```

(b)濾波器的b係數

圖3-16 計算elliptic濾波器的係數

▸以高通濾波器為例，我們只要修改ellip的指令如下：

```
[B A] = ellip(6, 0.1, 33, 750/4000, 'high');
```

其餘的做法都相同，因此可以得到另一組（a，b）係數作爲高通濾波之用。

▩ 濾波器的程式源碼

```
/*
        Infinite Impulse Response(IIR) Module
        Elliptic IIR with 6 order
        Y/X = b0(S^2 + b1*S + 1)/(S^2 -a0*S - a1) for each order
*/
01      #include "iir.h"
02
03      void IIR_Init( IIR_Context *iir, short *a, short *b, int frameSize )
04 {
05      int i;
06
07      iir->frameSize = frameSize;
08
09      for(i = 0; i < IIR_ORDER; i++)
10      {
11              iir->d[i] = 0;
12              iir->a[i] = a[i];
13              iir->b[i] = b[i];
14      }
15 }
16
17      void IIR_Filter( IIR_Context *iir, short *x, short *y )
18 {
19      int                     acc, i, iy, ix;
20
21      for(i = 0; i < iir->frameSize; i++, x++, y++)
22      {
23              /* Stage 1*/
24              ix = *x;
25              acc = iir->b[0] * ix + iir->d[0];
26              iy = acc >> IIR_SHIFT;
27              iir->d[0] = iir->b[1]*ix + iir->a[0]*iy + iir->d[1];
28              iir->d[1] = iir->b[0]*ix + iir->a[1]*iy;
29
30              /* Stage 2 */
31              ix = iy;
32              acc = iir->b[2] * ix + iir->d[2];
33              iy = acc >> IIR_SHIFT;
34              iir->d[2] = iir->b[3]*ix + iir->a[2]*iy + iir->d[3];
35              iir->d[3] = iir->b[2]*ix + iir->a[3]*iy;
36
37              /* Stage 3 */
38              ix = iy;
39              acc = iir->b[4] * ix + iir->d[4];
40              iy = acc >> IIR_SHIFT;
41              iir->d[4] = iir->b[5]*ix + iir->a[4]*iy + iir->d[5];
```

```
42              iir->d[5] = iir->b[4]*ix + iir->a[5]*iy;
43
44              *y = iy;
45      }
46 }
```

▩ 程式說明

行號3~15 – 初始化濾波器的所有參數，包括濾波器的order、設定（a，b）係數、每次處理的長度。

行號17 – 濾波器的主程式，輸入的訊號爲x，輸出的訊號爲y。

行號21~45 – 根據六階elliptic的濾波器公式，相當於作三次IIR濾波器，所以程式碼針對輸入的訊號連續作三次IIR處理，只是每次的（a，b）係數不相同。其中單次IIR濾波器的數學公式如下：

$$y[n] = b_0x[n] + b_1x[n-1] + b_2x[n-2] + a_1y[n-1] + a_2y[n-2]$$

其中$x[n]$與$y[n]$分別爲濾波器之輸入與輸出訊號。其頻率響應公式如下：

$$H(z) = \frac{b_0 + b_1z^{-1} + b_2^{-2}}{1 - a_1z^{-1} - a_2z^{-2}}$$ 。

經過三次IIR的處理之後，最後的頻率響應等於三次頻率響應相乘，公式如下：

$$H(z) = H_1(z) \cdot H_2(z) \cdot H_3(z)$$
$$= \frac{b_{1,0} + b_{1,1}z^{-1} + b_{1,2}z^{-2}}{1 - a_{1,1}z^{-1} - a_{1,2}z^{-2}} \cdot \frac{b_{2,0} + b_{2,1}z^{-1} + b_{2,2}z^{-2}}{1 - a_{2,1}z^{-1} - a_{2,2}z^{-2}} \cdot \frac{b_{3,0} + b_{3,1}z^{-1} + b_{3,2}z^{-2}}{1 - a_{3,1}z^{-1} - a_{3,2}z^{-2}}$$

▩ 實驗結果

- 在Mic埠輸入400 Hz的訊號，原音400 Hz的頻譜如圖3-17(a)所示。經過低通濾波器（passband：635Hz）之後，在耳機埠量測輸出的訊號，其頻譜如圖3-18(a)所示。另外再做一次實驗，經過高通濾波器（passband：750Hz）之後，在耳機埠量測輸出的訊號，其頻譜如圖3-19(a)所示。
- 在Mic埠輸入1 kHz的訊號，原音1 kHz的頻譜如圖3-17(b)所示。經過低通濾波器之後，在耳機埠量測輸出的訊號，其頻譜如圖3-18(b)所示。另外再做一次實驗，經過高通濾波器之後，在耳機埠量測輸出的訊號，其頻譜如圖3-19(b)所示。
- 400 Hz訊號經過低通濾波之後，400 Hz的能量還是存在，保持在–20 dB左右，如圖3-18(a)所示。但是經過高通濾波之後，400 Hz的能量已經遠低於–36 dB了，如圖3-19(a)所示。
- 1 kHz訊號經過低通濾波之後，1 kHz的能量差不多在–34 dB附近，如圖3-18(b)所示。但是經過高通濾波之後，1 kHz的能量保持在–24 dB左右，如圖3-19(b)所示。

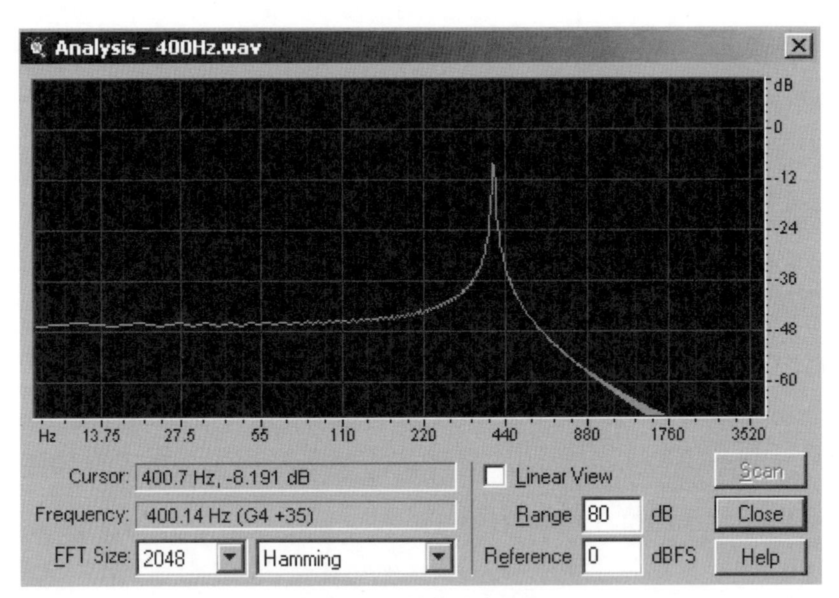

(a)400 Hz單音的頻譜

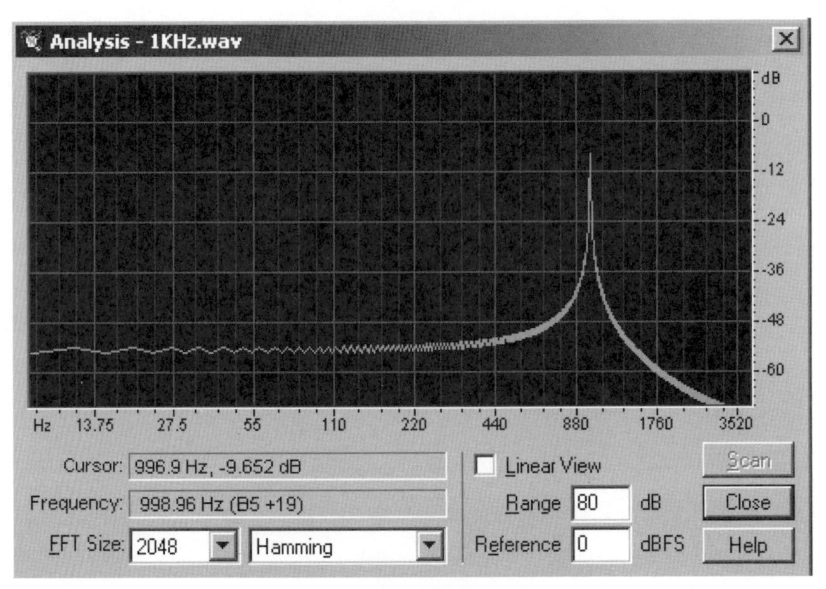

(b)1 kHz單音的頻譜

圖3-17　輸入訊號的頻譜圖

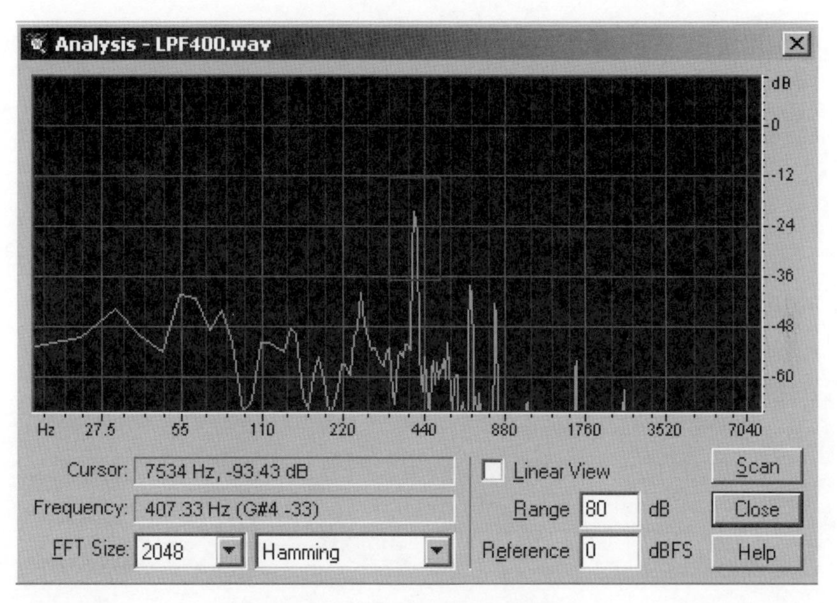

(a)400 Hz單音輸出的頻譜

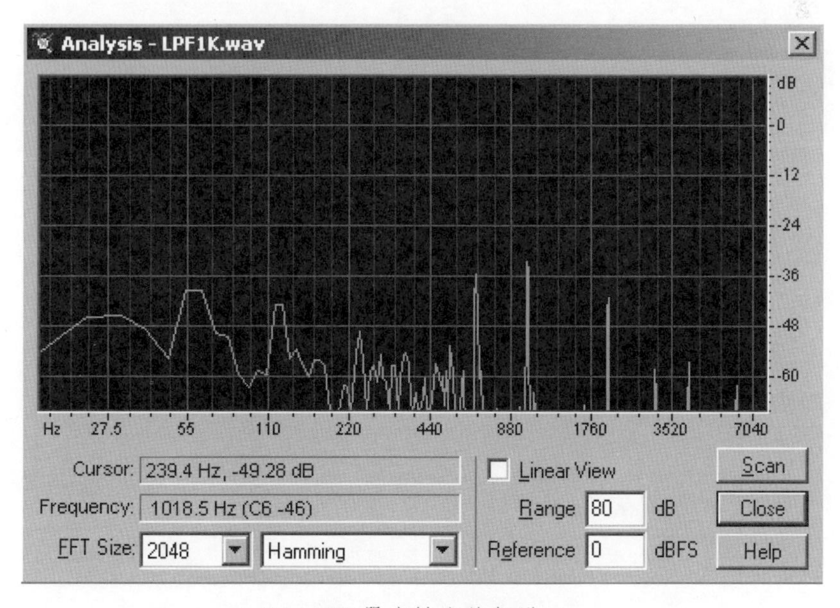

(b)1 kHz單音輸出的頻譜

圖3-18　經過低通濾波的輸出訊號之頻譜圖

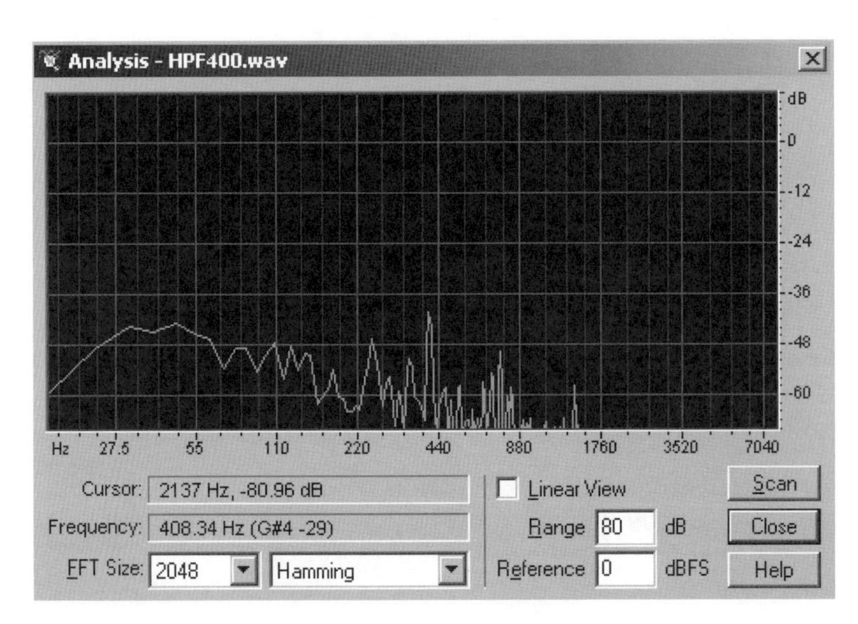

(a)400 Hz單音輸出的頻譜

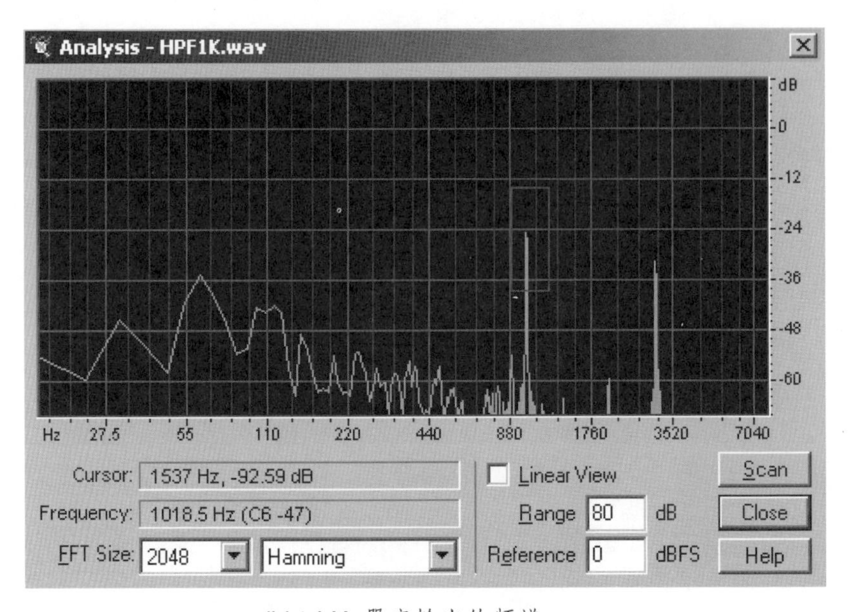

(b)1 kHz單音輸出的頻譜

圖3-19　經過高通濾波的輸出訊號之頻譜圖

3.6.2 移植到C6713平台

▩ 修改專案檔

參考3-1-2節，如圖3-2所示。重點在於修改專案檔裡頭的定義字串，以及選擇編譯的平台。

▩ 建立C6713的組譯命令檔

採用3-1-2節的組譯命令檔。

▩ 程式源碼修改的地方

C6416 DSK與C6713 DSK套件提供BSL函式庫，我們只要修改函式的名稱就可以將程式碼在這兩塊開發板互相使用了。雖然C6416的程式碼採用定點運算表示法，還是可以使用在C6713的板子上，只要修改函式的名稱即可。

▩ 實驗結果

如果使用定點運算的話，與C6416的實驗結果應該相同。如果直接採用浮點運算的方法，與C6416的實驗結果會有點點差異，但差異不大。

3.7 設計Ping-Pong Buffer

▩ 實驗目的

在先前3-4節到3-6節的語音實驗中，都是每收到一個取樣點就馬上作語音處理，所以說演算法必須在兩個取樣點之間處理完畢，否則將無法達到即時性處理。先前的實驗都以單點處理為主，這個實驗希望能做到區塊處理，例如：每次累積10 msec的語音資料後再進行處理，也就是block coding。

實驗以8 kHz取樣頻率爲主，設計一個Ping-Pong Buffer（乒乓緩衝器：緩衝器A與緩衝器B），當緩衝器A正在接收語音取樣點的時候，DSP可以處理緩衝器B裡面的資料。反過來說，當緩衝器B正在接收語音取樣點的時候，DSP可以處理緩衝器A裡面的資料。以同樣的觀念，我們也可以應用到傳送端。

這個實驗的緩衝器長度以10 msec爲主，因此一個緩衝器的大小爲8000 × 2-byte × 0.01 sec＝160-byte（以單聲道爲例）。實驗中，只要把輸入的語音再回傳到輸出埠，不需要做任何語音編碼。

▩ 重點提示

- 先了解EDMA的基本功能，包括暫存器的設定。
- 認識EDMA當中的「通道連結」功能，EDMA的中斷使用。
- 設計一個A/B緩衝器，輸入與輸出各需要一個A/B緩衝器。

3.7.1 在C6416平台上開發

▩ 建立專案檔

專案檔所包含的檔案詳列於圖3-20的左半邊，專案檔裡面包含兩個程式檔案：

PPBuf.c – 乒乓緩衝器的設計，包含EDMA通道的使用

Main_6416.c – 主程式，以及乒乓緩衝器的處理

編譯的參數則顯示在圖的右半邊。爲了在執行時方便我們一步一步地除錯，也就是能成功地設定執行時的中斷點，我們將最佳化的等級設爲None。設計無誤之後，可以提高最佳化的等級。

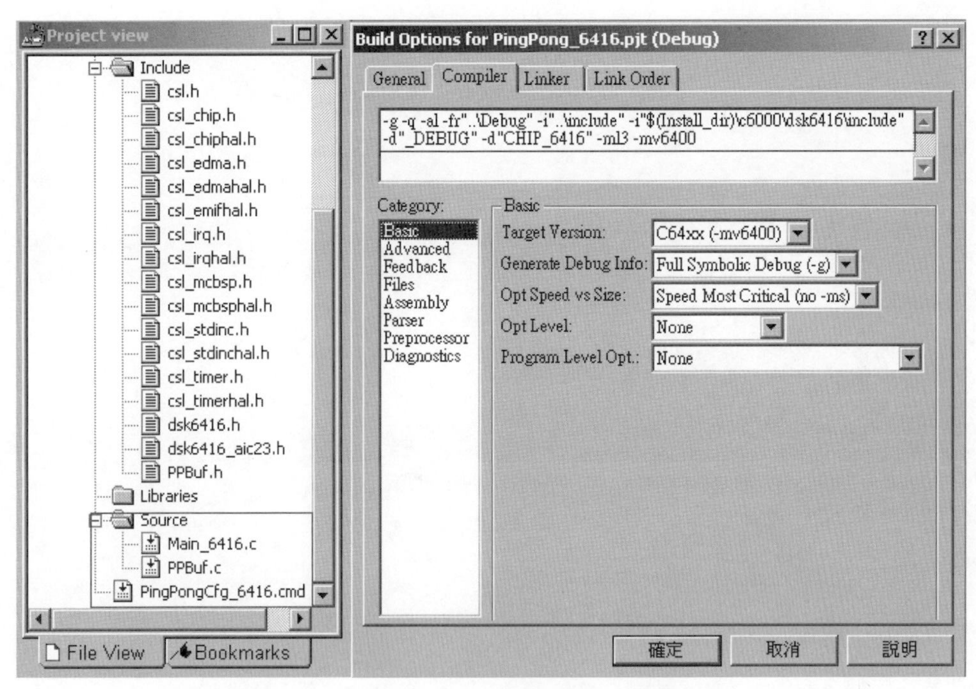

圖3-20　專案檔的相關配置（實驗3-7）

▩ 建立命令檔

此命令檔的內容與實驗一所使用的命令檔相同。

▩ 主程式源碼

```
01      #include "dsk6416.h"
02      #include "dsk6416_aic23.h"
03      #include "PPBuf.h"
04
05      /* Codec configuration settings */
06 DSK6416_AIC23_Config config =
07 {
08      0x0097, // 0 Line-in左聲道的輸入靜音
09      0x0097, // 1 Line-in右聲道的輸入靜音
10      0x0079, // 2 耳機左聲道輸出 0 dB
11      0x0079, // 3 耳機右聲道輸出 0 dB
12      0x0014, // 4 選擇耳機訊號, 耳機輸入 0 dB
13      0x0001, // 5 使用高通濾波器
```

```
14      0x0000, // 6 啟動所有的電源
15      0x0043, // 7 DSP的傳輸模式
16      0x008d, // 8 輸入主時脈來自USB, 8kHz取樣頻率
17      0x0001  // 9 傳輸介面致能
18 };
19
20      /*
21 *  main() - Main code routine, initializes BSL and PingPong buffer
22 */
23
24 void main()
25 {
26      Int16      *pTxLeft, *pTxRight;
27      Int16      *pRxLeft, *pRxRight;
28
29      CSL_init();
30
31      // Initialize the board support library, must be called first
32      DSK6416_init();
33
34      // 配置一個語音通道
35      DSK6416_AIC23_openCodec(0, &config);
36
37      Buf_Init();
38      EDMAConfig();
39
40      for(;;)
41      {
42              // 檢查EDMA搬運完成否?
43              while( !EDMA_intTest( EDMA_CMPL_NUM ) ){}
44
45              // 清除搬運完成的中斷旗標
46              EDMA_intClear( EDMA_CMPL_NUM );
47
48              PPCtx.frameCount++;
49              if( PPCtx.bFillBufA )
50              {
51                      pTxLeft = &TxBufB.ChanBuf[0];
52                      pTxRight = &TxBufB.ChanBuf[BUF_SIZE];
53                      pRxLeft = &RxBufB.ChanBuf[0];
54                      pRxRight = &RxBufB.ChanBuf[BUF_SIZE];
55                      PPCtx.bFillBufA = FALSE;
56              }
57              else
58              {
59                      pTxLeft = &TxBufA.ChanBuf[0];
60                      pTxRight = &TxBufA.ChanBuf[BUF_SIZE];
61                      pRxLeft = &RxBufA.ChanBuf[0];
62                      pRxRight = &RxBufA.ChanBuf[BUF_SIZE];
63                      PPCtx.bFillBufA = TRUE;
64              }
65
66              // 每10ms處理一次語音buffer
67              memcpy( pTxLeft, pRxLeft, sizeof(Int16)*BUF_SIZE );
```

```
68              memcpy( pTxRight, pRxRight, sizeof(Int16)*BUF_SIZE );
69      }
70 }
```

▩ 程式說明

《主程式》

行號5~18 – 宣告以8 kHz爲取樣率的數值，用來設定AIC23暫存器。

行號29 – 因爲在這個實驗中會呼叫到EDMA和McBSP模組的函式，呼叫任何CSL函式庫之前，記得先執行CSL_init( )，以初始化DSP晶片上所有的內部周邊模組。

行號32 – 執行DSK6416_init( )，以初始化C6416 DSK板子上所有的周邊模組，包括EMIF介面、McBSP介面。這是一個必須執行的動作，只要使用DSK開發任何程式，不能忘的動作之一。

行號35 – 針對語音通道配置一個語音資源控制碼，利用DSK6713_AIC23_openCodec將暫存器的數值傳入AIC23晶片上。

行號37~38 – 緩衝器的初始化，以及設定EDMA通道，參考底下的程式說明。

行號40~70 – 讓DSP執行處於一個無窮迴圈，一直進行語音的處理。

行號43 – 檢視EDMA通道是否已經搬完緩衝器的資料，呼叫EDMA_intTest函式檢查我們所自訂的中斷識別碼。如果還沒有搬完則繼續等待，否則跳出while迴圈。

行號46 – EDMA_intTest函式只是檢查是否搬完，但不會做旗標清除的動作，所以當中斷旗標產生之後，必須呼叫EDMA_intClear函式將旗標清除。

行號48~54 – A/B緩衝器作切換的過程，當緩衝器A填滿語音取樣點的時候，輪到緩衝器B開始工作，緩衝器A準備讓我們處理。

行號67~68 – 將輸入的語音放到輸出的緩衝器裡面，暫不做其他的編碼動作。

▩ 兵乓緩衝器的程式源碼

```
/*
        Ping Pong Buffer
        Created by Yi-Jen Lu
*/
01      #include <csl.h>
02      #include <csl_edma.h>
03      #include "dsk6416_aic23.h"
04      #include "PPBuf.h"
05
06      BufferCtx  TxBufA;
07      BufferCtx  TxBufB;
08      BufferCtx  RxBufA;
09      BufferCtx  RxBufB;
10      PingPongCtx         PPCtx;
11
12      EDMA_Handle         hEDma[2];
13      EDMA_Handle         hEDmaReload[2][2];
14
15 EDMA_Config cfgEDmaBase =
16 {
17      //參數暫存器
18      EDMA_FMKS(OPT,PRI,HIGH) |
19      EDMA_FMKS(OPT,ESIZE,16BIT) |
20      EDMA_FMKS(OPT,LINK,YES),
21
22      //來源位址
23      0x00000000,
24
25      //數量暫存器
26      EDMA_FMKS(CNT,FRMCNT,OF(BUF_SIZE-1)) |
27      EDMA_FMKS(CNT,ELECNT,OF(2)),
28
29      //目的位址
30      0x00000000,
31
32      //間距暫存器
33      EDMA_FMKS(IDX,FRMIDX,OF(FRMINDEX)) |
34      EDMA_FMKS(IDX,ELEIDX,OF(ELEINDEX)),
35
36      //reload暫存器
37      EDMA_FMKS(RLD,ELERLD,OF(2))
38 };
39
40 void Buf_Init()
41 {
42      memset( &PPCtx, 0, sizeof(PPCtx) );
43      memset( &TxBufA, 0, sizeof(TxBufA) );
44      memset( &TxBufB, 0, sizeof(TxBufB) );
```

CHAPTER 3

```
45      memset( &RxBufA, 0, sizeof(RxBufA) );
46      memset( &RxBufB, 0, sizeof(RxBufB) );
47 }
48
49 void EDMAConfig()
50 {
51      int         i;
52      EDMA_Config cfgEDma;
53
54      // EDMA觸發的來源為McBSP2的接收埠
55      hEDma[0] = EDMA_open( EDMA_CHA_REVT2, EDMA_OPEN_RESET);
56      // EDMA觸發的來源為McBSP2的傳送埠
57      hEDma[1] = EDMA_open( EDMA_CHA_XEVT2, EDMA_OPEN_RESET);
58
59      // 配置參數記憶體
60      for( i = 0; i < 2; i++ )
61      {
62              hEDmaReload[i][0] = EDMA_allocTable(-1);
63              hEDmaReload[i][1] = EDMA_allocTable(-1);
64      }
65
66      // 設定搬運的來源與目的: from serial port to memory
67      cfgEDma = cfgEDmaBase;
68      cfgEDma.opt |= EDMA_FMKS(OPT,DUM,IDX);
69
70      cfgEDma.src = MCBSP_getRcvAddr( DSK6416_AIC23_DATAHANDLE );
71      cfgEDma.dst = (Uint32)RxBufA.ChanBuf;
72      EDMA_config(hEDma[0], &cfgEDma);
73
74      // Reload parameter
75      EDMA_config(hEDmaReload[0][1], &cfgEDma);
76      cfgEDma.dst = (Uint32)RxBufB.ChanBuf;
77      EDMA_config(hEDmaReload[0][0], &cfgEDma);
78
79      // link the EDMA parameter
80      EDMA_link(hEDma[0], hEDmaReload[0][0]);
81      EDMA_link(hEDmaReload[0][0], hEDmaReload[0][1]);
82      EDMA_link(hEDmaReload[0][1], hEDmaReload[0][0]);
83
84      // 設定搬運的來源與目的: from memory to serial port
85      cfgEDma = cfgEDmaBase;
86      cfgEDma.opt |= EDMA_FMKS(OPT,SUM,IDX);
87
88      cfgEDma.src = (Uint32)TxBufA.ChanBuf;
89      cfgEDma.dst = MCBSP_getXmtAddr(DSK6416_AIC23_DATAHANDLE);
90      EDMA_config(hEDma[1], &cfgEDma);
91
92      // Reload parameter
93      EDMA_config(hEDmaReload[1][1], &cfgEDma);
94      cfgEDma.src = (Uint32)TxBufB.ChanBuf;
95      EDMA_config(hEDmaReload[1][0], &cfgEDma);
96
97      // link the EDMA parameter
98      EDMA_link(hEDma[1], hEDmaReload[1][0]);
```

```
99      EDMA_link(hEDmaReload[1][0], hEDmaReload[1][1]);
00      EDMA_link(hEDmaReload[1][1], hEDmaReload[1][0]);
101
102     // 選擇 EDMA_CMPL_NUM 做為中斷的辨識號碼
103     EDMA_getConfig(hEDma[0], &cfgEDma);
104     cfgEDma.opt |= EDMA_FMKS(OPT,TCINT,YES) |
105                         EDMA_FMKS(OPT,TCC,OF(EDMA_CMPL_NUM));
106     EDMA_config(hEDma[0], &cfgEDma);
107
108     EDMA_getConfig(hEDmaReload[0][0], &cfgEDma);
109     cfgEDma.opt |= EDMA_FMKS(OPT,TCINT,YES) |
110                         EDMA_FMKS(OPT,TCC,OF(EDMA_CMPL_NUM));
111     EDMA_config(hEDmaReload[0][0], &cfgEDma);
112
113     EDMA_getConfig(hEDmaReload[0][1], &cfgEDma);
114     cfgEDma.opt |= EDMA_FMKS(OPT,TCINT,YES) |
115                         EDMA_FMKS(OPT,TCC,OF(EDMA_CMPL_NUM));
116     EDMA_config(hEDmaReload[0][1], &cfgEDma);
117
118     // 清除中斷旗標, 同時致能中斷功能
119     EDMA_intClear( EDMA_CMPL_NUM );
120     EDMA_intEnable( EDMA_CMPL_NUM );
121
122     // 啟動EDMA
123     for( i = 0; i < 2; i++ )
124     {
125             EDMA_enableChannel( hEDma[i] );
126     }
127 }
128
129 interrupt void c_int08()
130 {
131     if( EDMA_intTest( EDMA_CMPL_NUM ) )
132     {
133             EDMA_intClear( EDMA_CMPL_NUM );
134
135             PPCtx.frameCount++;
136             PPCtx.bBufFull = TRUE;
137
138             if( PPCtx.bFillBufA )
139                     PPCtx.bFillBufA = FALSE;
140             else
141                     PPCtx.bFillBufA = TRUE;
142     }
143 }
```

CHAPTER 3

▩ 程式說明

《緩衝器的建立》

行號6~7 – 宣告傳送緩衝器A/B，傳送語音資料給AIC23。

行號8~9 – 宣告接收緩衝器A/B，接收來自AIC23的語音資料。

行號10 – 宣告一個乒乓緩衝器結構，記錄正在處理的緩衝器爲A或B，記錄已處理的區塊數目。

行號40~47 – 將所有的緩衝器內容清除爲零。

《EDMA通道的設定》

行號12 – 宣告兩個EDMA通道的資源控制碼，分別給傳送與接收。

行號13 – 再宣告兩個EDMA通道連結的資源控制碼，分別連結傳送以及連結接收。

行號15~38 – 建立一個基本的EDMA通道所需要的暫存器數值。

行號55 – 呼叫EDMA_open函式取得資源控制碼，這個EDMA通道觸發的來源爲McBSP2的接收埠。

行號57 – 呼叫EDMA_open函式取得資源控制碼，這個EDMA通道觸發的來源爲McBSP2的傳送埠。

行號60~64 – 配置數塊參數記憶體，同時取得資源控制碼，目的是爲了『通道連結』之用。

行號67~72 – 設定第一個EDMA通道，搬運的來源與目的地之位址，呼叫EDMA_config函式將所有數值設定到EDMA的暫存器裡面。

行號74~77 – 先前配置的兩塊參數記憶體，一塊參數記憶體的設定與EDMA通道相同，另外一塊則將搬運目的地之位址改爲緩衝器B。

行號79~82 – 利用EDMA_link函式將EDMA通道與參數連結起來，其中EDMA搬運的情況，如圖3-21所示。第一次EDMA通道搬運（McBSP埠搬到緩衝器A）完畢之後，連結到參數0，設定下次搬運的來源與目的地（McBSP埠搬到緩衝器B）。接下來，參數0也搬運完畢之後，連結到參數1，設定下次搬運的來源與目的地（McBSP埠搬到緩衝器A）。因此，搬運的工作就會在參數0與參數1之間切換。

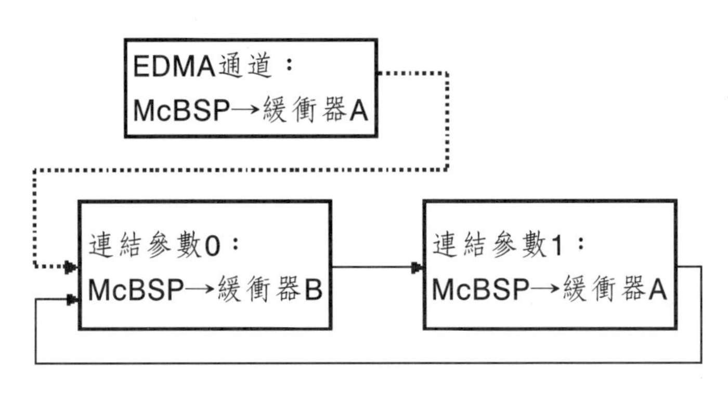

圖3-21 EDMA通道連結的狀態圖（接收端）

行號84~100 – 傳送端的設定方式與前面相同，也是利用EDMA_link函式將EDMA通道與參數連結起來，其中EDMA搬運的情況，如圖3-22所示。第一次EDMA通道搬運（緩衝器A搬到McBSP接收埠）完畢之後，連結到參數0，設定下次搬運的來源與目的地（緩衝器B搬到McBSP接收埠）。接下來，參數0也搬運完畢之後，連結到參數1，設定下次搬運的來源與目的地（緩衝器A搬到McBSP接收埠）。因此，利用『通道連結』的功能做到緩衝器A/B切換的目的。

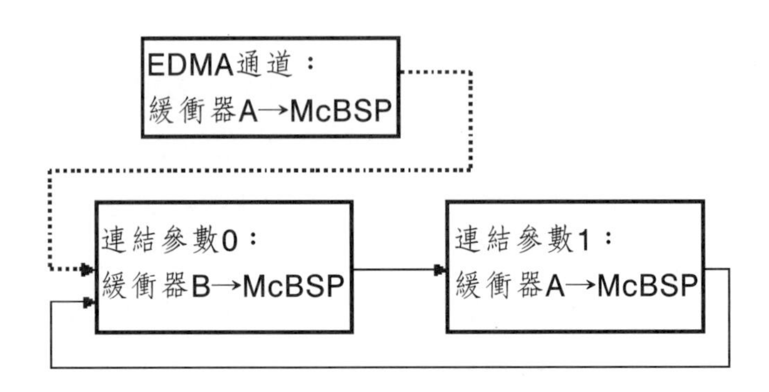

圖3-22 EDMA通道連結的狀態圖（傳送端）

《設定EDMA中斷》

行號103~116 – 當接收的EDMA做完搬運任務之後，產生一個CPU中斷。EDMA暫存器必須給定一個中斷識別碼，這樣才能知道是哪個EDMA通道產生的中斷。在這裡我們選擇EDMA_CMPL_NUM做爲中斷的辨識號碼。

行號119~120 – 清除中斷旗標，同時致能中斷功能。

行號123~126 – 最重要的動作，啓動EDMA通道（接收與傳送）。

《CPU中斷》

行號129~142 – 這是一個中斷服務常式（ISR）。函式最前面有一個關鍵字「interrupt」，編譯器用來識別中斷服務常式或一般函式。此外，這個ISR每當EDMA通道接收McBSP資料都搬運完成後會被呼叫一次。而任何EDMA產生的中斷皆會觸發CPU中斷8（DSP預設值），我們也可以修改中斷選擇器的暫存器，換到其他的中斷號碼。

▩ 實驗結果

實驗中的設計以10 msec爲一個處理區塊，每個語音取樣點暫存在一個10 msec長度的緩衝器裡面。等到緩衝器滿了之後，在從AIC23晶片輸出，會有10 msec左右的延遲。

3.7.2 移植到C6713上

▩ 修改專案檔

參考3-1-2節，如圖3-2所示。重點在於修改專案檔裡頭的定義字串，以及選擇編譯的平台。

▩ 建立C6713的組譯命令檔

採用3-1-2節的組譯命令檔。

▩ 程式源碼修改的地方

- C6416 DSK與C6713 DSK套件提供BSL函式庫，我們只要修改函式的名稱就可以將程式碼在這兩塊開發板互相使用了。主要的修改在Main_C6416.c裡面。
- 在PPBuf.c裡面呼叫的函式都來自CSL函式庫，無論C6416和C6713使用的函式名都是相同的，只要專案檔記得定義「CHIP_6713」字串，讓CSL函式庫選用C6713相關的設定。

▩ 實驗結果

與C6416的實驗結果相同。

3.8 設計迴音效果

▩ 實驗目的

前一個實驗乒乓緩衝器只是讓我們學習到block coding的方式，不再是單點的處理，接下來應該學習做個簡單的語音處理實驗。如果這個實驗能夠完成，已經具備DSP開發與設計的基本功夫了。

首先，利用乒乓緩衝器的方式將Mic埠訊號不斷送入DSP內部，同時經由耳機埠輸出到喇叭。在回送語音的過程，我們試著添加語音處理以便輸出的語音產生迴音效果。迴音產生的過程，其方塊圖如圖3-23所示。這個迴音的製作簡單說就是訊號經過延遲後，再疊加的結果。

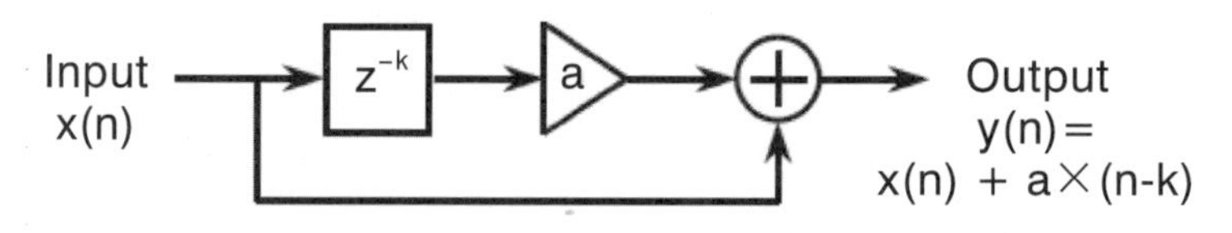

圖3-23　產生迴音的方塊圖

3.8.1 在C6713平台上開發

專案檔命令檔

與實驗七所使用的專案檔和命令檔相同。

主程式源碼

```
01        #include "dsk6713.h"
02        #include "dsk6713_aic23.h"
03        #include "PPBuf.h"
04
05        EchoCtx    echoCtx;
06
07        /* Codec configuration settings */
08 DSK6416_AIC23_Config config =
09 {
10        0x0097,  // 0 Line-in左聲道的輸入靜音
11        0x0097,  // 1 Line-in右聲道的輸入靜音
12        0x0079,  // 2 耳機左聲道輸出 0 dB
13        0x0079,  // 3 耳機右聲道輸出 0 dB
14        0x0014,  // 4 選擇耳機訊號, 耳機輸入 0 dB
15        0x0001,  // 5 使用高通濾波器
16        0x0000,  // 6 啟動所有的電源
17        0x0043,  // 7 DSP的傳輸模式
18        0x008d,  // 8 輸入主時脈來自USB, 8kHz取樣頻率
19        0x0001   // 9 傳輸介面致能
20 };
21
22 void main()
23 {
24        Buf_Init();
25
26        CSL_init();
27        DSK6713_init();
28
29        // 配置一個語音通道
30        DSK6713_AIC23_openCodec(0, &config);
31        EDMAConfig();
32
33        for(;;)
34        {
35                  // 檢查EDMA搬運完成否?
36                  while( !EDMA_intTest( EDMA_CMPL_NUM ) ){}
37
38                  // 清除搬運完成的中斷旗標
39                  EDMA_intClear( EDMA_CMPL_NUM );
40
```

CHAPTER 3

```
41                  PPCtx.frameCount++;
42                  if( PPCtx.bFillBufA )
43                  {
44                            pTxLeft = &TxBufB.ChanBuf[0];
45                            pTxRight = &TxBufB.ChanBuf[BUF_SIZE];
46                            pRxLeft = &RxBufB.ChanBuf[0];
47                            pRxRight = &RxBufB.ChanBuf[BUF_SIZE];
48                            PPCtx.bFillBufA = FALSE;
49                  }
50                  else
51                  {
52                            pTxLeft = &TxBufA.ChanBuf[0];
53                            pTxRight = &TxBufA.ChanBuf[BUF_SIZE];
54                            pRxLeft = &RxBufA.ChanBuf[0];
55                            pRxRight = &RxBufA.ChanBuf[BUF_SIZE];
56                            PPCtx.bFillBufA = TRUE;
57                  }
58
59                  memcpy( pTxLeft, pRxLeft, sizeof(Int16)*BUF_SIZE );
60                  EchoProcess( pRxRight, pTxRight );
61        }
62 }
63
64 void EchoProcess( Int16 *pVoiceIn, Int16 *pVoiceOut )
65 {
66        int       i, index;
67        Int16     value;
68
69        for(i = 0; i < BUF_SIZE; i++)
70        {
71                  index = echoCtx.index;
72                  value = echoCtx.PastBuf[index];
73
74                  pVoiceOut[i] = pVoiceIn[i] + (value >> SHIFT_GAIN);
75                  echoCtx.PastBuf[index++] = pVoiceIn[i];
76
77                  if( index >= DELAY_LEN ) index = 0;
78
79                  echoCtx.index = index;
80        }
81 }
```

▩ 程式說明

《主程式》

行號22~59 – 與乒乓緩衝器的程式相同。

行號60 – 左聲道不作迴音的處理，右聲道執行迴音處理。

CHAPTER 3

《回音處理》

行號69~80 – 處理10 msec中的每個語音點。

行號74 – 輸出的語音等於輸入語音加上一個過去的聲音。

行號75~79 – 更新迴音暫存器的資料。

▩ 乒乓緩衝器的程式源碼

```
/*
        Ping Pong Buffer
        Created by Yi-Jen Lu
*/
03      #include "dsk6713_aic23.h"
...
40 void Buf_Init()
41 {
42      memset( &PPCtx, 0, sizeof(PPCtx) );
43      memset( &TxBufA, 0, sizeof(TxBufA) );
44      memset( &TxBufB, 0, sizeof(TxBufB) );
45      memset( &RxBufA, 0, sizeof(RxBufA) );
46      memset( &RxBufB, 0, sizeof(RxBufB) );
47      memset( &echoCtx, 0, sizeof(echoCtx) );
48 }
49 void EDMAConfig()
50 {
51      int         i;
52      EDMA_Config cfgEDma;
53
54      // EDMA觸發的來源為McBSP1的接收埠
55      hEDma[0] = EDMA_open( EDMA_CHA_REVT1, EDMA_OPEN_RESET);
56      // EDMA觸發的來源為McBSP1的傳送埠
57      hEDma[1] = EDMA_open( EDMA_CHA_XEVT1, EDMA_OPEN_RESET);
58
...
70      cfgEDma.src = MCBSP_getRcvAddr( DSK6713_AIC23_DATAHANDLE );
...
89      cfgEDma.dst = MCBSP_getXmtAddr( DSK6713_AIC23_DATAHANDLE );
...
127 }
```

▩ 程式說明

《緩衝器的建立》

行號47–新增一個Echo結構，將Echo內容清除爲零。如下：

CHAPTER 3

```
#define DELAY_LEN    1000 //回音長度
#define SHIFT_GAIN   2            //衰減的倍數

typedef struct {
      unsigned int index;
      Int16    PastBuf[DELAY_LEN];
} EchoCtx;
```

《EDMA通道的設定》

行號54~57 – C6713只有兩個McBSP埠，McBSP-1用來傳送語音資料。

行號70 – 必須將搬運位址指向DSK6713_AIC23_DATAHANDLE。

行號89 – 必須將搬運位址指向DSK6713_AIC23_DATAHANDLE。

▩ 實驗結果

實驗中的設計以10 msec為一個處理區塊，每個語音取樣點暫存在一個10 msec長度的緩衝器裡面。左右聲道中，一個有作迴音的處理，一個沒有作以方便我們比較。另外，可以比較作過回音處理的音效與實驗七不作任何迴音處理的音質，實驗結果能明顯聽出不同。

3.9 傅立葉轉換

▩ 實驗目的

前面的實驗『乒乓緩衝器』讓我們學習到一個區塊語音接收的方式，而不再只是單點的處理，接下來應該學習完成耳熟能詳『傅立葉轉換』的實驗。首先，展開DFT（Discrete Fourier Transform）公式如下：

$$\text{DFT}：X[k]=\sum_{n=0}^{N-1} x[n]\cdot e^{-j2\pi kn/N}, k=0,1 ..., N-1$$

這裡的N值爲DFT的大小，也相當於乒乓緩衝器的大小，以10 msec爲例，N等於80；而$x[n]$陣列就是從AIC23晶片所接收到的語音點。

3.9.1 在C6713平台上開發

專案檔命令檔

與實驗八所使用的專案檔和命令檔相同。

傅立葉計算的程式源碼

```
/*
        Compute Discrete Fourier Transform
        Created by Yi-Jen Lu
*/
01      #include <dsk6713.h>
02      #include <math.h>
03      #include "dft.h"
04
05 void DFT( Int16 *In, Uint32 *Out )
06 {
07      int             k, n;
08      float   temp, Out_real, Out_imag;
09      float   pi = 3.14159;
10
11      for(n = 0; n < DFT_SIZE; n++)
12              In[n] >>= 6;
13
14      for(k = 5; k < 20; k++)
15      {
16              Out_real = Out_imag = 0.0;
17
18              for(n = 0; n < DFT_SIZE; n++)
19              {
20                      temp = 2*pi*k*n/DFT_SIZE;
21                      temp = cos(temp);
22                      Out_real += In[n] * temp;
23
24                      temp = 1 - temp*temp;
25                      Out_imag -= In[n] * temp;
26              }
27
28              Out[k] = (Uint32)(pow(Out_real, 2) + pow(Out_imag, 2));
29      }
30 }
```

▩ 程式說明

《傅立葉計算》

行號11~12 – 爲了避免計算結果溢位，將輸入的訊號先降低36dB。

行號14~29 – 計算傅立葉X[k]，k＝5～20，以8 kHz取樣頻率來說，我們只觀察500～2000Hz的傅立葉轉換值。

行號18~26 – 計算每個傅立葉轉換值，其中數值分成實部與虛部。

行號28 – 將實部與虛部的數值計算出一個傅立葉絕對值大小。

▩ 實驗結果

實驗中的設計以10 msec爲一個處理區塊，取樣頻率爲8 kHz爲範例。當我們輸入1 kHz的單音進到DSP開發板裡，經過傅立葉計算後，最大的k值出現在10；輸入1500 Hz的單音，最大的k值出現在15。利用傅立葉轉換，除了可以觀察頻譜的分布情況，也能用來偵測最大的頻率點，這可以應用到DTMF（Dual Tone Multi-Frequency）音的偵測。

3.9.2 快速傅立葉

在隨書附贈的光碟中，提供C6713平台上的快速傅立葉（FFT，Fast Fourier Transfrom）運算，有興趣的讀者可以自行研究程式碼。

索 引

E

F

G

H

T

U

V

W

國家圖書館出版品預行編目資料

單晶片數位訊號處理平台之開發速成寶典／蔡偉和，盧怡仁著. ——初版. ——臺北市：五南，2012.07
面；　公分
ISBN 978-957-11-6740-4（平裝）
1.通訊工程　2.微電腦
448.7　　101013602

5DF5

單晶片數位訊號處理平台之開發速成寶典

作　　者— 蔡偉和　盧怡仁
發 行 人— 楊榮川
總 編 輯— 王翠華
主　　編— 穆文娟
責任編輯— 楊景涵

出 版 者— 五南圖書出版股份有限公司
地　　址：106台北市大安區和平東路二段339號4樓
電　　話：(02)2705-5066　　傳　　真：(02)2706-6100
網　　址：http://www.wunan.com.tw
電子郵件：wunan@wunan.com.tw
劃撥帳號：01068953
戶　　名：五南圖書出版股份有限公司

台中市駐區辦公室/台中市中區中山路6號
電　　話：(04)2223-0891　　傳　　真：(04)2223-3549
高雄市駐區辦公室/高雄市新興區中山一路290號
電　　話：(07)2358-702　　傳　　真：(07)2350-236

法律顧問　元貞聯合法律事務所　張澤平律師

出版日期　2012年8月初版一刷
定　　價　新臺幣350元

凝煉知識品味閱讀